T0208240

Ein Gedächtnis wie ein Elefant?

Weitere experimentelle Streifzüge in die Psychologie mit Lebenspraxisbezug:

Serge Ciccotti, Hundepsychologie, ISBN 978-3-8274-2795-3

Serge Ciccotti, 150 psychologische Aha-Experimente, ISBN 978-3-8274-2843-1

Sylvain Delouvée, Warum verhalten wir uns manchmal merkwürdig und unlogisch?, ISBN 978-3-8274-3033-5

Gustave-Nicolas Fischer/Virginie Dodeler, Wie Gedanken unser Wohlbefinden beeinflussen, ISBN 978-3-8274-3045-8

Alain Lieury, Ein Gedächtnis wie ein Elefant?, ISBN 978-3-8274-3043-4

Jordi Quoidbach, Glückliche Menschen leben länger, ISBN 978-3-8274-2856-1

Alain Lieury

Ein Gedächtnis wie ein Elefant?

Tipps und Tricks gegen das Vergessen

Aus dem Französischen übersetzt von Gabriele Herbst

 Springer Spektrum

Alain Lieury
Université Rennes 2
France

Aus dem Französischen übersetzt von Gabriele Herbst

ISBN 978-3-8274-3043-4   ISBN 978-3-8274-3044-1 (eBook)
DOI 10.1007/978-3-8274-3044-1

Die Deutsche Nationalbibliothek verzeichnet diese Publikation in der Deutschen National-
bibliografie; detaillierte bibliografische Daten sind im Internet über http://dnb.d-nb.de
abrufbar.

Springer Spektrum
Übersetzung der französischen Ausgabe: *Une mémoire d'éléphant. Vrais trucs et fausses astuces*
von Alain Lieury, erschienen bei Dunod Éditeur S. A. Paris, © Dunod, Paris, 2011.

Planung und Lektorat: Marion Krämer, Bettina Saglio
Redaktion: Regine Zimmerschied
Einbandabbildung: Laurent Audouin
Einbandentwurf: wsp design Werbeagentur GmbH, Heidelberg

Gedruckt auf säurefreiem und chlorfrei gebleichtem Papier

Springer Spektrum ist eine Marke von Springer DE. Springer DE ist Teil der Fachverlags-
gruppe Springer Science+Business Media.
www.springer-spektrum.de

Inhalt

Teil II
**Mnemotechnische Methoden und Verfahren
auf dem Prüfstand** 87

Einführung

Gedächtnis wie ein Elefant, fantastisches Gedächtnis, Supergedächtnis oder, moderner ausgedrückt, Gehirnverjüngung und Gehirntraining! Solche Versprechungen gibt es schon seit den alten Griechen und den Magiern der Renaissance. Zahlreich waren die Wissbegierigen und die Geschäftemacher, welche die Maschinerie des Gedächtnisses entschlüsseln und Methoden zu seiner Vervollkommnung verkaufen wollten. Bei den alten Griechen galten die Quellen von Olympia als gedächtnisstärkend: „So gebt mir rasch das kühle Wasser, das aus dem Teich der Mnemosyne fließt [...] Dann wirst du zusammen mit den anderen Toten-Heroen ein Herrscher sein" (*Blättchen aus Petelia,* 4. oder 3. Jahrhundert vor unserer Zeitrechnung).

Im Mittelalter und in der Renaissance erfanden Raimundus Lullus (1235–1315) und dann Giordano Bruno (1548–1600) konzentrische Scheiben zur Verschlüsselung von Geheimbotschaften. Doch diese Denker sahen in ihnen überdies ein System zur Entschlüsselung allen erwerbbaren Wissens überhaupt, auch und vor allem des geheimen, transzendenten. Da aber nur Gott allein über dieses höchste Wissen verfügte, starb Bruno wegen solcher Verfahren auf dem Scheiterhaufen der Inquisition. Im Jahrhundert der *Drei Musketiere* kam Descartes' französischer Zeitgenosse Pierre Hérigone auf die Idee, das Prinzip des Codes in modernerer Weise zu nutzen, um Zahlen in Buchstaben, dann in Wörter und Sätze umzuwandeln. Auf diese Weise wollte er sich Zahlen leichter merken können. Dieser Buchstaben-Zahlencode stand Pate für viele erfolgreiche Mnemotechniken des 19. Jahrhunderts, die hinter den Kunststücken der Gedächtniskünstler oder „Zauberer" in den Varietés steckten.

Doch es gibt auch bescheidenere Kniffe, die wir alle in der Schule oder im Studium schon benutzt haben, zum Beispiel Merksätze wie „Mit, nach, von, seit, aus, zu, bei verlangen stets Fall Nummer drei". Französische Gymnasiasten kennen die Eselsbrücke „Sur la racine de la bruyère, la corneille boit l'eau de la fontaine Molière", um sich die Schriftsteller des 17. Jahrhunderts Racine, La Bruyère, Corneille, Boileau, La Fontaine und Molière zu merken (wörtlich: „Auf der Wurzel des Heidekrauts trinkt die Krähe Wasser aus der Molière-Quelle"). Wenn Sie sich für Astronomie interessieren, haben Sie sicher schon den Merksatz „Mein Vater erklärt mir jeden Sonntag unsere neun Planeten" gehört. So merkt man sich die (zumindest bis 2006 gültige) Reihenfolge der Planeten in unserem Sonnensystem: Merkur, Venus, Erde, Mars, Jupiter, Saturn, Uranus, Neptun, Pluto. Und die ganz Kleinen stehen den Großen in nichts nach; ihre Abzählreime („Eins, zwei, Polizei, drei, vier, Offizier ...") stellen nichts anderes dar als phonetische Gedächtnisstützen oder Mnemotechniken.

Wie funktionieren diese Verfahren? Wer hat sie entdeckt? Nach einem ersten historischen Teil, der die weit zurückreichenden Wurzeln bestimmter Methoden aufzeigt, beschreibt dieses Buch die Funktionsweise des Gedächtnisses und stellt die daraus abgeleiteten Methoden auf den Prüfstand der experimentellen Forschung (ab Kapitel 5). Für das Mittelalter und die Renaissance stütze ich mich auf zwei bedeutende Quellen: die englische Historikerin Frances Yates und die italienische Literaturwissenschaftlerin Lina Bolzoni. Ergänzt habe ich sie durch verschiedene aus dem Lateinischen übersetzte Quellen (z. B. Gratarolo). Für die moderneren Perioden folge ich den Spuren der Erfinder von Buchstaben-Zahlencodes, der Grundlage für die mnemotechnischen Abhandlungen des 19. Jahrhunderts, wie bei einer Schnitzeljagd von der französischen Nationalbibliothek in Paris über die Bibliothek der Sorbonne und die Universitätsbibliothek von Cambridge bis zum Britischen Museum.

Bei der Recherche im Internet zum Thema der kognitiven Alterungsprozesse, insbesondere der gedächtniszerstörenden Alzheimer-Krankheit, stellt man fest, dass diese Methoden wieder im Kommen sind, und zwar in Form von Programmen zur Anregung des Gedächtnisses oder des Gehirns. In Analogie zu sportlichen Trainingsprogrammen für den Körper sind Ansätze wie *Brain-Gym*®, die „Gehirngymnastik" von Paul Dennison, oder das Gehirnjogging entstanden; ihnen liegt die Vorstellung zugrunde, man könne das Gehirn genauso stählen wie die Muskulatur. Doch mit der explosionsartigen Entwicklung der Informationstechnologien, der Video- und Computerspiele treten die Gehirntrainingsmethoden mittlerweile im Hightechgewand auf. Zahlreiche Spiele oder Programme recyceln das alte Patentrezept der Analogie „Muskel – Gehirn" und versprechen Erwachsenen eine Verjüngung des Gehirns oder kognitive Anregung für Kinder. Kurzum, die Analogie, dass das Gehirn der Muskulatur ähnelt und somit trainiert werden muss, ist unbewiesen, sodass man eher Marketinginteressen dahinter vermuten möchte. Unter anderem erlangte das Programm *Dr. Kawashimas Gehirnjogging – Wie fit ist Ihr Gehirn?* (2005) für die Nintendo-Spielekonsole DS (2006) durch eine intensive Medienkampagne mit Stars wie Nicole Kidman große Berühmtheit.

Marketingkampagne oder Tatsache? Durch das Aufkommen von Verbraucherverbänden, -zeitschriften und -sendungen sind die Nutzer nicht mehr völlig naiv: Sie verlangen Beweise, Tests und experimentelle Erprobung.

So wie Flachbildschirme oder Telefone getestet werden, werden in diesem Buch die Methoden des Gedächtnistrainings auf den Prüfstand gestellt.

Teil I

Methodengeschichte

1

Die Gedächtniskunst in der Antike

Inhaltsübersicht

1   Die Verehrung der Mnemosyne im antiken Griechenland

Das Gedächtnis zur Zeit von Helena und Odysseus

Mneme („Gedächtnis", „Erinnerung"), *mnema* („Erinnerung", „Denkmal", „Andenken"), *mnemeion* („Erinnerung", „Andenken"), *lethomai* („ich vergesse") – die Vielfalt der gedächtnisbezogenen Ausdrücke belegt, welch grundlegende Bedeutung das Gedächtnis für die alten Griechen besaß. Die ältesten Spuren dieses Interesses reichen zurück bis in die frühesten schriftlichen griechischen Epen, die *Ilias* und die *Odyssee* von Homer. Ihre (nicht gesicherte) Entstehungszeit dürfte im 8. Jahrhundert vor unserer Zeitrechnung liegen. In einer französischen Dissertation zeigt Michèle Simondon (1982) anhand des von Homer benutzten Vokabulars, dass das Gedächtnis allgegenwärtig ist, auch in dem, was sie als „archaische Kategorien" des Gedächtnisses, und zwar des Handlungsgedächtnisses – militärische Einsatzbefehle, religiöse Riten –, bezeichnet, bis hin zu Grabinschriften – Gedichten und Widmungen –, in denen sich die Erinnerung an vergangene Schlachten, Versprechen und teure Tote niederschlägt.

Abb. 1.1: Der Dichter Hesiod (um 700 v. Chr.) berichtet die Legende von Mnemosyne und den Musen (Hesiod und eine Muse, Gustave Moreau, 1891, © akg-images/Electa).

Mnemosyne und die Musen

Von dem Dichter Hesiod (8. Jhdt. v. Chr.) erfahren wir, dass das Gedächtnis als Göttin verehrt wurde (Abb. 1.1).

Die Verehrung der Mnemosyne war vermutlich in der Gegend um Olympia verbreitet und bestand in einer Art Kur mit verschiedenen Heilwässern, sowohl für das Gedächtnis als auch für das Vergessen (Lethe). Zweifellos bestand das wahre Geheimnis der Wasser der Mnemosyne darin, dass man aufhörte, amphorenweise guten griechischen Wein zu trinken, denn „das von Dionysos gewährte Heilmittel des Vergessens wurde früh mit den simplen Wirkungen des Weins und der Trunkenheit verwechselt" (Simondon, 1982, S. 130). Die für Legenden übliche Übertrei-

Abb. 1.2: Sarkophag der Musen, Darstellung der neun Musen mit ihren Attributen. Marmor, erste Hälfte des 2. Jahrhunderts n. Chr., entdeckt an der Via Ostiense. Von links nach rechts: Kalliope, Thalia, Terpsichore, Euterpe, Polyhymnia, Klio, Erato, Urania und Melpomene (© akg-images/Erich Lessing).

bung machte aus der Quelle einen Teich, wie es in dem schon zitierten *Blättchen aus Petelia* steht: „Du wirst im Haus des Hades links eine Quelle finden [...] Weiterhin wirst du das kühle Wasser finden, das aus dem Teich der Mnemosyne hervorströmt [...] So gebt mir rasch das kühle Wasser, das aus dem Teich der Mnemosyne fließt [...] Dann wirst du zusammen mit den anderen Toten-Heroen ein Herrscher sein" (Simondon, 1982, S. 142 f.).

Mnemosyne, Tochter des Uranus, besaß solchen Liebreiz, dass Zeus, der Herr des Olymps, sich in neun Nächten hintereinander mit ihr vereinigte: „Wieder entflammte den Zeus Mnemosynes lockige Schönheit, und es entstanden von ihr die Musen [Abb. 1.2] in goldenem Haarschmuck, neun."[1] Mnemosyne blieb Zeus nahe und erzählte ihm von den Siegen der Götter über die Titanen; sie verfügte über ein so gutes Erinnerungsver-

---

[1] Ich danke meiner Tochter Natacha, die mich auf die Theogonie Hesiods hingewiesen hat, und der Altgriechischlehrerin Suzanne Allaire, die mehrere Begriffe in der Arbeit Simondons für mich übersetzte.

mögen, dass sie imstande war, sich aller Gedichte und Gesänge zu entsinnen, die Zeus von ihr zu hören verlangte. So personifizierte sie das Gedächtnis.

Jede Muse herrschte über einen Kunst- oder Wissenszweig. Die Literatur hatte zwei Schutzgöttinnen: Erato für die Liebesdichtung und Kalliope für die epische Dichtung, mit anderen Worten, den Abenteuerroman wie *Ilias* und *Odyssee*. Das Theater hatte große Bedeutung für die Griechen, und Melpomene war die Muse der Tragödie, während ihre Schwester Thalia über die Komödie gebot. Die musikalischen Künste standen ihm nicht nach. Euterpe war zuständig für die lyrische Dichtung, Polyhymnia für den Gesang und die bekanntere Terpsichore für den Tanz. Über die Wissenschaften schließlich herrschten als Göttinnen die berühmte Klio für die Geschichtsschreibung und Urania für die Astronomie.

2 Die Erfindung der Loci-Methode

Der Mythos des Simonides

Im Kult der Wasser der Mnemosyne in Olympia suchten also schon die Griechen nach Mitteln zur Verbesserung des Gedächtnisses. Dies schlägt sich auch in einer anderen Entdeckung nieder, die in den Folgejahrhunderten eine gewisse Wirkung erzielte. Es geht um den Mythos des Simonides und die Entdeckung der ersten Mnemotechnik, der Methode der Orte.

Im 17. Jahrhundert entdeckte man auf der Kykladeninsel Paros eine Marmortafel etwa aus dem Jahr 264 vor unserer Zeitrechnung (Yates, 1966/2001). Darauf waren die Daten bestimmter mythischer Neuerungen eingraviert, etwa der Einführung des Weizens durch die Göttin des Ackerbaus und der Feldfrüchte Demeter und ihren Beauftragten Triptolemos sowie der Erfindung der Gedächtniskunst. Die Inschrift ist nicht vollständig erhalten, aber lesbar: „Seit der Zeit, da der Keaner Simonides, Sohn des Leoprepes, der Erfinder des Systems der Gedächtnishilfen, den Chorpreis in Athen gewann [...] 213 Jahre" (das heißt 477 vor unserer Zeitrechnung).

Über die legendären Umstände dieser Erfindung berichten die Römer Cicero (54 v. Chr.) und Quintilian (1. Jhdt.) nach heute verschollenen griechischen Quellen.

Der Historikerin Frances Yates zufolge schildert Ersterer, wie Simonides die Gedächtniskunst erfand: „Bei einem Festmahl, das von einem thessalischen Edlen namens Skopas veranstaltet wurde, trug der Dichter Simonides von Keos zu Ehren seines Gastgebers ein lyrisches Gedicht vor, das auch einen Abschnitt zum Ruhm von Kastor und Pollux enthielt. Der sparsame Skopas teilte dem Dichter mit, er werde ihm nur die Hälfte der für das Loblied vereinbarten Summe zahlen, den Rest solle er sich von den Zwillingsgöttern geben lassen, denen er das halbe Gedicht gewidmet habe. Wenig später wurde Simonides die Nachricht gebracht, draußen warteten zwei junge Männer, die ihn sprechen wollten. Er verließ das Festmahl, konnte aber draußen niemanden sehen. Während seiner Abwesenheit stürzte das Dach des Festsaals ein und begrub Skopas und alle Gäste unter seinen Trümmern. Die Leichen waren so zermalmt, daß die Verwandten, die sie zur Bestattung abholen wollten, sie nicht identifizieren konnten. Da sich aber Simonides daran erinnerte, wie sie bei Tisch gesessen hatten, konnte er den Angehörigen zeigen, welcher jeweils ihr Toter war. Die unsichtbaren Besucher, Kastor und Pollux, hatten für ihren Anteil an dem Loblied freigebig gezahlt, indem sie Simonides unmittelbar vor dem Einsturz von dem Festmahl entfernt hatten. Auf Grund seiner Beobachtung, daß die Leichen nur deshalb von den Verwandten identifiziert werden konnten, weil er sich daran erinnerte, wo die Gäste gesessen hatten, kam er zu der Erkenntnis, daß eine planmäßige Anordnung entscheidend für ein gutes Gedächtnis ist" (Yates, 2001, S. 11).

ein Brot, das sich parfümiert

Buchhändlerin, die Nudeln isst

Früchte in der Waschmaschine waschen

ein Tomatensandwich

eine Kaffeebohnenspur, die zur Werkstatt führt

ein Hund, der im Schaufenster Honig leckt

Abb. 1.3: Darstellung der Loci-Methode, mit der man sich mittels einer fiktiven Straße eine Liste einprägt.

Die sogenannte Methode der Orte oder Loci-Methode (vom lateinischen *locus* für „Ort", „Platz") war also das erste Verfahren zur Gedächtnisstützung. Es besteht darin, die zu merkenden Elemente in Bilder zu übersetzen und jedem von diesen einen Ort entlang eines wohlbekannten, vor das geistige Auge gerufenen Weges zuzuweisen. Um alle Elemente in der richtigen Reihenfolge abzurufen, braucht man nur den Weg im Geiste abzuschreiten und das an jedem Ort abgelegte Bild quasi einzusammeln. Stellen Sie sich vor, Sie müssten sich folgende Liste einprägen: „Honig, Kaffee, Tomate, Waschmaschine, Nudeln, Brot." Nun platzieren Sie im Geiste je ein Bild eines Gegenstands in einem Laden und denken sich einen Satz oder ein Bild aus, das den Laden mit dem Gegenstand verbindet (Abb. 1.3). Nehmen wir an, es reihen sich folgende Geschäfte in der Straße aneinander: eine Zoohandlung, eine Autowerkstatt, eine Bäckerei, ein Lebensmittelgeschäft, ein Buchladen und eine Parfümerie. Denken Sie sich einen Hund, der Honig schleckt (erstes Geschäft auf dem Weg und erstes Wort auf der Liste), eine Spur aus Kaffeebohnen, die zur Werkstatt führt, ein Tomatensandwich in der Auslage der Bäckerei, in der Waschmaschine gewaschene Früchte für den Lebensmittelladen, die Buchhändlerin, die Nudeln isst, und ein Brot, das sich mit Parfüm einsprüht oder sich die Wimpern tuscht. Will ich mich nun in der richtigen Reihenfolge an die Gegenstände erinnern, muss ich in Gedanken wieder die Straße entlang laufen. Bin ich beispielsweise an der Werkstatt angekommen, fällt mir eine Spur aus Kaffeebohnen und nicht aus Teer ein, andernorts das sich schminkende Brot und so weiter.

So funktioniert die Loci-Methode, die, wie wir noch sehen werden, in der Antike bis auf wenige Ausnahmen enormen Anklang fand. Zu ihren Verächtern gehörte der Athener Oberbefehlshaber Themistokles (Simondon, 1982), Sieger über die Perser in der Schlacht bei Salamis. Er wies Simonides' Angebot, ihn seine Gedächtniskunst zu lehren, mit dem Argument zurück, er sähe sich lieber in der Kunst des Vergessens unterrichtet.

Die Verwendung des Tierkreises

Metrodoros von Skepsis ist ein berühmter Vertreter dieser Tradition, Bilder und Orte zu grundlegenden Gedächtnisstützen zu erklären. Er war Zeitgenosse von Julius Cäsar (1. Jhdt. n. Chr.) und gehörte zum Hofstaat des berühmten Perserkönigs Mithridates, der sich aus Furcht vor seiner Entourage an Gift gewöhnte (daher der Name Mithridatismus für durch Gewöhnung erzeugte Giftfestigkeit). Der römische Rechtsgelehrte Quintilian meldet, Metrodorus habe für sein Gedächtnissystem „in den zwölf Zeichen, durch die sich die Sonne bewegt, dreihundertsechzig Orte gefunden" (zitiert nach Yates, S. 44), und fährt fort: „Gewiß war das nur leere Großtuerei mit seinem Gedächtnis, wobei er sich mehr der Kunst als der Naturanlage rühmte" (zitiert nach Yates, S. 28). Quintilian formuliert mit einem für die damalige Zeit (1. Jhdt. n. Chr.) außerordentlichen Scharfsinn eine Kritik, die sich bestimmten Methodenurhebern ständig entgegenhalten ließe: Wenn bestimmte Methoden überhaupt Nutzen bringen, dann bei normal begabten Menschen nur in unzureichendem Maße; ihre Verfechter waren sehr häufig „professionelle" Gedächtniskünstler, die schon von vornherein über außergewöhnliche Fähigkeiten verfügten, diese durch bestimmte Techniken noch verbesserten und sie öffentlich zelebrierten. Während jedoch die Römer bei der Loci-Methode ihre Paläste oder Villen als Routen benutzten, war es theoretisch möglich, sich mithilfe der astronomischen Kenntnisse der Assyrer im heutigen Irak 360 Gedächtnisorte oder *loci* am Himmel vorzustellen. Die Assyrer kannten 52 Sternbilder, von denen zwölf auf der Ekliptik lagen (also auf dem scheinbaren Kreis, den die Sonne in einem Jahr am Himmel beschreibt). Dies sind die bekannten Tierkreiszeichen. Die Ägypter wiederum hatten den „heliakischen" (vom griechischen *helios* für „Sonne") oder Frühlingsaufgang von Sternen beobachtet, die wie etwa der Stern Sirius am Punkt des Sonnenaufgangs hinter dem Horizont verschwinden, und zwar während einer Phase von zehn Tagen. Dieser zehntägige Zeitraum hieß „Dekade" (und ist in den aus dieser Epoche herrührenden astrologischen Vorstellungen heute noch lebendig). Der immer noch populäre Ausdruck „Hundstage" hat übrigens mit diesen astronomischen Entdeckungen zu tun, denn Sirius gehört zum Sternbild Großer Hund (lateinisch *canis*), und der heliakische Aufgang von Sirius findet (in Ägypten, nicht in Mitteleuropa) mitten im Sommer statt.

So konnte sich Metrodorus für seine Methode die zwölf Sternbilder des Tierkreises mit je drei Sternen zunutze machen, was 36 Sterne ergibt. Da jeder dieser Sterne mit zehn Tagen (Dekade) verknüpft werden konnte, machte das insgesamt 360 Orte am Firmament. Wir werden sehen, dass diese Vorstellung im Licht bestimmter Systeme der Renaissance recht einleuchtend ist, allen voran desjenigen von Giordano Bruno.

Das Gedächtnis bei den griechischen Gelehrten

Auch wenn die Loci-Methode populär war, so sind doch die Vorstellungen vom Gedächtnis bei den Gelehrten der Antike weit umfassender, bei Platon, vor allem aber bei Aristoteles, dem Urahn der Wissenschaftler. Der große Philosoph Platon (427–347 v. Chr.) widersprach der Vorstellung, es könne künstliche Gedächtnisstützen (die Methoden) geben, denn für ihn besitzt die Seele von vornherein ein latentes Wissen; sie trägt in sich die Formen der Ideen, der eigentlichen Wirklichkeiten, von denen sie schon wusste, bevor sie im Körper materielle Form auf Erden annahm. In Platons Augen wird beispielsweise die Idee der Freiheit nicht erworben, sondern sie wohnt der Seele als göttliche Erinnerung inne. Jedes Heraufbeschwören von Ideen ist nichts weiter als eine Erinnerung an das Vorleben der Seele. Man stellt oft eine frappierende Ähnlichkeit zwischen diesen platonischen Vorstellungen und der Seelenwanderung fest, also dem Glauben an die Wiedergeburt in der Religion Indiens. Es ist nicht ausgeschlossen, dass Platon damit ältere Vorstellungen von Pythagoras, dem Vater der abendländischen Philosophie, verteidigt. Dieser hatte, so glaubt man, viele Orientreisen unternommen und diese geheimnisvolle Philosophie vielleicht von dort mitgebracht. So schreibt Platon im *Phaidros* über den Begriff des Allgemeinen, „das aus vielen Wahrnehmungen durch den Verstand in eins zusammengefaßt wird. Dies aber ist Erinnerung an jenes, was einst unsere Seele erblickte, als sie dem Zuge des Gottes folgte und hinwegschaute über das, was wir jetzt Sein nennen, das Haupt aufreckend in das Wirklich-Seiende."

Wir werden noch sehen, dass diese Vorstellung eines von Gott kommenden „Erinnerungswissens" zahlreiche Mystiker der Renaissance inspirierte. Doch der geniale Nachfolger Platons, Aristoteles (384–322 v. Chr.), vertritt völlig entgegengesetzte Ansichten. Sie bilden später die Grundlage der scholastischen Philosophie und Theologie des Mittelalters, insbesondere bei Thomas von Aquin, dem führenden Kopf der Theologen. Aristoteles führt in seiner Abhandlung *De memoria et reminiscentia* („Über das Gedächtnis und das Erinnern") einige wichtige Prinzipien auf. Zunächst einmal sind die Gegenstände, wie sie uns die Wahrnehmung zeigt, Realitäten, im Gegensatz zu Platon, für den alles nur Illusion ist. Sodann erschafft die Einbildungskraft aus diesen Sinneseindrücken Bilder, die ins Gedächtnis abgelegt und von dort wieder hervorgeholt werden können. Die Herstellung dieser geistigen Bilder entspricht dem Einprägen eines Siegelrings in Wachs. Die Analogie des sich in Wachs eindrückenden Siegels wird später häufig wieder aufgegriffen, vor allem von Giordano Bruno, der sie zum Titel eines seiner Werke machte. Diese Idee, so naiv sie auch wirken mag, weist voraus auf die materialistischen Theorien, wonach das Gedächtnis von der Materie erzeugt wird. Aristoteles jedoch glaubte, der Sitz des Gedächtnisses sei das Herz. Um die Bilder am Ende wiederzufinden, bedarf es eines Ausgangspunkts; diese Vorstellung gibt einen Vorgeschmack auf den Begriff der Assoziation und vor allem der Abrufmechanismen. Bei Aristoteles finden sich viele andere interessante Beobachtungen, doch er war Gelehrter, und die Menschen der Antike, die zumeist nicht lesen und schreiben konnten, nutzten meist die Bildermethode.

3   Die römischen Redner

In Rom entwickelte man die Gedächtniskunst zu praktischen Zwecken, insbesondere für alle Arten öffentlich gehaltener Reden und Plädoyers. So fiel das Gedächtnis in den Bereich der Rhetorik oder Redekunst und wurde dementsprechend in den Rechtsschulen und in Abhandlungen vermittelt. Drei dieser Traktate haben die Zerstörung des Römischen Reiches durch die Barbaren überlebt: *Rhetorica ad Herennium* von einem unbekannten Autor (entstanden etwa 84 v. Chr.), *De oratore* („Über den Redner") des berühmtesten Advokaten der Antike Cicero und schließlich *Institutio oratoria* („Ausbildung des Redners") von Quintilian, auch er berühmt, aber als Lehrer von Kaisern.

Rhetorica ad Herennium: Die erste Abhandlung über Gedächtnisbilder

Das Rhetoriklehrbuch *Ad Herennium* ist das erste erhalten geblie-
bene Glied einer langen Kette griechischer Abhandlungen, welche die Tradition der Loci-Methode nach Simonides begründeten.
Aus einer Anspielung des anonymen Autors geht hervor, dass ihm
zahlreiche derartige Aufsätze bekannt waren; ihm zufolge hätten
deren Verfasser darin Bilder zusammengetragen, die einer großen
Anzahl Wörter entsprachen, damit diejenigen, die sie sich einprägen wollten, schon fertige Sammlungen vorfanden. Deshalb
vereint dieses Buch neuartige Ratschläge mit althergebrachten
Regeln, die während der vier Jahrhunderte seit Simonides immer
weitergegeben wurden. Der Autor beginnt mit der Unterscheidung zwischen dem natürlichen Gedächtnis (den Fähigkeiten)
und dem künstlichen Gedächtnis (der Loci-Methode). Letzteres
unterteilt er wiederum in Gedächtnis für Orte (oder Plätze) und
Gedächtnis für Bilder. Um sich an Bilder zu erinnern, muss man
ihnen „außerordentliche Schönheit oder einzigartige Häßlichkeit"
zuschreiben, „ein blutbeflecktes oder mit Lehm beschmiertes
oder mit roter Farbe bestrichenes Gleichnis einführen", denn wir
merken uns nicht das Gewöhnliche, sondern das, was aus dem
Rahmen fällt. Die Orte, so rät der Autor, sollten in einem Palast
gewählt werden, eine Säule, einen Winkel, ein Gewölbe. Sie müssen abgelegen sein, anders, nicht zu hell und nicht zu dunkel. Auf-
fällig ist die enge Parallele zu den in neuerer Zeit nachgewiesenen
Gesetzen der visuellen Wahrnehmung (Denis, 1989).

In diesem Zusammenhang berichtet der russische Psychologe Alek-
sandr Lurija eine Anekdote aus seinen Untersuchungen mit dem
Gedächtniskünstler Veniamin. Dieser perfektionierte sein außergewöhnliches Erinnerungsvermögen mit der Loci-Methode; er benutzte
dabei ihm vertraute Straßen als Orte. Seine wenigen Irrtümer bei Listen mit 100 Wörtern erklärte er so: „Ich stellte den ‚Bleistift' neben die

Mauer – Sie kennen diese Mauer an der Straße, und da verschmolz der Bleistift mit dieser Mauer, und ich ging an ihm vorüber […] Dasselbe war es mit dem Wort ‚Ei‘. Ich stellte es gegen eine weiße Wand, und es verschmolz mit ihr. Wie hätte ich das weiße Ei vor einer weißen Wand erkennen können? Nun das ‚Luftschiff‘, es war grau und verschmolz mit dem grauen Pflaster […] Und die Fahne war eine rote Fahne, und Sie wissen, das Gebäude des Moskauer Sowjet ist doch rot, ich stellte es neben die Wand und ging an der ‚Fahne‘ vorüber […] Und ‚Putamen‘ – ich weiß nicht, was das ist […] Es ist ein so dunkles Wort – ich habe es nicht erkannt […] und außerdem war die Laterne so weit weg […]“ (1991, S. 171).

Die Loci-Methode jedoch war für gewöhnliche Menschen gedacht, wie Ratschläge aus *Ad Herennium* beweisen, in denen sich die seit der Antike bestehende Ahnung andeutet, dass das Gedächtnis begrenzt ist (Teil II dieses Buches): „Um zu gewährleisten, daß sich unser Gedächtnis bei der Reihenfolge der *loci* nicht irrt, empfiehlt es sich, jedem fünften *locus* ein besonderes Unterscheidungsmerkmal zu geben. Wir könnten zum Beispiel den fünften *locus* mit einer goldenen Hand kennzeichnen und an den zehnten das Bild eines Bekannten mit Namen Decimus [decem = zehn] setzen. Wir können dann damit fortfahren, jedem weiteren fünften *locus* jeweils ein anderes Zeichen beizulegen“ (zitiert nach Yates, S. 16).

In der Praxis bezogen sich die Empfehlungen für das künstliche Gedächtnis auf die Gerichtsrede. So können wir uns 2000 Jahre später anhand eines von Yates zitierten Beispiels des anonymen Autors vorstellen, wie die Loci-Methode praktisch angewendet wurde.

„Der Ankläger hat behauptet, der Beschuldigte habe einen Menschen vergiftet, und vorgetragen, daß das Motiv für das Verbrechen die Gier nach der Erbschaft war, und erklärt, daß es für diese Tat viele Zeugen und Mitwisser gibt.“ Wir bilden nun ein Gedächtnissystem über den gesamten Fall und wollen an unseren ersten Gedächtnisort ein Bild setzen, das an die Anklage gegen unseren Mandanten erinnert […]. „Wir sollen uns den betreffenden Mann krank im Bett liegend vorstellen, wenn wir ihn persönlich kennen. Kennen wir ihn nicht, so nehmen wir irgendeinen Kranken […] Den Angeklagten stellen wir an sein Bett, in der Rechten den Becher, in der Linken die Schreibtafel und am vierten Finger Widderhoden haltend. Auf diese Weise haben wir den Vergifteten, die Zeugen und die Erbschaft im Gedächtnis." An die folgenden *loci* setzen wir andere Anklagepunkte oder andere Details des Falles, und wenn wir uns die Orte und Bilder richtig eingeprägt haben, sollten wir jeden Punkt, den wir hervorholen wollen, mit Leichtigkeit erinnern können (Yates, S. 19).

Aus welchem Grund hatte eine solche, heutzutage nahezu unbekannte Methode Erfolg? Ganz einfach: Vor 2000 Jahren waren die Menschen zumeist Analphabeten, die Loci-Methode ersetzte also die Niederschrift.

Die Gedächtniskunst gleicht einem inneren Schreiben. Wer die Buchstaben des Alphabets kennt, kann, was ihm diktiert wird, niederschreiben und dann das Geschriebene wieder lesen. Ebenso kann derjenige, der Mnemonik gelernt hat, das Gehörte an Orte bringen und es dann aus dem Gedächtnis hersagen. „Denn die Orte gleichen den Wachstäfelchen oder dem Papyrus, die Bilder den Buchstaben, die Anordnung und Stellung der Bilder der Schrift, und das Hersagen gleicht dem Lesen" (zitiert nach Yates, S. 15).

Weil der große Anwalt und Staatsmann Cicero zur selben Zeit wie Julius Cäsar lebte, könnte er genauso in einem *Asterix*-Heft auftreten wie in der Fernsehserie *Rom*. In seinem Rhetorikbuch greift Cicero einen Teil der Ratschläge aus *Ad Herennium* auf und tritt insbesondere für die Loci-Methode ein:

„Es trifft auch nicht zu, was von Ungeübten behauptet wird, daß diese Bilder eine Last für das Gedächtnis seien […] Ich habe nämlich Männer von überragendem Format und von beinahe übermenschlicher Gedächtniskraft erlebt: Charmadas in Athen und Metrodoros von Skepsis in Kleinasien, der heute noch am Leben sein soll; sie sagten beide, daß sie etwas, was sie sich merken wollten, mit Bildern an bestimmten Orten gerade wie mit Buchstaben auf Wachs notierten" (zitiert nach Yates, S. 25).

Wir können uns also dieses Gedächtnis nur schwer vorstellen, denn bei den „Analphabeten" der Antike verarbeiteten neurologische Strukturen, die heute für die geschriebene Sprache genutzt werden, möglicherweise Orte. Heute dagegen hat der allgemeine Gebrauch von Taschenrechnern und Computern dazu geführt, dass wir das kleine Einmaleins, das die Menschen des letzten Jahrhunderts im Kopf hatten, kaum noch beherrschen; desgleichen hat das SMS-Schreiben auf dem Handy vielleicht der Erinnerung an die althergebrachte Orthografie den Garaus gemacht …

Quintilian: Übung und Logik

Quintilian (1. Jhdt. n. Chr.) war da viel umsichtiger und misstraute dem Ruf großer Wirksamkeit, den die Loci-Methode innehatte: „Nun möchte ich zwar nicht leugnen, daß dieses Verfahren nützlich ist, wenn man etwa viele Namen von Dingen der Reihe nach wiedergeben will […]. Weniger wird das Verfahren dann nützen, wenn man auswendig lernen muß, was in zusammenhängender Rede verfaßt ist. Denn schon die Gedanken liefern nicht die gleichen Bildvorstellungen wie Dinge, da solche für sie künstlich gebildet werden müssen" (zitiert nach Yates, S. 29).

In diesem Urteil nimmt Quintilian sehr scharfsinnig moderne Forschungsarbeiten vorweg, die nachgewiesen haben, dass man sich abstrakte Wörter eben aufgrund ihrer geringen Bildhaftigkeit weniger leicht einprägen kann. Nachdem er andere Methoden wie leises Mitmurmeln und die Verwendung derselben, zum Notieren benutzten Wachstäfelchen beim Auswendiglernen geprüft hat, verweist er abschließend auf logische Gliederung und Übung:

> „Tatsächlich kommt es […] beim Behalten dessen, was wir nur im Kopf überdenken, fast ausschließlich, wenn man von der Übung absieht, die am allerwichtigsten ist, auf Gliederung und Wortfügung an" (*Institutio oratoria*, XI, 2, S. 601).

> „Falls man eine Rede im Gedächtnis behalten muss, wird es nützlich sein, sie in Abschnitten auswendig zu lernen […], jedoch sollen die Abschnitte nicht zu kurz sein, sonst werden sie wieder zu viele" (S. 597).

> „Nicht unnütz ist es, an den Stellen, die schwer haften, irgendwelche Merkzeichen einzutragen, durch die, wenn sie uns wieder in Erinnerung kommen, unser Gedächtnis gemahnt und gleichsam angefeuert wird […] etwa einen Anker […] wenn von einem Schiff, einen Speer, wenn von einem Gefecht die Rede sein soll" (S. 599).

Diese Ratschläge zeugen von fundierter empirischer Kenntnis verschiedener Begriffe, mit denen wir uns noch befassen werden: Wiederholung oder Übung, die auf biologischer Ebene eine Rolle spielt, Kapazitätsbegrenzung des Kurzzeitgedächtnisses, die eine optimale Aufteilung sehr wirksam macht, und andererseits Abrufhinweise wie Anker und Speer, um verschiedene semantische Kategorien im Gedächtnis wachzurufen.

Augustinus: Die Vielzahl der Gedächtnisse

Der Kirchenvater Augustinus, gestorben 430 während der Belagerung von Hippo (heute Bône in Algerien), wahrscheinlich während eines Angriffs der berühmt-berüchtigten Vandalen, war vielleicht der Letzte, der am Vorabend des Untergangs des Weströmischen Reiches die gesamte antike Kultur in sich aufgenommen hat. Seine Gedächtnistheorie ist in der Tat sehr umfassend und reichhaltig. Über mehrere Kapitel seiner *Confessiones*

(„Bekenntnisse") zeichnet er ein groß angelegtes Bild des Gedächtnisses und greift dabei der Antike teure Vorstellungen vom Gedächtnis als einer Schatzkammer auf, „wo der Schatz unzähliger Bilder gehäuft ist". Doch sein Gedächtnisbegriff ist auch sehr abstrakt und geht weit über Aristoteles' Vorstellung von Bildern als sensorischen Resten hinaus: „Was mir je getönt, tönt mir wieder ohne Ton, wie der windverwehte Duft von meinem Gedächtnis noch gerochen wird. Nicht jene Dinge selbst, nur ihre Bilder werden wunderbar schnell vom Gedächtnis ergriffen, [...] aufgehoben und [...] durch Erinnerung herausgeholt." In seiner Bemerkung, die Ideen seien nicht an die Form einer Sprache (modern ausgedrückt, an den lexikalischen Code) gebunden – „der Gegenstand [eines Wortes] selbst ist ja weder lateinisch noch griechisch" –, nimmt er den modernsten Begriff von Gedächtnis, den des semantischen Gedächtnisses, vorweg. Tragischerweise wird dieser Reichtum der Antike verloren gehen.

2

Magie und Gedächtnis

Inhaltsübersicht

Gegen Mitte des ersten Jahrtausends zerfällt die Kultur als unmittelbare Folge der Vernichtung des Römischen Reiches durch die Barbaren (z. B. Westgoten, Vandalen). So erstürmten und plünderten 410 die von Alarich geführten Westgoten Rom. Die Manuskripte, die der Zerstörung entgingen, wurden mehrere Jahrhunderte und bis zu einem Jahrtausend später entdeckt: *Ad Herennium* wird erst um 830 erwähnt (Yates, 2001); der Text Quintilians wird 1416 entdeckt und 1470 veröffentlicht; der Text Ciceros scheint erst gegen 1422 wieder bekannt zu sein. Das wäre genauso, wie wenn unsere entfernten Nachfahren nach einer nuklearen oder ökologischen Katastrophe erst um das Jahr 3000 Balzac oder Einstein wiederentdeckten …

1   Das Gedächtnis in der Zeit von Burgen und Klöstern

Im Vergleich zur Antike ist das Mittelalter im Wesentlichen eine Phase des kulturellen Vakuums und des langsamen Wiederaufbaus. In diesen vier oder fünf Jahrhunderten erhalten sich nur mündliche Traditionen, weitergegeben von Mönchen oder Ordensleuten. Beispielsweise beantwortet der angelsächsische Theologe Alkuin (735–804) die Frage Karls des Großen nach dem Gedächtnis so: „Das Gedächtnis ist die Schatzkammer aller

Dinge." Dann will Karl wissen, ob es nicht andere Leitlinien dazu gebe, wie man es erlangen oder erweitern könne, und Alkuin antwortet: „Wir haben keine weiteren Vorschriften darüber, außer Übung beim Auswendiglernen, Praxis beim Schreiben, Eifer beim Studium und Meiden von Trunkenheit" (zitiert nach Yates, S. 56).

Die feudale Reorganisation leitete in den Klöstern und überwiegend theologischen Universitäten oder Schulen – der Akademie von Florenz, der Sorbonne in Paris – eine Wiedergeburt der Kultur ein. Alte Abhandlungen und Manuskriptbruchstücke wurden wiedergefunden, etwa die Werke Aristoteles' und eine Anzahl von Dokumenten, die man (wie *Ad Herennium*) unterschiedslos einem gewissen Tullius (sicherlich Cicero, einem Nachkommen Tullius') zuschrieb. Die Vermischung aristotelischer und theologischer Lehren mündete schließlich in die Scholastik. So gehörte für deren Vordenker, den schon 1323 heiliggesprochenen Thomas von Aquin (ca. 1225–1274), das Gedächtnis neben Intellekt und Voraussicht zu der von Gott kommenden Tugend der Klugheit und somit zur Ethik. Infolgedessen verbannt er die Empfehlungen der *Herennius*-Rhetorik, sich um der Einprägsamkeit willen hässliche oder schändliche Bilder auszudenken, aus den Lehrbüchern. In seiner *Summa theologiae* nimmt er in Bezug auf das Gedächtnis eine Synthese von Aristoteles und der Loci-Methode vor:

„Man muß für die Wiedererinnerung einen Ausgangspunkt nehmen, von dem aus man beginnen kann wiederzuerinnern. Deshalb kann man auch manche sehen, die von den Orten her, an denen etwas gesagt oder getan oder gedacht wurde, wiedererinnern […]. Deswegen lehrt Tullius in seiner Rhetorik, man solle, um sich leicht zu erinnern, sich eine bestimmte Reihenfolge der Orte vorstellen, an denen Bilder *(phantasmata)* all jener Dinge, an die wir uns erinnern wollen, in einer bestimmten Ordnung verteilt sind" (zitiert nach Yates, S. 70).

Man erkennt die damals Tullius (Cicero) zugeschriebenen Ratschläge der *Herennius*-Rhetorik wieder.

Gegen Ende des Mittelalters ist die Loci-Methode immer noch verbreitet, doch die „Orte" verändern sich. Es sind nicht mehr die Paläste und Säulen der Antike, sondern Klöster, Kathedralen oder imaginäre Himmelskarten (Paradies, Hölle, Fegefeuer).

Die ältesten schriftlichen Spuren über das Gedächtnis, die unsere Bibliotheken bewahren konnten, sind die Aufzeichnungen von Roger Bacon aus dem Jahr 1274 (Bibliothek von Oxford) und ein Werk des Bischofs von Canterbury Thomas Bradwardine von 1325 (British Museum, Nr. 3744, Sloane Collection). Bacon stand in solchem Ansehen, dass er den Beinamen *doctor mirabilis* („bewunderungswürdiger Lehrer") erhielt. Geboren gegen 1214 im englischen Somerset studierte er in Oxford und Paris und wurde dann Franziskanermönch. Er war berühmt für seine Arbeiten über Chemie und Optik, doch seine den Zeitgenossen schwer begreiflichen naturwissenschaftlichen Forschungen brachten ihn mehrmals wegen Hexerei ins Gefängnis. Welche Gefahren diese Zeit barg, zeichnet der Film *Der Name der Rose* sehr anschaulich nach. Bacon sprach Latein, Griechisch, Hebräisch und Arabisch und verwandte viel Zeit und Geld darauf, die wertvollen, aus der Antike erhaltenen Werke zusammenzutragen. Diese kleinen Hefte befassen sich nur mit der Loci-Methode (John Millard, 1812); ich konnte einige davon im British Museum einsehen. Manche umfassen nur wenige Seiten, einige sind auf Pergament geschrieben.

2 Erste Ausformungen von Bilder-Zahlencodes

Die kleinen, in der Folge veröffentlichten Abhandlungen gaben nur die Loci-Methode weiter, zuweilen einzig zu dem Zweck, Predigten auswendig zu lernen. Das ist etwa der Fall bei dem Büchlein von Francesco Panigarola *Il Predicatore* von 1609. Andere erlangten einen größeren Bekanntheitsgrad, beispielsweise ein Buch von Publicius (1482) mit Himmelskarten als Gedächtnisorten oder die Methode von Petrus von Ravenna (Petrus Tommai) (1491), der die Idee eines visuellen Alphabets hatte und empfahl, sich das Alphabet durch die Verknüpfung der Anfangsbuchstaben der Namen von Personen (oder jungen Mädchen) mit deren Gesichtern einzuprägen. Von all diesen Büchlein erfreute sich das von Johannes Romberch de Kyrspe (1533) einer gewissen Beliebtheit. Das Werk mit dem Titel *Congestorium artificiosa memorie* ist eine Kompilation von auf die römischen Redner zurückgehenden Empfehlungen und Listen, die wahrscheinlich als Loci-Systeme dienten. Die ersten der zahlreichen in diesem Buch enthaltenen Listen verknüpfen Bilder mit Orten in einer Behausung, mit liturgischen Ornatteilen oder Gegenständen (Messkännchen, Stola, Krummstab, Lesepult) oder mit Engelsgattungen (Seraphim, Cherubim, Erzengel).

Diese Listen stellen also nichts anderes dar als Systeme von Gedächtnisorten. Manche jedoch sind origineller und setzen Bilder mit den Buchstaben des Alphabets oder mit Zahlen in Beziehung: Das sind die ersten Codes. Beispielsweise entspricht dem A ein Kompass, dem B eine Mandoline, dem C ein Herz. Ähnelt das Bild der Form des Buchstabens, handelt es sich um einen Analogiecode. Welchem Zweck dienten diese Aufstellungen? Vielleicht, um das Erlernen des Alphabets und der Zahlen zu erleichtern oder als alphabetische Abrufhilfen (Teil II) für Teile einer Predigt? Andere Listen sind komplex und setzen sich aus Bildern für Zahlen und Vielfache von 10 zusammen; beispielsweise steht ein Malterkreuz für 10, Pfeil und Bogen für 50, Pfauenfedern für 1 000. Möglicherweise handelt es sich diesmal um eine bedeutende Erfindung. Mithilfe eines Bilder-Zahlencodes kann man sich nämlich Geldsummen bei Handelsgeschäften merken. Vergessen wir nicht, dass die Menschen wie in der Antike zumeist Analphabeten waren, sodass Zahlen nur in einem mündlichen Gedächtnis bewahrt werden konnten. Dieses aber ist sehr viel anfälliger als ein Bildgedächtnis (Teil II). Allerdings wird hier wie in der Antike das Aufkommen von geschäftlichen Aufzeichnungen diese Gedächtnissysteme überflüssig machen. In sozialer Hinsicht markieren diese Methoden den Durchbruch der Zahlen, die in der Antike kein Thema waren und deren Erscheinen dem Handel geschuldet ist.

3   Die Medizin des Gedächtnisses

Nach der für die Zeit beeindruckenden Zahl von Abschriften und Übersetzungen zu urteilen, war die 1554 von Guglielmo Gratarolo in Rom veröffentlichte Abhandlung europaweit ein „Bestseller" des Mittelalters. Andere Erfolge dieser Epoche sind lediglich Übersetzungen davon, etwa das berühmte *The Castel of Memorie* von William Fulwood von 1562 und die französische Bearbeitung von Estienne Copé *Discours notable des moyens pour conserver et augmenter la mémoire*, 1555 in Lyon erschienen. Gratarolo war ein berühmter Mediziner. Er praktizierte in Bergamo und dann in Basel, wo er große Bekanntheit erlangte. Seine Bildung erklärt also, warum der erste und eigenständigste Teil seines Buches medizinische Grundsätze umfasst. Sechs Kapitel widmen sich verschiedenen Themen, insbesondere den Beeinträchtigungen des Gedächtnisses und seiner Erhaltung. Ein Kapitel behandelt sehr geistreich das, was dem Gedächtnis schaden kann, denn bevor man darangehen könne, sein Gedächtnis zu verbessern, gelte es zunächst, es nicht zu verlieren. In dem Kapitel über Heilmittel nennt er das Abführen und den Kamillenabsud. Zu den gedächtnisfördernden (heute sagt man „promnestischen") Substanzen zählt er Ingwer, Gewürznelken, Zucker, Gladiolenzwiebeln und andere.

Der zweite Teil des Buches ist klassischer gehalten und dem „lokalen" Gedächtnis (Loci-Gedächtnis) gewidmet. In der Präambel behauptet der Autor, das Gedächtnis sei das wichtigste Gut des Menschen, im Gegensatz zum folgenden Jahrhundert, in dem Descartes das Erinnerungsvermögen zugunsten der Intelligenz (des Verstands) entthronen wird. Dann unterscheidet Gratarolo zwei Arten der Gedächtnistätigkeit: Bewegung und Erinnerung. Diese Unterscheidung geht auf Aristoteles zurück und weist auf die moderne Unterscheidung zwischen Codierung (im Augenblick des Einprägens) und Abruf (Wiederauffinden von Gedächtniselementen) voraus: Die wichtigsten Bewegungen (wir würden sagen Codierungen) sind die Bilder, das Sammeln und die zweckmäßige Gestaltung von Bildern, wohingegen die Grundsätze des Erinnerns Ordnung, Orte und Wiederholung betreffen. Dennoch ist das einzige dargelegte praktische Verfahren immer noch die Loci-Methode. Der Autor zitiert überdies Cicero, Metrodorus und einen unbekannten Verfasser, der das Alphabet mit Tiernamen codiert (es handelt sich zweifelsfrei um Romberch de Kyrspe). Er verwendet verschiedene Varianten der Loci-Methode, insbesondere eine Liste von Tieren, deren Bezeichnung jeweils mit einem Buchstaben des Alphabets beginnt (Afinus, Basilus, Canis, Draco, Rhinoceros, Yena, Zacheus). Jedes Tier ist untergliedert in fünf „Orte" (Körperteile wie Kopf, Beine oder Schwanz), und so kann man auf mehr als 100 Orte kommen. Es handelt sich also nur um ein „zoologisches" System von Gedächtnisorten. Eher am klassischen Verfahren orientiert werden die üblichen *loci* wie öffentliche Gebäude, Privathäuser und dergleichen empfohlen; merkwürdiger ist der Vorschlag eines Systems, das aus einer Liste von Berufen wie Advokat, Arzt und so weiter besteht. Darin spiegelt sich aber lediglich das Bestreben zu zeigen, dass die Fantasie alle möglichen Arten von Orten erzeugen kann.

4   Die Renaissance: Geheimes Wissen und magische Gedächtnissysteme

Zu Beginn des 14. Jahrhunderts wütet in Frankreich und anderen Ländern eine schreckliche Hungersnot. 1348 bricht die „große Pest" aus; sie rafft ein Drittel der Bevölkerung Europas dahin. Der Hundertjährige Krieg bringt Entvölkerung und Chaos. Die Klasse der Feudalherren ist größtenteils vernichtet, und Massen von Leibeigenen sind befreit. Marktflecken (französisch *bourgs*) entwickeln sich und mit ihnen eine neue Klasse aus Handwerkern, Händlern und Kaufleuten. Diese „Bürger" (französisch *bourgeois*) werden bald weite Reisen über die Meere unternehmen und streben nach einem neuen Selbstverständnis. Mit ihnen beginnt die Renaissance. Diese Epoche ist reich an vom Handel angeregten Errungenschaften: 1456 die erste von Gutenberg gedruckte Bibel, 1492 die Entdeckung Amerikas. Die Humanisten erforschen leidenschaftlich die Schriften des Altertums. Sie möchten alles wissen, alles erfassen, genau wie die Reeder ferne Länder entdecken wollen. Hier sehen wir den enzyklopädischen Geist von Pico della Mirandola (1463–1494), der danach trachtet, alles Wissen zu verschmelzen, die offizielle Religion mit dem antiken Denken zu versöhnen, die platonischen Ideen mit der Kabbala – der jüdischen Geheimwissenschaft – und mit der Hermetik. Darunter versteht man eine Lehre, die sich auf Werke berief, welche man dem Hermes Trismegistos zuschrieb. In dieser Götterfigur verschmolz der ägyptische Gott Thot mit dem griechischen Gott Hermes. Während die Magie aus den scholastischen Schriften verbannt war, kehrt sie nun mit Macht zurück, zweifelsohne im Kielwasser der Hungersnöte und Seuchen, die den Bauer oder Bürger wohl eher zum Glauben an den Teufel als an Gott verleitet hatten. Dieses enzyklopädische, okkulte Klima begünstigt Versuche, magische Gedächtnissysteme zu erfinden. Die englische Historikerin Frances Yates hat die oft dunklen Gedankenkonstruktionen dieser „Magier" wortgetreu übersetzt. Der Gedächtnisforscher aber vermag darin einige bemerkenswerte Vorahnungen zu dechiffrieren, Begriffe wie „Code" und „Abrufhilfen" (Teil II).

Das Theater des Giulio Camillo: Das begrenzte Fassungsvermögen des Gedächtnisses

Giulio Camillo, ein Italiener des 16. Jahrhunderts, nutzte die Loci-Methode im Kontext seiner Zeit. Für ihn ist das Gebäude, das die Orte bereitstellt, nicht mehr der römische Palast und auch nicht das Kloster, sondern das Theater oder vielmehr das Amphitheater, wie die Florentiner Akademie oder die Sorbonne. Das Merkwürdige an diesem Theater ist, dass es um die Zahl 7 herum gebaut ist – eine seltsame Vorahnung (oder Koinzidenz) in den Augen von modernen Gedächtnisforschern, die nachgewiesen haben, dass die Kapazität des Kurzzeitgedächtnisses auf ungefähr sieben Elemente begrenzt ist (Teil II).

Das Theater setzt sich aus sieben Sektoren zusammen (Abb. 2.1), den „sieben Säulen des salomonischen Hauses der Weisheit": in der Mitte Apollo, die Sonne, und zu den Seiten hin die Planeten Mars, Jupiter, Saturn Venus, Merkur und Diana, der Mond. Jeder Sektor besteht aus sieben Rängen, beispielsweise dem Bankett, der Höhle oder den Gorgonen-Schwestern. Jedes dieser 49 Basisfelder ist in eine Anzahl von Orten unterteilt – immer kleiner als sieben –, welche ein bestimmtes Wissensgebiet verkörpern. So bedeutet in der Höhle des Mondes Neptun alles, was mit Wasser und den zusammengesetzten Elementen zu tun hat; im Prometheus des Jupiter steht das Urteil des Paris für alles, was sich auf das Zivilgesetz bezieht; im Prometheus des Mondes

Abb. 2.1: Das Gedächtnistheater des Giulio Camillo (nach Yates, 2001).

findet man Hymen für das, was mit der Ehe zusammenhängt. Yates berichtet uns, dass Camillo gegen 1530 das Interesse des französischen Königs Franz I. auf sich zog, der einige Jahre lang seine Forschungen finanzierte.

Worin lag der Sinn dieser Schematisierung? Wir heutigen Leser erblicken in diesem Theater einen Vorläufer der universellen Klassifikation des Wissens. Doch im Kontext der platonischen Wiedererinnerung an göttliche Ideen glaubte Camillo zweifellos, dass die Verwendung des Theaters seinem Besitzer sämtliches Wissen zugänglich mache. Uns jedoch ist klar, dass das bestmögliche Abrufschema nichts nutzt, wenn es nichts abzurufen gibt: Man muss es sich zuvor einprägen.

Die drehbaren Scheiben: Codierungssysteme

Raimundus Lullus (1235–1315) entsagte der Welt, obwohl er Familienvater war, und wurde Franziskaner. Er plante, eine Theologentruppe aufzustellen, um die Muselmanen durch Dialektik zu bekehren. Um dieses Ziels willen lernte er Arabisch und Türkisch und studierte alle philosophischen Systeme. Er erfand eine Methode, die später nach ihm benannte Lullische Kunst, die radförmige Scheiben benutzt. Wahrscheinlich handelte es sich um ein anschauliches System aus konzentrischen Kreisen, mit dessen Hilfe man Wortkombinationen erhielt. Die Könige machten sich lustig über seinen spirituellen Kreuzzug, und Papst Benedikt VIII. behandelte ihn als Geistesgestörten. Doch Lullus ließ sich nicht entmutigen und brach alleine auf. Nach einigen Anfangserfolgen jedoch, vor allem in Tunis, steinigten ihn die Einwohner der Stadt bei seiner zweiten, tödlichen Missionsreise (Dezobry und Bachelet, 1857).

Die Lullische Kunst unterscheidet sich von der Loci-Methode, und mit der Vorstellung, dass eine magische Kombination den Zugang zum göttlichen Wissen erlaube, ist sie eher der Urahn der Codes (Teil II). Diese Systeme konzentrischer Scheiben werden von Trithemius explizit als Verfahren zur Verschlüsselung von Geheimbotschaften veröffentlicht. Auch dieser Theologe und Kulturbesessene wurde von den Mönchen des Klosters, dem er als Abt vorstand, verjagt, weil er die Moral erneuern und die Unwissenheit bekämpfen wollte. Sein für die damalige Zeit ungeheures Wissen brachte ihm eine Anklage wegen Ketzerei ein. Die Scheiben zur Kombination von Buchstaben, Ziffern und Symbolen bilden zweifelsohne das Vorläufersystem des Buchstaben-Zahlencodes, das die Gedächtniskünstler des 19. Jahrhunderts so sehr inspiriert hat (Kapitel 5 und 6).

Der Dominikanermönch Giordano Bruno fühlte sich ebenfalls berufen, die mystischen Schlüssel zum göttlichen Wissen zu entdecken. Diesem Bestreben folgte er von seiner Flucht aus dem Dominikanerkonvent von Neapel, in den er 1563 eingetreten war, bis zu seinem Tod auf dem Scheiterhaufen der römischen Inquisition. Sein Leben war eine lange Irrfahrt durch

Europa, durchsetzt von Werken wie *Siegel* (Kurztitel *De umbris idearum*) und *Schatten* (Kurztitel *Ars reminiscendi*). Trotz ihres enormen Wissens fällt es der Renaissancehistorikerin Frances Yates schwer, die hermetisch-kabbalistische Ausdrucksweise der mystischen Botschaft Brunos in moderne Begriffe zu übertragen. Für sie „bietet [Bruno] eine Religion oder eine hermetische Erfahrung oder einen inneren Mysterienkult an, in denen es vier Leitprinzipien gibt: Liebe, die die Seele durch einen göttlichen *furor* zum Göttlichen erhebt, Kunst, durch die man mit der Seele der Welt in Verbindung tritt, Mathesis, die ein magischer Gebrauch von Zahlen ist, und Magie, die als religiöse Magie verstanden wird" (Yates, S. 237). Doch Bruno hegt ebenso wissenschaftliche Ambitionen, wie er selbst erklärt: „Ich hatte einen solchen Namen, daß König Henri III. mich eines Tages rufen ließ und mich fragte, ob das Gedächtnis, das ich habe und das ich lehre, ein natürliches Gedächtnis sei oder durch eine magische Kunst erworben; ich bewies ihm, daß es nicht durch magische Kunst, sondern durch Wissenschaft erworben war" (zitiert nach Yates, S. 186). Da er diesen Bericht jedoch vor den venezianischen Inquisitoren ablegt, lassen sich seine wahren Absichten nur schwer ermessen.

Das mnemotechnische System der *Schatten* ist äußerst komplex. Es wird räumlich als Kreis aus vier Scheiben dargestellt, ein System in Anlehnung an Lullus oder Trithemius. Jede Scheibe besitzt zwei äußere „Eingaberinge": Die erste Scheibe ist alphabetisch und besteht aus 30 Feldern, versehen mit 30 Buchstaben (lateinisches Alphabet plus griechische und hebräische Buchstaben). Jedem dieser 30 Felder sind fünf Unterabschnitte zugeordnet, die den fünf Vokalen entsprechen.

Eine andere Scheibe folgt demselben Konstruktionsprinzip, doch lassen sich mit diesem System durch Drehen 150 Bilder erzeugen. Die erste Scheibe zeigt die Sternbilder; man erkennt ein ähnliches System wie das von Metrodorus von Skepsis, von dem

Quintilian spricht. Insgesamt ergibt das System 150 Bilder, unter anderem die folgenden:

* 36 Bilder für die Dekaden des Tierkreises (12 Zeichen × 3 Dekaden)
* Widder Aa: ein riesiger schwarzer Mann mit flammenden Augen
* Ae: eine Frau
* Ai: ein Mann, der eine Kugel und einen Stock trägt
* Stier Ao: ein pflügender Mann, etc.
* 49 Bilder in den Planeten, 7 Bilder pro Planet. Ein Beispiel: 1. Bild des Saturn: ein Mann mit Hirschkopf auf einem Drachen, in der rechten Hand eine Eule, die eine Schlange verschlingt, etc.

Die zweite Scheibe ist eine Liste der Tier-, Pflanzen- und Mineralienwelt. Die dritte ist wieder eine Liste, immer noch mit 150 Elementen, doch diesmal von anscheinend semantisch gruppierten Adjektiven: Aa knorrig, Ae verwachsen, Ai verknotet, Ao formlos und so weiter. Die vierte Scheibe schließlich besteht aus einer beeindruckenden Liste von 150 Erfindern, zu je fünf (immer nach den Vokalen) um ein Thema zusammengefasst:

* Aa: Rhegima, Erfinder von Brot aus Kastanien
* Ae: Osiris, Erfinder der Landwirtschaft
* Ai: Ceres, göttliche Erfinderin des Jochs für Ochsen
* Ao: Triptolemus, Erfinder des Säens
* Au: Pitumnus, Erfinder des Düngens
* Der 150. Name ist der des Melicus (anderer Name für Simonides).

Beim Lesen dieser Beispiele stellt man fest, dass diese Systeme Hunderte oder Tausende Bilder ergeben, die man sich merken muss, und man versteht besser, warum Descartes diese angebliche Gedächtniskunst in Misskredit brachte. Für Bruno jedoch sind diese Systeme Methoden zur Gedächtnisstrukturierung und zum Abruf von Erinnerungen (Teil II dieses Buches), allgemeiner zur Systematisierung von Wissen: „Zur Beherrschung des Gedächtnisses ist es nötig, daß die Zahlen und Elemente in eine Ordnung gebracht werden [...] durch bestimmte erinnerbare Formen (die Bilder des Tierkreises) [...] Ich sage nun, dass man bei aufmerksamem Überdenken eine figurative Kunst erreichen kann, die nicht nur das Gedächtnis unterstützt, sondern auf wunderbare Weise auch alle Seelenkräfte" (zitiert nach Yates, S. 199). *Schatten* erschien 1582 in Paris.

Petrus Ramus: Baumstrukturen und Logik

Zur selben Zeit, in der sich das aufstrebende Bürgertum gegen die letzten Bollwerke des Feudalismus erhebt, kämpft es auch gegen die offizielle Kirche: Dies ist der Protestantismus. 1517 begehrt Luther gegen den Skandal des Ablasshandels auf. Doch die Amtskirche schlägt zurück und setzt 1542 die Inquisition ein, der später Bruno wie Kopernikus und Galilei zum Opfer fallen werden. 1559 erstellt das „Heilige Offizium" den ersten *Index Librorum Prohibitorum*, das Verzeichnis verbotener Bücher. 1572 setzt die blutige Bartholomäusnacht dem Vordringen des Protestantismus in Frankreich ein Ende. In England überlagern die religiösen Auseinandersetzungen politische Streitigkeiten. Im Kampf gegen die Verschwörung der Katholiken, die Maria Stuart von Schottland auf den Thron setzen wollen, führt Elisabeth I. die Abspaltung der englischen Kirche von der römischen herbei. Eine Form des Calvinismus wird Staatsreligion. Diese wendet sich gegen Luxus und Goldglanz und auch gegen den Sittenverfall und wird mittelbar Ursache für die „Zensur" von Gedächtnisbildern (die der *Herennius*-Rhetorik zufolge blutig oder lüstern sein sollen).

In diesem europäischen Kontext der Rückkehr zur Einfachheit tritt der hugenottische Franzose Pierre de la Ramée, genannt Petrus Ramus, auf den Plan. Er wird 1515 geboren und wie Hugenot 1572 ermordet. Ramus (Yates, 2001) macht Tabula rasa mit all den komplizierten Bildern und magischen Scheiben. Er tritt für die dialektische (wir würden sagen „logische") Ordnung ein, wie sie sich in einem Schema darstellt, in dem die allgemeinen Aspekte sich in immer speziellere und individuellere aufteilen. Es entsteht schließlich eine Klassifikation mit Baumstruktur (Abb. 2.2).

Diese Art „Baumschema" wird viele Nachkommen haben, von Unterrichtsplänen oder Lehrbüchern bis hin zu einer Theorie des (semantischen) Gedächtnisses und den Baumstrukturen der Informatik (den Dateien Ihres PCs). Im puritanischen England Elisabeths erlebt diese pädagogische Methode einen großen Erfolg. Ramus schöpft im Prinzip aus Quintilian, gibt das auf Bilder bauende künstliche Gedächtnis völlig auf und stützt sich auf das, was die klassische Pädagogik ausmacht: das Auswendiglernen – Quintilians „Übung" – sowie die Gliederung von Ideen, die man viel später als semantische oder logische Kategorien bezeichnen wird.

Die *Siegel* des Giordano Bruno: Erste Vorahnung von Abrufschemata

Petrus Ramus übte starken Einfluss auf Giordano Bruno aus. Sieht man von seinem Mystizismus einmal ab, so ahnte er voraus, dass Logik und Gedächtnis sich nicht ausschließen. Sein letztes Buch *Siegel* (1583) stellt eine Synthese aller Systeme dar, von denen Bruno Kenntnis hatte, und der Titel erinnert daran,

Abb. 2.2: Petrus Ramus verwirft die magischen Scheiben und vertritt ein Klassifikationsschema mit Baumstruktur (Quelle: gallica.bnf.fr/Bibliothèque municipale de Lyon-part Dieu, FC081).

dass eine Erinnerung sich einprägt wie ein Siegelring in Wachs (Aristoteles).

Es gibt 30 Siegel, Yates zufolge: „30 Sätze über die Prinzipien und Techniken des magischen Gedächtnisses, denen 30 mehr oder weniger unerklärbare ‚Erklärungen' folgen, von denen einige durch mehr oder weniger unlösbare ‚semi-mathematische' Diagramme illustriert sind. Man fragt sich, wie viele Leser jemals diese Barriere überwunden haben" (S. 228). Das erste Siegel ist „Feld", das heißt das Gedächtnis oder die Fantasie, dessen „weite Furchen" Orte für die Bilder liefern können. Dieses erste Siegel bringt uns demnach wieder zur uns vertrauten Loci-Methode zurück. Das zweite Siegel ist „Himmel", in das „die Ordnung und die Reihenfolge der Bilder des Himmels eingraviert sein sollen" (Bruno). Dazu muss man es wie ein Horoskop in zwölf Bereiche unterteilen. Hier stoßen wir wieder auf das von Metrodorus von Skepsis eingeführte System, das sich Bruno in *Schatten* zunutze macht. Das Siegel „Kette" betont, „dass das Gedächtnis vom Vorausgehenden zum Folgenden weitergehen muß", wie die Glieder einer Kette zusammenhängen. Dies lehrte schon Aristoteles in dem, was die englischen Philosophen als „Assoziationen" bezeichneten. Das Siegel „Wald" bezieht sich auf den Baum des Wissens und das Klassifikationssystem von Petrus Ramus. Das Siegel „Leiter" besteht aus Kombinationen von Scheiben in Anlehnung an Lullus und Trithemius. Das Siegel 9 „Tisch" beschreibt das visuelle Alphabet von Petrus von Ravenna (siehe unten), wonach man sich an Buchstaben erinnert, indem man sich die Gesichter von Menschen vorstellt, deren Name mit eben diesem Buchstaben beginnt. Das Siegel 22 „Brunnen und Spiegel" scheint wiederum auf das pädagogische System von Petrus Ramus zurückzugehen: „Ich betrachtete ein Wissen in einem Subjekt [schreibt Bruno]. Denn alle Grundteile waren festgesetzte Grundformen […] und alle sekundären Formen vereinigten sich mit den Grundteilen" (zitiert nach Yates, S. 234). Dieselbe Idee wird genutzt im Siegel des „kabbalistischen Geheges" (28), das die Ränge der Gesellschaft vom Papst bis zu den Diakonen und vom König bis zu den Bauern beschreibt.

Siegel ist sicherlich ein von magischen Absichten verdunkelter Klassifikationsversuch für Systeme zur Gedächtnisorganisation, die moderne Theorien als Abrufschemata bezeichnen. Vom Theater Camillos bis zu den Siegeln Brunos steckte in diesen magischen Systemen zweifelsfrei mehr als nur simple Lerntechniken. Solche Techniken waren den Scheiterhaufen nicht wert, bestand doch ihr höchstes Ziel darin, die Fülle des Wissens – im platonischen Sinn eines Erinnerungswissens an das göttliche Wissen – zu erlangen.

3

Die Entthronung des Bildes durch die Schrift

Inhaltsübersicht

1 Das erste Notizbuch – die Hand!

Zu Beginn des 17. Jahrhunderts tauchte mit der in Frankfurt erschienenen *Ars memoriae* (1603) von Girolamo Marafioti eine neue Methode auf. Sie sah vor, Bilder auf verschiedene Teile der Hand, etwa die Fingerglieder, zu zeichnen und sie als Abrufhilfen für die Abschnitte einer Rede zu nutzen. Dieses Verfahren stellt eine Art Loci-Methode dar, nur dass die Orte schriftliche Form haben und nicht als Bilder vor das geistige Auge gerufen werden. Die Methode ist demnach der Urahn des Notizbuchs oder Merkzettels und trägt in sich den Keim des Untergangs der Bildermethode und des Aufstiegs der Schrift. Um die Abkürzungen oder Zeichen auf der Hand anzulegen, musste man schreiben – im Gedächtnis vorgestellte Orte sind nicht mehr von Nutzen.

Eine andere wichtige Neuerung trat mit Ansätzen zu einer Erfindung zutage, die wir heute als numerischen Code bezeichnen würden. Ein derartiger Code dient dazu, Zahlen in Bilder oder andere Symbole umzuwandeln. Wir haben gesehen, dass Romberch de Kyrspe bereits Zahlen und Bilder in dieser Weise miteinander verband, doch diese Entsprechungen wirkten willkürlich gewählt, während bei den Autoren des 17. Jahrhunderts jedes Bild seiner Form nach der einer Zahl ähnelte. Einen solchen Code finden wir bei Giovanni Battista Porta in seiner *Ars reminiscendi*

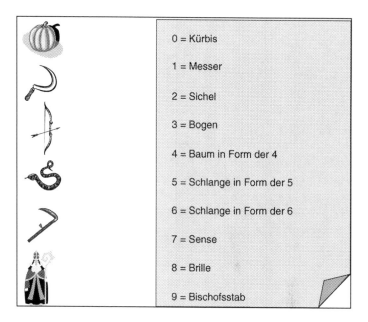

0 = Kürbis

1 = Messer

2 = Sichel

3 = Bogen

4 = Baum in Form der 4

5 = Schlange in Form der 5

6 = Schlange in Form der 6

7 = Sense

8 = Brille

9 = Bischofsstab

Abb. 3.1:   Porta (1602) verwendet als Erster Bilder, deren Form Zahlen ähnelt (Bilder rekonstruiert)

(„Die Kunst sich zu erinnern") (Neapel 1602). Porta verwendet (in Form von Bildern) verschiedene Gegenstände (Abb. 3.1).

2   Descartes gegen Schenkel

Diese Technik wird aufgegriffen oder vielleicht gleichzeitig erfunden von dem zu seinen Lebzeiten berühmten Gedächtniskünstler Lambert Schenkel, genannt Schenkelius. Er wurde 1547 im niederländischen s'Hertogenbosch als Sohn eines Arztes geboren, und vielleicht stieß er in der väterlichen Bibliothek auf das Werk von Gratarolo, denn zwischen den beiden Werken finden sich zahlreiche Ähnlichkeiten. Nachdem sich Schenkel als Rektor einer öffentlichen Schule betätigt hatte, reiste er kreuz und quer durch Europa und hielt Vorträge über seine Methoden des künstlichen Gedächtnisses. Anfangs erzielte er großen Erfolg, der sich jedoch später in Misserfolg verkehrte. Schließlich blieben die Schüler aus. Auf dem Höhepunkt seines Erfolgs sandte er angeblich seinen Jünger Martin Sommer an seiner statt aus, um die Vorträge zu halten. Aus dieser Zeit sind zahlreiche Bücher, Übersetzungen, Ausgaben (1610, 1643 etc.) erhalten geblieben. Später wurden seine Bücher selten, und der Verleger Johann Ludwig Klüber sammelte 1804 die Werke Schenkels in einem *Compendium der Mnemonik oder Erinnerungswissenschaft*.

Das Werk Schenkels ist recht mysteriös, denn er schrieb in einem verschlüsselten Latein, um seine Geheimnisse nur Eingeweihten zugänglich zu machen. So vertauschte er die Reihenfolge der Buchstaben, ließ manche ganz weg oder verdoppelte andere, um den Plural anzudeuten. Glücklicherweise fertigte Adrian Le Cuirot damals eine Übersetzung in „entschlüsseltes" Französisch an und gab ihr den Titel *Le Magasin des sciences, ou vray art de la mémoire descouvert par Schenkelius* (Paris 1623). In diesem Werk bildet die Loci-Methode immer noch die Grundlage, und „wer diese Kunst versteht", so Schenkel, „wird die freien Künste und jeden Theil der Gelehrsamkeit, Predigten, und Alles, was wissenswerth ist, sich so einprägen können, dass er […] Alles sein ganzes Leben lang in dem Gedächtnis behalten" kann. So finden sich in der Schrift nahezu demagogische Versprechungen, etwa dass man mit Schenkels Methode bald mehreren Dutzend, ja „100 Schreibern zugleich ebenso viele Briefe oder Materien diktieren" oder sich „200 000 Bilderplätze [loci] während eines Paternosters" ausdenken und benutzen könne. Was die Originalität angeht, so handelt es sich im Wesentlichen um ein Plagiat der antiken Autoren, insbesondere von *Ad Herennium*. So fasst Schenkel seine Empfehlungen für die Gestaltung von Bildern in

28 sich wiederholende Regeln, in denen man die Vorschriften des unbekannten Autors von *Ad Herennium* wiedererkennt: Regel Nr. 2 beispielsweise sieht vor, sich lebhafte Bilder auszudenken, Regel Nr. 4 empfiehlt, sich weder zu kleine noch zu große Bilder auszudenken. Desgleichen müssen die Bilder im richtigen Verhältnis zum Hintergrund stehen (Regel Nr. 5) und die Darstellungen missgestaltet und lächerlich sein, damit sie das Gedächtnis stärker erregen (Regel Nr. 9). Man findet auch den Ratschlag, einen langen Text in Teile zu untergliedern und die Schlüsselbegriffe in Bilder oder Abkürzungen umzuwandeln. Darin zeigt sich, dass allmählich verbreiteter gelesen wird. Eines aber ist gegenüber der Antike neu, auch wenn es sich zweifellos an Porta anlehnt: der Bilder-Zahlencode. Nichtsdestoweniger verwendet Schenkel andere und abstraktere Bilder (ein Dreieck für die 3, ein Quadrat für die 4 und eine Hand für die 5) (Abb. 3.2).

Was schließlich die medizinischen Vorschriften angeht, so stellen wir zahlreiche Ähnlichkeiten mit dem Werk von Gratarolo fest. Schenkel empfiehlt etwa Kräuter und Gewürze wie Rosmarin, Majoran und Muskat, „um die überschüssigen Säfte zu verzehren und sie auszutrocknen". Außer den „Arzneien" verordnet der Autor eher wissenschaftliche Maßnahmen zur Pflege des Denkorgans: „den Kopf mit Milch waschen, in der man Malven, Eibisch und Kamille gekocht hat" oder ihn „mit Mandelöl, mit mit Enten- und Gänsefett und Rindermark vermischter Kamille salben".

Doch während dieses großen Jahrhunderts, der Zeit Ludwigs XIII. und Richelieus, die Alexandre Dumas mit seinem Roman *Die drei Musketiere* populär machte, erwuchs den Illusionen der Magie ein immer stärkerer Gegner: die auf Vernunft gegründete wissenschaftliche Methode und die Technik. Die Chemie erlaubte eine Metallbearbeitung ohne Zugabe von Krötenspeichel oder Abwarten des Vollmonds. Eine neue Generation tritt auf den Plan, die der Forscher und Naturwissenschaftler, allen voran Descartes. Descartes feiert die Vernunft und scheucht die Bilder-

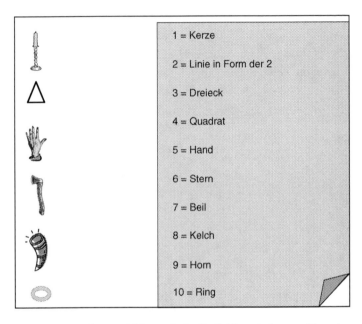

Abb. 3.2: Bestimmte Bildersymbole für Zahlen sind gegenüber der Antike bei Schenkel abstrakter (Dreieck für 3, Quadrat für 4) (Bilder rekonstruiert).

methode und die magischen Scheiben zurück in ihre schwefel-stinkende Höhle. Wenn er sich überhaupt dazu äußert, dann um Schenkel in den Senkel zu stellen:

„Bei der Lektüre von Schenkels nützlichen Lappalien (im Buch *De arte memoria*) dachte ich mir einen leichten Weg aus, mich selbst zu einem Meister all dessen zu machen, was ich durch Einbildung entdeckt hatte. Dies könnte durch Reduktion der Dinge auf ihre Ursachen geschehen. Da sich alles auf eine Ursache reduzieren lässt, ist es offensichtlich nicht notwendig, alle Wissenschaften im Gedächtnis zu behalten. Wenn man die Ursache versteht, können alle verschwundenen Bilder im Gehirn durch den Eindruck der Ursache leicht wiedergefunden werden. Dies ist die wahre Gedächtniskunst, und sie ist das blanke Gegenteil von seinen [Schenkels] nebulösen Vorstellungen: Nicht daß seine [Kunst] ohne Wirkung wäre, aber sie besetzt den Raum mit zu vielen Dingen und nicht in der richtigen Reihenfolge. Die richtige Reihenfolge wäre, die Bilder in Abhängigkeit voneinander zu gestalten. Er [Schenkel] läßt aus, was der Schlüssel zu dem ganzen Mysterium ist" (*Cogitationes privatae*, 1619–1621; zitiert nach Yates, S. 340).

Descartes sieht eine bessere Methode darin, die Bilder „alle zusammen in einem einzigen Bild" zu vereinigen, und tritt somit offenbar für bereits von Quintilian und Petrus Ramus vorgelegte Methoden ein; diese beruhen auf logischer Strukturierung, auf Kategorien und Hierarchien, was, wie wir noch sehen werden, sehr effizient ist.

3 Die ersten phonetischen Verfahren: Opfer der Zensur des Sonnenkönigs

Wenig später erscheint ein ganz neuartiges Werk, das mit den Bildermethoden vollständig bricht und die soziale Entwicklung hin zur Vorherrschaft der Sprache berücksichtigt. Claude Buffier stellt in seiner *Pratique de la mémoire artificielle* (Paris 1705–1706) eine Methode vor, die sich zweifellos an den großen versgebundenen Theaterstücken von Corneille und Molière orientiert, denn sie lehrt Geschichte, indem sie wichtige historische Ereignisse in Reimversen zusammenfasst.

Die Geschichte wird in klassischer Weise erzählt, doch jedem Kapitel gehen einige Verse als gereimte Gedächtnisstützen voran.

Beispielsweise verbinden einige Reime die ersten französischen Könige mit dem hervorstechenden Ereignis ihrer Regierungszeit und dem zugehörigen entsprechenden Datum:

420 Ses Loix en quatre cens Pharamond introduit,
428 Clodion Chévelu qu'Aetius vainquit
448 Mérové prit Paris et défit Attila
457 Childeric fut chassé, mais on le rappela[1]
(etwa:
‚420 Seine Gesetze führte in den Vierhunderten Faramund ein
428 war es, dass Chlodio Aetius besiegte
448 Merowech nahm Paris ein und trotzte Attila
457 Childerich wurde vertrieben, doch man erinnerte sich seiner')

Oder:

Chassé par la Pucelle au siège d'Orleans
À Charles Sept, l'Anglois cède en quatorze cens
Louis Onze intriguant, prend Bourgogne et Provence
Charles Huitième en vain soumet Naples à la France
Louis Douze retint la Bretagne après lui
Eut guerre en Italie, fut du peuple chèri.
(etwa:
‚Karl dem Siebten weicht der Engländer im Jahr vierzehnhundert
Ränkeschmied Ludwig der Elfte nimmt Burgund und die Provence
Karl der Achte unterwirft Neapel vergebens Frankreich
Ludwig der Zwölfte nach ihm hält die Bretagne fest,
führte Krieg in Italien, war vom Volk geliebt')

Dieses Werk, das auf vier Bände angelegt war, wurde nach Erscheinen des zweiten auf Anordnung des Königs verboten (unter Ludwig XV. jedoch neu aufgelegt), und zwar nur deshalb, weil „der Zensor [...] versehentlich Dinge [hat] durchgehen lassen, die der Wahrheit zuwiderlaufen, staatsgefährdend sind, den Grundsätzen des Königreichs entgegenstehen sowie auch der althergebrachten Lehre des Klerus". Mit der Zensur war unter dem Sonnenkönig nicht zu spaßen!

---

[1] Der Autor hat die zeitgenössische Schreibweise beachtet.

4 Die Erfindung des Buchstaben-Zahlencodes

Angeregt von den Scheiben des Lullus, des Trithemius und des Giordano Bruno (der Mathematiker und Philosoph Leibniz befasste sich mit der Lullischen Kunst, als er Bibliothekar am hannoverschen Hof war) kam der Buchstaben-Zahlencode regelrecht in Mode, wahrscheinlich aus der Notwendigkeit heraus, sich Zahlen zu merken. Zuvor wurden zumeist Bilder verwendet, um sich Zahlen der Form nach einzuprägen, worin sich die größere Verbreitung des Schreibens ankündigt. Für das Memorieren von Zahlenfolgen aber gab es noch keine Methode. Möglicherweise wurde der Buchstaben-Zahlencode zeitgleich von mehreren Autoren erfunden, denn die seltenen Erwähnungen weisen nicht in dieselbe Richtung. Manche Bücher verweisen auf einen gewissen Winckelman (vor allem die sehr seriöse Chronologie des Amerikaners Middleton von 1888), andere auf einen gewissen Gray (tatsächlich Richard Grey, 1730/1812) und schließlich auf den beiden zeitlich vorausgehenden Pierre Hérigone (1644), auf den ich in einer Zusammenstellung von Werken über das Gedächtnis stieß (Young, 1961).

Die Mathematiker und der Buchstaben-Zahlencode

Vielleicht kennen Sie die Tim-und-Struppi-Hefte *Das Geheimnis der „Einhorn"* und *Der Schatz Rackhams des Roten*. Tim und Kapitän Haddock reisen kreuz und quer durch die Welt und suchen den auf einer Insel oder auf dem Meeresboden verborgenen Schatz. Schließlich finden sie ihn praktisch vor ihrer Nase im Schloss Mühlenhof. Ich habe dasselbe Abenteuer in weniger abenteuerlicher Form erlebt, als ich an allen möglichen Orten nach den Spuren von Pierre Hérigone suchte – zuerst in der National-bibliothek in Paris, dann in der Nationalbibliohek in London, damals (in den 1970er Jahren) im Britischen Museum angesie-delt, und sogar in der altehrwürdigen Bibliothek von Cambridge, wo man viele seltene Bücher ausgraben kann. Nichts … Und schließlich stieß ich in der Bibliothek der Sorbonne, zwei Schritte von der Rue Serpente (im Viertel Odéon), wo ich als junger For-scher arbeitete, auf das so kostbare Buch *Cours de mathématique* von 1644, aus der Zeit Descartes' und der *Drei Musketiere*.

Der Buchstaben-Zahlencode kam in einem kurzen Kapitel des dicken, mehrbändigen *Cours* zutage (Abb. 3.3). Sein Verfas-ser, der Mathematiker Pierre Hérigone, lebte unter Ludwig XIII. und Ludwig XIV. Die Ausgabe, die ich in der Bibliothek der Sor-bonne einsah, stammte aus dem Jahr 1644.

Das in Latein und Französisch geschriebene Kapitel „Von der Gedächtnisarithmetik" beginnt so:

> „Weil Nennwörter nicht so schwierig zu behalten sind wie Zahlen, hauptsächlich weil sie groß sind und weil die Eigennamen uns veran-lassen, uns an die Beiwörter zu erinnern: So habe ich mir gedacht, es wäre nicht unnütz, ein Alphabet zu machen, mit dem man jede vorge-schlagene Zahl in ein leicht auszusprechendes Nennwort umwandeln kann" (Band II, Teil Arithmetik, S. 136).

Zu beachten ist, dass Hérigone das *R* nicht codiert, da es dazu dient, fünf Silben zur Vervollständigung des Codes hinzuzufü-gen; tatsächlich gibt es zehn Zahlen und nur fünf Vokale. Dank dieses Codes lassen sich längere zu behaltende Zahlen in Wör-ter oder Pseudowörter umwandeln, beispielsweise die Jahreszahl 1632 in das Wort „parce". Die entsprechende Beispieltabelle aus der Abhandlung zeigt Abbildung 3.4. Man wählt einen Konso-nanten, einen Vokal oder eine Silbe aus, sodass sich leichter zu

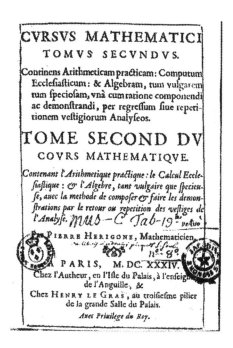

Abb. 3.3: Der Buchstaben-Zahlencode erscheint in dem Traktat des Mathematikers Pierre Hérigone zur Zeit der Musketiere (Ludwig XIII) (Quelle: gallica.bnf.fr/Bibliothèque nationale de France).

merkende Wortgebilde ergeben. Als weitere Anwendungsbeispiele nennt Hérigone folgende: Wurde das Datum der Sintflut auf 2293 geschätzt, ergibt das für ihn das Wort oder vielmehr Pseudowort *ebroc*. Doch das ist ein Pseudodatum, und es ist noch lange nicht so weit! Das Jahr der ersten Olympischen Spiele 776 ergibt das Wort *regar*, und die Gründung Roms 752 ergibt *rete*, das Konzil von Nizäa *ced*, das heißt das Jahr 324 (siehe hierzu auch Abb. 3.5).

Die seriöse Überblicksdarstellung des Amerikaners Middleton *Memory Systems, Old and New* („Gedächtnissysteme, alt und neu")

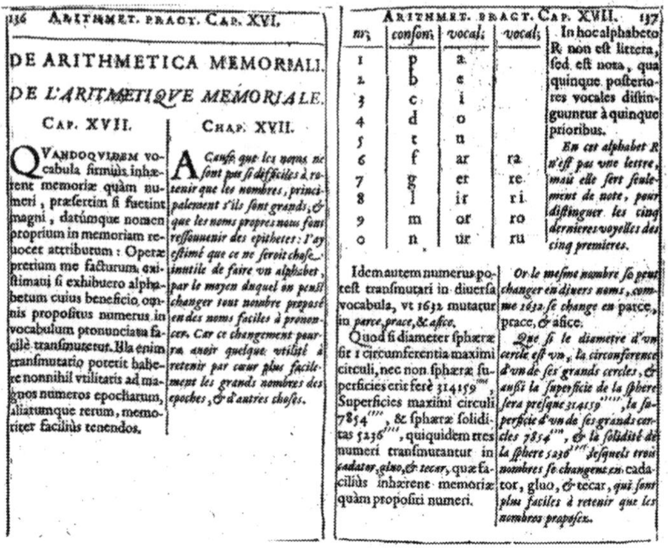

136 ARITHMET. PRACT. CAP. XVI.

DE ARITHMETICA MEMORIALI.

DE L'ARITHMETIQUE MEMORIALE.

CAP. XVII.

QVANDOQVIDEM vocabula firmiùs inhærent memoriæ quàm numeri, præsertim si fuerint magni, datúmque nomen proprium in memoriam reuocet attributum: Operæ pretium me facturum existimaui si exhibuero alphabetum cuius beneficio omnis propositus numerus in vocabulum pronunciatu facilè transmutetur. Illa enim transmutatio poterit habere nonnihil vtilitatis ad magnos numeros epocharum, aliarumque rerum, memoriter faciliùs tenendos.

CHAP. XVII.

A Cause que les noms ne sont pas si difficiles à retenir que les nombres, principalement s'ils sont grands, & que les noms propres nous font ressouuenir des epithetes: I'ay estimé que ce ne seroit chose inutile de faire vn alphabet, par le moyen duquel on peust changer tout nombre proposé en des noms faciles à prononcer. Car ce changement pourra auoir quelque vtilité à retenir par cœur plus facilement les grands nombres des epoches, & d'autres choses.

ARITHMET. PRACT. CAP. XVII. 137

nu.	conson.	vocal.	vocal.
1	p	a	
2	b	e	
3	c	i	
4	d	o	
5	t	u	
6	f	ar	ra
7	g	er	re
8	l	ir	ri
9	m	or	ro
0	n	ur	ru

In hoc alphabeto R non est littera, sed est nota, qua quinque posteriores vocales distinguuntur à quinque prioribus.

En cet alphabet R n'est pas vne lettre, mais elle sert seulement de note, pour distinguer les cinq dernieres voyelles des cinq premieres.

Idem autem numerus potest transmutari in diuersa vocabula, vt 1632 mutatur in *parce, prace, & afice*.

Quod si diameter sphæræ sit 1 circumferentia maximi circuli, nec non sphæræ superficies erit ferè 314159'''', Superficies maximi circuli 7854'''', & sphæræ soliditas 5236'''', quiquidem tres numeri transmutantur in *cadator, gluo, & tecar*, quæ faciliùs inhærent memoriæ quàm propositi numeri.

Or le mesme nombre se peut changer en diuers noms, comme 1632 se change en parce, prace, & afice.

Que si le diametre d'vn cercle est vn, la circonference d'vn de ses grands cercles, & aussi la superficie de la sphere sera presque 314159'''', la superficie d'vn de ses grands cercles 7854'''', & la solidité de la sphere 5236'''' lesquels trois nombres se changent en cadator, gluo, & tecar, *qui sont plus faciles à retenir que les nombres proposez.*

Abb. 3.4: Der Buchstaben-Zahlencode von Pierre Hérigone (S. 136) und seine Begründung (S. 137) (Quelle: gallica.bnf.fr/Bibliothèque nationale de France).

von 1888 wird durch eine Bibliografie eines gewissen Fellows vervollständigt. Dieser nennt als Erfinder des Buchstaben-Zahlencodes den Deutschen Stanislaus Mink von Venusheim Winckelmann, dessen Buch *Parnassus* 1648 erschienen sein soll. Ob es sich um denselben Mann oder um eine Verwechslung handelt, ist nicht bekannt.

Bei meinen eigenen Recherchen fand ich im Britischen Museum und in der Universitätsbibliothek von Cambridge weitere „Bücher", davon ein Heft, versehen mit dem Namen Winckelman in Bleistiftschrift (wahrscheinlich von einem Bibliothekar, der das Heft nicht zuzuordnen wusste), und ein anderes, zugeschrieben einem Johan Justus Winckelman, Verfasser einer *In-*

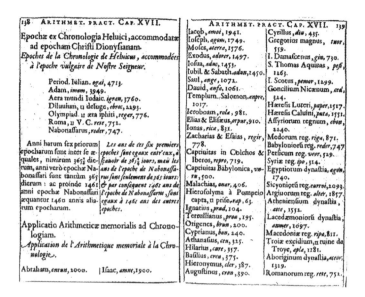

Abb. 3.5: Anwendungen des Buchstaben-Zahlencodes nach Pierre Hérigone (Quelle: gallica.bnf.fr/Bibliothèque nationale de France).

troductio Mnemonica, das zwar von 1652 stammt, aber keine Spur eines Buchstaben-Zahlencodes enthält. Der Code Winckelmanns (oder Mink Venusheims), so wie ihn Fellows anführt, scheint also nach Hérigone (1644) entstanden zu sein, sollte jedoch eine lange Nachkommenschaft haben. Dafür sorgte ein Kunstgriff, der den Code flexibler machte: Er besteht ausschließlich aus Konsonanten, sodass der Benutzer den Raum zwischen den Konsonanten mit Vokalen seiner Wahl „ausfüllt" und auf diese Weise die praktischsten Wörter bilden kann.

Ich werde nur ein einziges Beispiel herausgreifen, denn wir werden sehen, dass das Prinzip dieses Codes ausgiebig genutzt und die Auswahl der Konsonanten später verbessert wurde. Wenn mir lediglich einfällt, dass der Winckelmann-Code irgend-

1	2	3	4	5	6	7	8	9	0
B	C	F	G	L	M	N	R	S	D
P	Q	V							T
W	K								
	Z								

Abb. 3.6: Der deutsche Mathematiker Gottfried Wilhelm Leibniz interessierte sich für das Gedächtnis und entwickelte einen hinsichtlich der phonetischen Gruppen kohärenteren Code.

wann im 17. Jahrhundert erfunden wurde, und ich mir die fehlende Zahl 48 einprägen möchte, dann codiere ich diese Zahl in die Buchstaben G (= 4) und R (= 8) und suche Vokale, um ein leicht zu merkendes Wort zu bilden, beispielsweise „Gier". Middleton zufolge war der berühmte Mathematiker Leibniz Autor einer dem Code Winckelmanns sehr ähnlichen Variante (um 1677). Leibniz kannte im Gegensatz zu seinem Vorläufer Descartes die Traditionen der Gedächtniskunst sehr gut und bezieht sich häufig darauf (siehe Paolo Rossi; Yates, S. 344). In den lullischen Scheiben sieht er weniger Magie als vielmehr Kombinatoriken, ebenso wie er in den mathematischen Abkürzungen gedächtnisstützende Symbole sah, was zweifelsohne der Realität viel näher kam als die magischen Praktiken, die ihre Zeitgenossen erschreckten.

Man könnte die Veränderungen im Code von Leibniz für unbedeutend halten, wenn man nicht wüsste, dass der Universalgelehrte sich auch für Linguistik (Philologie) interessierte. So bemerkt man, dass die Veränderungen allgemein im Hinzufügen von ähnlich klingenden Konsonanten für dieselbe Zahl bestehen (D und T; Q, C und K; F und V), ein Verfahren, das im französischen System perfektioniert werden wird (Abb. 3.6). So verwenden Mathematiker die Scheiben mit eher praktischem als magischem Ziel – in ihrer abstraktesten Funktion, als Code.

Schließlich waren Hérigone und Leibniz beide Mathematiker und unterschätzten das Gedächtnis offensichtlich nicht, im Gegensatz zu Descartes.

Der Erfolg des Buchstaben-Zahlencodes in England

Nichtsdestotrotz waren all diese Codes zu ihrer Zeit kaum bekannt. Das belegen die Schwierigkeiten bei der Suche nach ihren Spuren (beispielsweise existiert Leibniz' Code nur in Form handschriftlicher Notizen). Hingegen erfreute sich ein englisches, an den Code von Pierre Hérigone erinnerndes System eines gewissen Erfolgs. Dieser Code erschien erstmals 1730 in einem in Englisch verfassten Werk mit dem Titel *Memoria Technica or A New Method of Artificial Memory* („Eine neue Methode des künstlichen Gedächtnisses"). Das Werk ist anonym und trägt in der Nationalbibliothek in Paris den Vermerk „Gray", weshalb die französischen Mnemoniker diesen Namen erwähnen (etwa Courdavault, 1905; Germery, 1911). In England existiert *Memoria Technica* in späteren Ausgaben, und in der Universitätsbibliothek von Cambridge fand ich eine sechste, 1781 erschienene Auflage, auf der handschriftlich der Name Richard Grey vermerkt ist. Doch in einer noch späteren Ausgabe von 1812 findet sich dieser Name schließlich gedruckt auf dem Titelblatt, übrigens in Großbuchstaben und versehen mit einem Doktortitel, was vermuten lässt, dass der Autor seine Anonymität aufgab, als sein Erfolg weitgehend gesichert war. Sein Name ist demnach durch mündliche Übermittlung und phonetisch deformiert (Gray) nach Frankreich gelangt.

Der Erfolg der Methode lässt sich auch daran ablesen, dass sich zahlreiche Nachfolger Greys, vor allem Isaac Watts (*Improvement of the Mind*, 1741) oder Solomon Lowe (*Mnemonic Delineated*, 1737),

Memoria Technica :

OR, A

NEW METHOD

OF

Artificial Memory.

✶✶✶✶✶✶✶✶✶✶✶✶✶✶✶✶✶

SECT. I.

 HE principal Part of this Method is briefly
this; To remember any thing in Hiſtory,
Chronology, Geography, &c. a Word is
form'd, the Beginning whereof being the
firſt Syllable or Syllables of the Thing
ſought, does, by frequent Repetition, of courſe draw
after it the latter Part, which is ſo contriv'd as to
give

B

---

2   MEMORIA TECHNICA.

give the Anſwer. Thus, in Hiſtory, the Deluge
happened in the Year before *Chriſt* two Thouſand
three Hundred forty eight; this is ſignified by the
Word Delat*ok : Del* ſtanding for DELUGE, and *etok*
for 2348. In Aſtronomy, the Diameter of the Sun
(SOLIS Diameter) is eight Hundred twenty two
Thouſand one Hundred and forty eight *Engliſh Miles*;
this is ſignified by Soldi-*ked-áfei,* Soldi ſtanding for
the Diameter of the Sun, *ked-afei*, for 822,148;
and ſo of the reſt, as will be ſhewn more fully in the
proper Place. How theſe Words come to ſignifie
theſe Things, or contribute to the Remembring of
them is now to be ſhewn.

The firſt Thing to be done is to learn exactly the
following Series of Vowels and Conſonants, which are
to repreſent the numerical Figures, ſo as to be able,
at Pleaſure, to form a *Technical* Word, which ſhall
ſtand for any Number, or to reſolve a Word already
form'd into the Number which it ſtands for.

a	*e*	*i*	*o*	*u*	*au*	*oi*	*ei*	*ou*	*y*
1	2	3	4	5	6	7	8	9	0
b	*d*	*t*	*f*	*l*	*s*	*p*	*k*	*n*	*z*

Here *a* and *b* ſtand for 1, *e* and *d* for 2, *i* and *t* for
3, and ſo on.

Theſe Letters are aſſign'd Arbitrarily to the re-
ſpective Figures, and may very eaſily be remember'd.
The firſt five Vowels in order naturally repreſent
1, 2, 3, 4, 5. The Dipthong *au*, being compoſed
of *a* 1 and *u* 5 ſtands for 6; *oi* for 7, being compoſed of *o* 4 and *i* 3; *ou* for 9, being compoſed of
o 4 and *u* 5. The Diphthong *ei* will eaſily be remember'd for eight, being the Initials of the Word.
In like Manner for the *Conſonants*, where the Initials
could conveniently be retain'd, they are made uſe
of to ſignifie the Number, as *t* for three, *f* for four,
s for

Abb. 3.7: Der Code Richard Greys hatte Erfolg, stellt jedoch gegenüber dem von Leibniz einen Rückschritt dar, insofern er erneut Vokale
verwendete. Hier ein Auszug aus Greys *Memoria Technica* (Quelle: UB
Heidelberg).

daran orientierten. Hinter dieser „neuen" Methode der Gedächtniskunst verbirgt sich nichts anderes als der von Hérigone bereits
fast ein Jahrhundert zuvor (1644) erfundene Buchstaben-Zahlencode. Ob Grey das Verfahren Hérigones, vielleicht auch nur indirekt durch mündlichen Bericht (wie das häufig geschieht), gekannt
hat oder ob es sich um eine parallele Entdeckung handelt, immer
entsprechen beim Code von Grey wie bei dem von Hérigone die
Zahlen Konsonanten und Vokalen zugleich (Abb. 3.7). Die Verknüpfung hingegen ist nicht völlig willkürlich.

Dennoch leuchten der Code und seine Begründung nicht so unmittelbar ein, und bestimmte Methoden, die das Erinnern eigentlich unterstützen sollen, weisen häufig den Mangel auf, dass sie es eher verkomplizieren. Dennoch ist die Technik von Grey innovativ, denn sie sieht vor, die erste oder die ersten Silben des Schlüsselworts, mit dem man die Zahl verknüpfen möchte, miteinander zu kombinieren. Will man sich beispielsweise den Durchmesser der Sonne merken, kann man die Formel „son-dur-ked-afei" benutzen, die wie folgt konstruiert wird: „son dur" codiert die Sonne („son") und ihren Durchmesser („dur"), während die beiden anderen Wörter „ked" und „afei" die Zahl 822 148 verschlüsseln.

Dennoch wird man feststellen, dass die Zusammenstellung der Vokale „ei" zu einem Fehler führen kann, da sich sowohl die Silbe mit „8", die getrennten Vokale aber auch mit „23" verschlüsseln lassen. Sicherlich strichen die französischen Mnemoniker die Vokale aus diesem Grund (und um der Flexibilität der Konstruktion willen). Der Autor verallgemeinert dennoch seine Methode auf alle Wissensbereiche. Da das Buch im Grunde eine Beispielsammlung ist, mussten die Leser der Illusion aufsitzen, sie würden genauso klug wie ein Astronom oder ein Historiker, wenn sie derartige Formeln erlernten: Um sich beispielsweise die Liste von zwölf Cäsaren und die Daten ihrer Regentschaft zu merken, schlägt der Autor zunächst die folgenden Formeln vor. Im zweiten Anlauf ordnet er sie in zwei Versen (*memorial lines*) an (Abb. 3.8):

JULIos AUGUSTel TIBERbu CALIGUlik Clod
NERul Galb-OTHOfou VIT-VESPoiz TITpou DOMITka

Ohne vorerst die Wirksamkeit oder Nützlichkeit der Methode zu beurteilen, muss man die Bedeutung des Buchstaben-Zahlencodes im Vergleich zu den Bildermethoden darin sehen, dass man auf diese Weise Fakten, Zahlen, Daten, Entfernungen und

MEMORIA TECHNICA.   3

s for fix, and n for nine. The reft were affign'd
without any particular Reafon, unlefs that poffibly
p may be more eafily remember'd for 7 or Septem,
k for 8 or ᴏᴋᴛᴡ, d for 2 or duo, b for 1, as being
the firft Confonant, and l for 5, being the Roman
Letter for 50, than any others that could have been
put in their Places.

The Reafons here given, as trifling as they are,
may contribute to make the Series more readily remember'd; and if there was no Reafon at all affign'd,
I believe it will be granted that the Reprefentation
of nine or ten numerical Figures by fo many Letters
of the Alphabet, can be no great Burthen to the Memory.

The Series therefore being perfectly learn'd, let the
Reader proceed to exercife himself in the Formation
and Refolution of Words in this Manner.

10   325   381   1921   1491   1012   536   7967
az   tel   teib   aneb   afna   lybe   utt   pbufoi

431   553   680   &c.
fb   lut   feiz   &c.

And as in Numeration of larger Sums, 'tis ufual
to point the Figures at their proper Periods of Thou-
fands, Millions, Billions, &c. for the more eafy
Reading of them, as 172.102,795 one Hundred
feventy two Millions, one Hundred two Thoufand,
feven Hundred ninety five; fo, in forming a Word
for a Number confifting of many Figures, the Syllables may be fo conveniently divided, as exactly to
anfwer the End of Pointing. Thus in the Inftance
before us, which is the Diameter of the Orbit of the
Earth in Englifh Miles: The Technical Word is
Dorbterboid-dae-poul; the Beginning of the Word
Dorbter, ftanding for the Diameter of the Orbit of the
B 2   Earth,

Chronologica & Hiftorica.   35

The Memorial Lines.

Ninexixu Semanaul Sardanpep Ægialdabu.
Inxtus Ogrygapus Praftei Cechius Sifyphabu.
Teuchzad Cadmafno Satatity Perfaiui Herbduif.
Argobdanp Oedibefs Thesbdif Codraxpu Caraakof.
Candaupttu Croefufe Cyruts Alexita Julut.

TABLE XVIII.
GRECIAN HISTORY.

	Bef. Chr.
The THEBAN War [Thebadat]	1225
Firft Meffenian War [Meffpat]	743
Second Mefenian War [Mesfau]	685
Battle of MARATHON [Marathonz]	490
Battle of SALAMIS [Salamdy]	480
Battle of EURYMEDON [Eurymedopz]	470
The PELOPONNEfian War [Pelofib]	431
Battle of LEUCTRA [Leuctratpi]	373
Battle of MANtinea [Mantifi]	363
PHOCÆan or Sacred War [Phocilp]	357
Battle of the R. GRANICUS [Granitif]	334
Battle of Ifus [Istit]	333
Battle of ARbela [Arbtib]	331
ALEXander the Great fucceeds Pbilip [Alextit]	336
Philip ANtidæus [Aritet]	323
Alexander ÆGus [Ægtat]	316

The Memorial Lines.

Thebadaf & Meffpat Mesfau Marathonz Salamfky.
Eurymedopz Pelufib Leuctratpi Mantifi Phocilp.
Granitif Istit Arbtib Alextis Aritet Ægtat.

F 2   N.B.

Abb. 3.8:   Anwendungen des Codes von Richard Grey (Quelle: UB Heidelberg).

so weiter auswendig lernen kann. Doch der Code von Grey ist
kompliziert, da er Vokale verwendet. Auch wird ein anderer Mnemoniker am Übergang von 18. zum 19. Jahrhundert grundlegende Neuerungen einführen, die zum eigentlichen Ursprung von
Gedächtnissystemen werden und im gesamten 19. Jahrhundert
unter der Bezeichnung „Mnemotechnik" hoch im Kurs stehen.
Dieser Mann heißt Gregor von Feinaigle.

4

Die Mnemotechnik tritt auf den Plan

Inhaltsübersicht

1   Der rätselhafte Gregor von Feinaigle

Im Zusammenhang mit Gregor von Feinaigle könnte ich erneut die Tim-und-Struppi-Geschichte *Der Schatz Rackhams des Roten* zitieren: Man sucht einen Schatz am Ende der Welt, während er doch zum Greifen nah ist. Denn wenn man sich über diese geheimnisvolle Person, deren Name nur selten und immer wieder anders geschrieben auftaucht, kundig machen möchte, genügt es heute, ihren Namen in die französische Ausgabe von Wikipedia einzugeben, um alles über sie zu erfahren … oder fast alles.

Gregor von Feinaigle, geboren 1760 in Luxemburg und gestorben in Dublin 1819, ist Mönch im Zisterzienserkloster Salem (Abb. 4.1). 1803 flieht er vor den Truppen Napoleons und reist dann als Lehrer für Mnemotechnik kreuz und quer durch Europa, Paris, London … Glaubt man Wikipedia, so zeigt das Publikum seiner Vorträge in Paris 1806 anfangs große Begeisterung, kapituliert jedoch bald vor der Kompliziertheit seines Systems. Einer seiner ersten Bewunderer, Étienne de Jouy, resigniert schließlich: „Ich habe alles getan, was ich konnte, um der mangelhaften Organisation meines Gehirns durch die Mnemotechnik abzuhelfen, und bin bei dem Bemühen, aus den wunderbaren Erfindungen von Monsieur Feinaigle, dessen Kurse ich eifrig besucht hatte, Nutzen zu ziehen, an den Punkt gelangt, dass ich glaubte, ver-

Abb. 4.1:   Gregor von Feinaigle war Mönch in der Abtei Salem, bevor er Mnemotechnik lehrte (*Das Kloster Salem,* Andreas Brugger, 1765; Quelle: Wikipedia).

rückt zu werden. Mein Kopf war ein wahres Chaos; es herrschte darin ein solches Durcheinander von Wörtern und Vorstellungen, dass ich jederzeit im selben Satz die Bezeichnungen Alexander und Kasserolle, Athene und Retorte, Thermopylen und Papagei und so fort miteinander paarte. All dieser Gedächtniskünste überdrüssig habe ich mich entschlossen, wieder zu den Zetteln zurückzukehren, die ich allzeit bei mir trage und auf die ich einige Stichwörter notiere [...] derer ich mich anschließend als Leitfaden bediene, um meine Ideen wiederzufinden." Wie wir noch sehen werden, bilden einen dieser berühmten Leitfäden die Abrufhilfen. Daraufhin soll sich Feinaigle nach Britannien begeben haben, wo er seine Vortragstätigkeit fortsetzt und schließlich dank seines Erfolgs in Irland sogar eine Schule gründet. Sie schließt allerdings wenig später ihre Tore, weil ihr Gründer stirbt.

Zu dem Zeitpunkt, als ich diese Recherchen aufnahm, schien alles um Gregor von Feinaigle, dessen Namen ich anfangs in falscher Schreibweise – „Fainegle" oder „Fenaigle" – gefunden hatte, etwas mysteriös. Und dennoch scheint er zu seiner Zeit ein überaus angesehener Mnemoniker gewesen zu sein, der seine Methode mittels Unterricht und Vorträgen in ganz Europa verbreitete. Da er lieber von seinen Vorträgen als von Einkünften als Autor leben wollte (Mozart und Alexander Dumas starben im Elend), veröffentlichte er seine Methode nicht als Buch, was zur Folge hatte, dass er getreu dem Prinzip *publish or perish* später dem Vergessen anheimfiel. Nur so etwas wie „Werbeprospekte", etwa seine *Notice sur la mnémonique* („Abriss der Mnemonik"; Abb. 4.2) von 1806 mit einer Bilder-Gedächtnistafel, werden unter seinem Namen gedruckt.

Dieses Heftchen, zweifellos Reklame, stellt eine Bilder-Gedächtnistafel dar (Abb. 4.3). Man erkennt die Sense, die seit Porta häufig für die 7 steht, einen Wachturm für die 1, eine Leiter für die 11, zwei Apfelbäume für die Zahl 99 und eine Waage für die 100.

Glücklicherweise veröffentlichten Schüler Abhandlungen auf der Grundlage von Vortragsmitschriften, sodass wir uns heute eine recht umfassende Vorstellung vom raffinierten System Feinaigles machen können. Ich habe zwei dieser Traktate aufgestöbert, eines in der Universitätsbibliothek von Cambridge in England, erstmals erschienen 1812 in London (Feinaigle hatte 1811 dort eine Reihe von Vorträgen gehalten), das andere in der französischen Nationalbibliothek, verlegt von Thomas Naudin 1800. Die in England erschienene Abhandlung trägt den Titel *The New Art of Memory Founded on the Principles Taught by M. Gregor von Feinaigle* („Die neue Kunst des Gedächtnisses, gegründet auf die von Gregor von Feinaigle gelehrten Prinzipien"). In einer kurzen Vorrede wird sie als Zusammenfassung von 15 Vorträgen nach den Notizen des Herausgebers bezeichnet. Der Herausgeber (möglicherweise John Willard, wie in Bleistift auf dem Buch vermerkt ist) nennt als Vorläufer Feinaigles Schenkel,

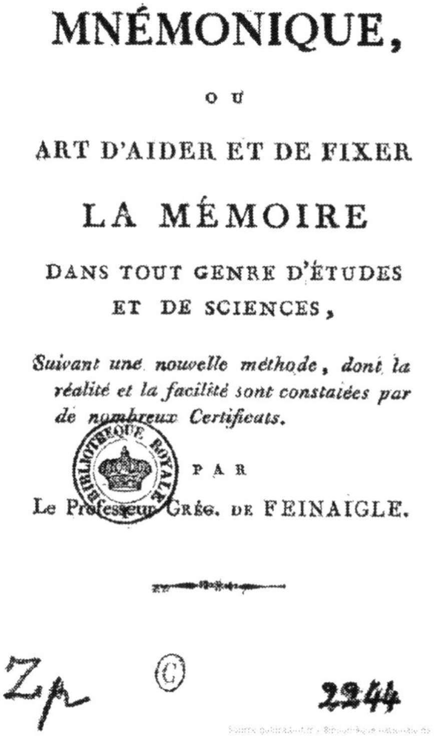

MNÉMONIQUE,

o u

ART D'AIDER ET DE FIXER

LA MÉMOIRE

DANS TOUT GENRE D'ÉTUDES
ET DE SCIENCES,

Suivant une nouvelle méthode, dont la
réalité et la facilité sont constatées par
de nombreux Certificats.

P A R

Le Professeur Grég. DE FEINAIGLE.

2244

Abb. 4.2:   Eine der seltenen Schriften (*Notice sur la mnémonique*) von
Gregor von Feinaigle (Quelle: gallica.bnf.fr/Bibliothèque nationale de
France).

Gratarolo und Grey. Der Inhalt des Buches ist derselbe wie der
des französischen Werks. Dieses trägt den Titel *Traité complet de*
mnémonique und enthält zahlreiche zum Teil auf Bildern und der
Loci-Methode beruhende Techniken, stellt aber vor allem neue
Verfahren auf der Grundlage des Buchstaben-Zahlencodes vor.

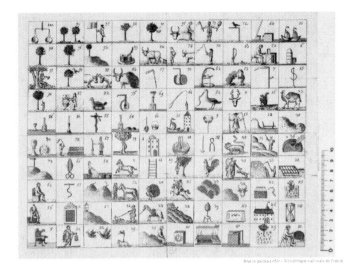

Abb. 4.3: Bilder-Gedächtnistafel in einer Werbeschrift Feinaigles (Quelle: gallica.bnf.fr/Bibliothèque nationale de France).

Die Loci-Methode

Das Buch schmückt ein Frontispiz, das 18 Häuser mit je zehn Zimmern sowie verschiedenen Symbolen darstellt. Jedes Haus steht für ein Jahrhundert, und die Symbole verkörpern die geschichtlichen Schlüsselereignisse. Dieses Verfahren steht in der unverfälschten Tradition der antiken Loci-Methode.

Der Bilder-Zahlencode

Anschließend erläutert die Abhandlung die Technik von Schenkel (eigentlicher Erfinder Porta), allerdings erweitert auf die ersten 100 Zahlen, was für die enorme Vorstellungskraft von Feinaigle spricht. Das Original bildet Zeichnungen ab, doch ist die Beziehung zu den Zahlen nicht immer eine bildhafte; manche

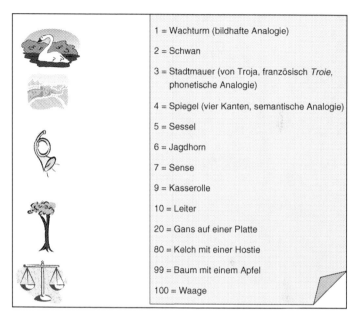

1 = Wachturm (bildhafte Analogie)

2 = Schwan

3 = Stadtmauer (von Troja, französisch *Troie*, phonetische Analogie)

4 = Spiegel (vier Kanten, semantische Analogie)

5 = Sessel

6 = Jagdhorn

7 = Sense

9 = Kasserolle

10 = Leiter

20 = Gans auf einer Platte

80 = Kelch mit einer Hostie

99 = Baum mit einem Apfel

100 = Waage

Abb. 4.4:   Die Bilder-Gedächtnistafel von Feinaigle (Bilder rekonstruiert).

Relationen sind phonetischer Natur (wie bei 3 und Ei), andere semantisch (4: der Spiegel und seine vier Kanten). Einige Originalbeispiele sind in Abb. 4.4 gezeigt.

In diesem ersten Teil des Werks von Feinaigle fußen die Techniken auf dem Bild, die anderen jedoch sind verbal und gründen auf dem Buchstaben-Zahlencode.

Der Buchstaben-Zahlencode

Das Prinzip des Codes von Feinaigle entspricht dem von Winckelmann, nicht aber dem von Hérigone und Grey, das heißt, nur Konsonanten verschlüsseln die Zahlen.

Es folgen zwei Anwendungen dieses Codes.

1	2	3	4	5	6	7	8	9	0
T	N	M	R	L	D	C	V	P	S
TH			RH			K	B	PH	Z
						G	H	F	X
						Q			
						CH			

Abb. 4.5: Der Buchstaben-Zahlencode von Feinaigle verwendet erneut nur Konsonanten.

Die Verschlüsselung von Zahlen in Wörter

Angenommen, die Zahl 5473297743 muss auswendig gelernt werden. Der Autor rät, sie in Gruppen zu je zwei Zahlen zu unterteilen und jede davon nach dem abgebildeten Code in Buchstaben umzuwandeln, sodass sich die Buchstabenreihe „L R C M N P …" ergibt (Abb. 4.5). Mit diesen Paaren lassen sich verschiedene Wörter bilden, wenn man die Konsonanten mit beliebigen Vokalen „auffüllt": Lärm, Camping, Napoleon.

Ich nehme das Beispiel Feinaigles nochmals auf, um zu zeigen, dass das Verfahren in der Praxis durchaus zu Mehrdeutigkeiten führt; nur die beiden ersten Konsonanten jedes Wortes dienen zur Verschlüsselung jeder Zahl der Zahlenpaare. Beispielsweise codiert in Napoleon „Napo" 29, doch das Wortende „leon" dient nur zum „Auffüllen". Der Code Feinaigles ist im Gegensatz zu dem seiner Nachfolger nicht systematisch.

Eine andere Schwierigkeit liegt darin, dass die Wörter nicht nach einem bestimmten Prinzip geordnet sind, sodass man sich die Zahlen nicht in der richtigen Reihenfolge merken kann. Der Autor empfiehlt, jedes Wort mit einem Bild aus der Liste des Bilder-Zahlencodes zu verknüpfen. Beispielsweise kann man sich den Lärm eines Jagdhorns vorstellen, einen Campingplatz am Ufer eines Sees voller Schwäne oder Napoleon vor der Stadtmauer. Dieses Verfahren ist nicht einfach, wie man feststellen wird, außer in dem Fall eines Datums, das sich in ein einziges Wort umwandeln lässt. Wir werden sehen, dass dieses Verfahren später sehr viel weiter entwickelt wurde.

Die Formel

Eine andere Verwendungsweise des Buchstaben-Zahlencodes besteht darin, nur den Anfangsbuchstaben der Wörter zu benutzen, sie aber so zu wählen, dass sie einen möglichst einfachen Satz bilden. Nach diesem Prinzip schlägt der Autor für die Chiffrierung der Zahl 9563083169 den Satz vor: „Fuis loin de mes yeux, évite-moi ton odieuse présence" (etwa: „Gehe mir aus den Augen, erspare mir deine verhasste Gegenwart"). Dennoch ist selbst dieses einfache Beispiel des Verfassers nicht ganz eindeutig, denn die Zahl 0 wird verschlüsselt durch die phonetische Bindung „z" (im Französischen als stimmhaftes s gesprochen) zwischen „mes" und „yeux", die im Schriftbild nicht in Erscheinung tritt.

Bis in die Gegenwart waren die Techniken auf der Grundlage des Buchstaben-Zahlencodes keine völligen Neuschöpfungen, da bereits Hérigone oder Grey welche vorgelegt hatten. Das letzte Verfahren scheint wirklich eine eigenständige Erfindung

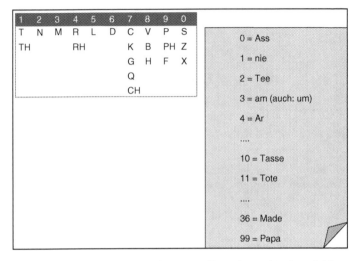

Abb. 4.6: Gedächtnistafel auf der Grundlage des Buchstaben-Zahlen-codes in Anlehnung an Feinaigle.

zu sein und begründete den Ruhm Feinaigles; sie wird unter den französischen, englischen und amerikanischen Mnemonikern viele Anhänger finden. Diese Technik verspricht heute noch in Büchern ein „Gedächtnis wie ein Elefant". Es handelt sich dabei um die Gedächtnistafel.

Die Gedächtnistafel

Das trickreiche Prinzip besteht darin, aus dem Buchstaben-Zahlencode eine Liste von 100 Kennwörtern zu erzeugen, welche die ersten 100 Zahlen verschlüsseln. So steht etwa „Ass" für 0 (0 = S oder Z oder X), „Ar" für 4 (4 = R), „Tasse" für 10 etc. (Abb. 4.6).
Die Anwendung dieser Tafel erfolgt in zwei Schritten: Zunächst wird die Liste wie ein Alphabet auswendig gelernt (man

beachte, dass jede Technik, gleich welche, Phasen des Wieder-
holungslernens voraussetzt), dann wird jedes Wort der einzuprägenden Liste in Verbindung mit den Schlüsselwörtern gelernt.
Um eine modernere Terminologie (Teil II) aufzugreifen stellen
die Wörter der Gedächtnistafel numerische Abrufhinweise dar,
denn mit ihrer Hilfe lassen sich nicht nur die Wörter wiederfinden, mit denen sie verknüpft sind, sondern man kann auch jedes
Wort in der richtigen numerischen Position erinnern, was sehr
beeindruckend wirkt. Denken wir uns beispielsweise eine Liste
mit 100 zu behaltenden Wörtern, von denen das 36. „Katze"
lautet, dann können wir uns eine Katze vorstellen, die eine Made
frisst. Ab da können wir durch „Made" (= 36) direkt auf das 36.
Wort der Liste zugreifen. Auch wenn das Verfahren in der Praxis
außer für den öffentlich auftretenden Gedächtniskünstler nicht
sehr nützlich ist, so ist es doch zumindest sehr raffiniert, denn es
greift auf Gedächtnismechanismen zurück, die erst anderthalb
Jahrhunderte später wissenschaftlich erforscht werden sollten –
vergessen wir nicht, dass Feinaigle zur Zeit Napoleons lebte. Und
stellen wir uns ein Publikum weit vor der Erfindung des Kinos
und des Fernsehens vor, das miterlebt, wie sich ein Gedächtniskünstler 100 Wörter auf Zuruf der Zuschauer einprägt und sie in
der Reihenfolge der Nennung reproduziert. Wie ein Propagan-
dist auf einer Verkaufsmesse muss Feinaigle die Illusion vermittelt haben, seine Methode eigne sich für jedermann. Doch auch
Chopin und Liszt müssen den Eindruck erweckt haben, Klavierspielen sei leicht!

2 Die „Gedächtnisstenografie"

Parallel zu den technischen Erfindungen war das 19. Jahrhundert
auch das Jahrhundert der Gedächtnistechniken. Unter der Bezeichnung „Mnemotechnik" (Gedächtnistechnik) lösen Handbü-

0	1	2	3	4	5	6	7	8	9
S	T	N	M	R	L	CH	K	F	P
Z	D	GN				J	GU	V	B

Code von Aimé Paris

Abb. 4.7: In der bewegten Ära der Restauration und der Revolutionen erfindet Aimé Paris die „Gedächtnisstenografie".

cher und Abhandlungen eine nie dagewesene Begeisterungswelle aus, doch gehören sie zu einer wie die Dinosaurier zum Aussterben verurteilten Art. Die Autoren dieser Handbücher schrieben alle voneinander ab; zum einen waren die heutigen wissenschaftlichen Zitiergepflogenheiten noch nicht eingeführt, zum anderen gaben bestimmte Autoren, wie schon Schenkel und Feinaigle, die Geheimnisse, von denen sie als berufsmäßige Gedächtniskünstler lebten, nicht öffentlich preis.

Ich halte mich im Wesentlichen an die Hauptautoren der französischen Strömung, denn zu jener Zeit übten sie europaweit Einfluss aus. Amerikanische Gedächtniskünstler wie Coglan, Jackson, Gayton, Day, Brayshaw und Loisette orientierten sich an englischen, aber auch französischen Kollegen, Brayshaw etwa an den Gebrüdern Castilho und Loisette an Chavauty.

Aimé Paris

Der führende Kopf der französischen Schule ist ein Musiklehrer (1798–1866) und Zeitgenosse von Alexandre Dumas. Wie dieser hat er die französische Revolution, die Wiedereinsetzung der Monarchie mit ihren drei Königen Ludwig XVIII., Karl X., Louis Philippe, zwei Revolutionen (1830 und 1848) und einen neuen Kaiser, Napoleon III., erlebt. Man kann sich kaum vorstellen, wie Menschen unter diesen Bedingungen arbeiten konnten. Und dennoch ist Aimé Paris einer der Erfinder der Stenografie, einer Schnellschrift, die nur die konsonantischen Laute wiedergibt (die Vokale werden später aus dem semantischen Kontext erschlossen). Im Zuge dessen träumt er auch von der Erfindung einer „Gedächtnisstenografie". Bei der Stenografie (es gibt mehrere Systeme) steht ein Zeichen für einen konsonantischen Laut, etwa „r", oder für eine Gruppe von Konsonanten („b" oder „p"), die Vokale werden durch ein kleines Korrekturzeichen angedeutet (i ist ein Punkt; ein kleiner Strich steht für die französischen Silben „ien" oder „ian").

Das Hauptmerkmal der Methode von Paris und in der Folge der ganzen französischen Schule ist der massive Gebrauch des Konsonantencodes für den Buchstaben-Zahlencode (Abb. 4.7). In seiner *Exposition et pratique des procédés de la mnémotechnie* („Erläuterung und Praxis der Verfahren der Mnemotechnik"; Paris 1825), die ich in der Nationalbibliothek in Paris zurate gezogen habe, gibt er dennoch die Bildertafel Feinaigles wieder (1: Wachturm; 2: Schwan … 100: Waage), benutzt jedoch nicht mehr die Loci-Methode. Hingegen vervollkommnet er den Buchstaben-Zahlencode, indem er den Zahlen nicht mehr beliebige Konsonanten zuordnet, sondern Gruppen phonetisch ähnlicher Konsonanten, beispielsweise „t oder d" für die Verschlusslaute und „f oder v" für die Reibelaute. Diese phonologischen Weiterentwicklungen werden später endgültig übernommen.

Aimé Paris liefert auch einen Schlüsselsatz, um sich den Code in Erinnerung zu rufen. Diesen gilt es allerdings auswendig zu lernen, soll er wirklich von Nutzen sein: „**T** on **a** m **i r** el **â**ch é **q** ui **vi** ent **p** eu **i**ci" (wörtlich: „Dein ungehobelter Freund, der wenig hierher kommt").

Zu beachten ist, dass der Code auf gesprochenen konsonantischen Lauten beruht, die 2 wird also codiert durch die Verbindung „to**na** mi", während das „t" in „vient", das nicht gesprochen wird, auch keine Zahl verschlüsselt. Paris entwickelt demnach Anwendungen seiner Vorgänger, insbesondere von Feinaigle, den er auch erwähnt, weiter. Doch bei den damals berühmtesten Gedächtniskünstlern, den Castilho-Brüdern und Abbé Moigno, finden wir Beispiele, die durch ihre Maßlosigkeit noch mehr beeindrucken.

Die chronologische Tabelle der Könige Frankreichs von den Brüdern Castilho

José Feliciano und Alexandre Magno Castilho übernahmen in ihrem *Traité de mnémotechnie* von 1835 voll und ganz die Prinzipien von Paris und entwickelten daraus eine völlig abstruse Anwendung. Den Autoren zufolge konnte man sich damit die 75 Könige Frankreichs in ihrer chronologischen Abfolge einprägen, dazu die Höhepunkte ihrer Regierungszeit, das Datum ihrer Thronbesteigung, die Umstände ihres Todes (das Todesdatum entspricht dem der Inthronisation des nachfolgenden Königs, die Regierungsdauer der Differenz zwischen Tod und Amtsantritt). Das ist die „mnemotechnische chronologische Tabelle der Könige Frankreichs". Diese fünf Informationen werden entweder phonetisch oder mittels des Buchstaben-Zahlencodes von Aimé Paris verschlüsselt. Das Ganze ergibt einen als „Formel" bezeichneten Satz.

Es folgen einige typische Beispiele – vergnüglich oder absurd – für Formeln nebst Erklärungen oder kritischen Bemerkungen:

> Le roi nous a fait don d'un phare; pour le voir aux bord de l'eau salée, amis, réunissons-nous (wörtlich: „Der König hat uns einen Leuchtturm zum Geschenk gemacht; vereinigen wir uns, Freunde, um ihn am Ufer des Salzwassers zu sehen").

In diesem Satz gibt es fünf Schlüsselwörter: „don" bedeutet nach dem Buchstaben-Zahlencode 1, meint also den 1. (legendären) König Frankreichs; „phare" ist ein phonologischer Abrufhinweis (erste Silbe) auf den Namen Faramund (französisch *Pharamond*); „salée" erinnert nach demselben Prinzip der phonologischen Abrufhilfe an das seine Regierungszeit kennzeichnende „Salische Gesetz"; „réunissons" codiert 420 (R = 4, N = 2, SS = 0), das Jahr der Thronbesteigung, und „nous" schließlich verschlüsselt phonetisch die Todesart, natürlich.

> Néron, plus féroce qu'une chatte, avait une grande rosse lombarde qui convenait moins à un empereur qu'à un chiffonnier („Nero, wilder als eine Kätzin, hatte eine große lombardische Mähre, die weniger zu einem Kaiser als zu einem Lumpensammler passte").

„Néron" (N = 2, R = 4) steht für den 24. König, den berühmten Karl den Großen (französisch *Charlemagne* oder *Charles Le Grand*), „chatte" verschlüsselt phonetisch Charles und „grande" Le Grand; „rosse" deutet auf die im Rolandslied besungene Schlacht bei Roncesvalles hin und „lombarde" auf die Niederlage der Lombarden; „empereur" erinnert daran, dass Karl zum Kaiser gekrönt wurde. Komplizierter ist der Rest, denn man muss die letzte Silbe von „qu'à un chiffon", die das Inthronisationsdatum 768 (K = 7, CH = 6, F = 8) verschlüsselt, abtrennen, während „nier" phonetisch den natürlichen Tod codiert (N = natürlich).

> La femme de Lelong prenait tous les jours son châle et allait sagement sur les bords avec de quoi manger un peu („Die Frau von Lelong nahm täglich ihr Schultertuch um und ging sittsam mit einer Kleinigkeit zu essen am Gestade spazieren").

Diese letzte Formel enthält typische Beispiele für mögliche Irrtümer. „Lelong" verschlüsselt keineswegs König Philipp V. (in

Frankreich genannt Lelong, der Lange), wie man meinen könnte, sondern den 55. König. Dessen Name wird durch „châle" und „sagement" codiert. Es handelt sich um Karl den Weisen (Charles le Sage, Karl V.). „bords" verschlüsselt phonetisch (mit den Initialen) Bertrand du Guesclin, den für die Regentschaft prägenden Feldherrn und Kriegshelden; das Jahr der Thronbesteigung ist durch die eher fernliegende Verbindung „gerun" in „manger un" mehrdeutig codiert, also 64 (G = 6 und R = 4) oder vielmehr 1364 (man muss sich die ersten beiden nicht mitcodierten Ziffern der Jahreszahl denken), und schließlich codiert „peu" phonetisch, wenn auch entfernt, „empoisonné" (vergiftet), das Ende dieses armen Königs.

Und so geht es weiter, bis 75 Formeln erreicht sind, darunter die folgenden für einige Berühmtheiten der französischen Geschichte:

* *Merowech:* Traversant les monts et les mers de l'Atlas, je suis hier revenu (wörtlich: „Die Berge und Meere des Atlas überquerend bin gestern zurückgekehrt").
* *Childerich:* Des rayons de grecs forment, autour du front déridé de la Vierge, une auréole jaune („Griechische Strahlen bilden um die heitere Stirn der Jungfrau eine gelbe Aureole").
* *Franz I.:* Au lieu d'être faux comme un jeton, sois franc, toi; et comme en qualité d'homme de lettres, tu ne vaux pas une cerise, deviens du moins bon marin, honore ton pavillon et sois utile à la lignée („Statt falsch zu sein wie ein Fuffziger, sei du aufrichtig; und da du als Literat kein I-Tüpfelchen wert bist, werde wenigstens ein guter Matrose und sei der Nachkommenschaft nützlich").
* *Ludwig XIV.:* Un chiffon serait pour toi mon ladre, une grande trouvaille, une espèce de trésor: fou, qu'est-ce que tu ne ferais pas pour l'avoir? Tu aurais même le front de le voler à ta cousine germaine („Ein Fetzen sei für dich, mein Geizhals, ein

großer Fund, eine Art Schatz; Narr, was würdest du nicht tun, um ihn zu bekommen? Du hättest sogar die Stirn, ihn deiner Cousine ersten Grades zu stehlen").

* *Napoleon:* Le canon de Napoléon lui a procuré le surnom de grand; certes ce n'est pas un faux surnom („Die Kanone Napoleons hat ihm den Beinamen der Große eingetragen; sicher ist das kein falscher Beiname"). Und die Autoren fügen hinzu: „Da diese Regierungszeit sehr reich an Ereignissen war, die im Übrigen alle Welt kennt, halten wir es für unnütz, sie mnemotechnisch aufzubereiten …"

Ohne die gelegentliche Nützlichkeit des Buchstaben-Zahlencodes ausschließen zu wollen, ist die Anwendung der Castilho-Brüder mit schwerwiegenden Nachteilen verbunden, vor allem einer enormen Überlastung des Gedächtnisses, da zahlreiche „Füll"informationen zu den Schlüsselinformationen hinzukommen. Es ist schwierig, die informationscodierenden Kennwörter von den Füllwörtern zu unterscheiden. So ergibt im ersten Beispiel „le roi nous a fait don" die Entschlüsselung des „le" den fünften König (L = 5), decodiert man „roi", ergibt das den vierten König (R = 4), „nous" den zweiten, und „fait" würde den achten (F = 8) bedeuten. Desgleichen ist es sehr schwer, sich zu erinnern, welche Schlüsselwörter phonetisch codiert sind und welche Zahlen codieren. Wenn ich mich zu erinnern glaube, dass „manger" die Thronbesteigung Karls V. verschlüsselt, werde ich 36 erhalten (also 1336); das wahre Datum lautet aber 1364. Die Schwierigkeit verstärkt sich noch dadurch, dass der Code zuweilen aus Wortstücken besteht, wie „qu'à un chiffon …" für Karl den Großen oder „ger un" für Karl V. (bei dem sich alle Schwierigkeiten häufen, als ob ihm der Tod durch Gift nicht genügt hätte). Eine bereits von Germery (1911) angedeutete Kritik betrifft das falsche Erinnern und stützt sich auf die ersten experimentellen Studien des Satzgedächtnisses von Alfred Binet und Victor Henri (1894). Sie wiesen Substitutionen oder Synonyme im Langzeitgedächtnis nach. Wenn sich der Satz „la femme de Lelong (Lang)" in „la femme de Legrand (Groß)" oder „Lecourt (Kurz)" verwandelt, ergibt die Decodierung etwas völlig Falsches. Und schließlich hat man sich mit dieser wahnsinnig schwer zu merkenden Tabelle lediglich einige mit den 75 französischen Königen zusammenhängende Fakten eingeprägt, während das in der Schule vermittelte Wissen weitaus umfassender und differenzierter ist (Lieury, 1997).

Es ist ausgesprochen ärgerlich, dass Scharlatane wie die Brüder Castilho in ihrer Verblendung behaupteten, das Gedächtnis zu fördern, während sie es in Wirklichkeit mit sinnlosen Sätzen voller Codewörter und uneindeutigen Regeln überfrachteten. Wie soll denn auch jemand, der nach einem Mittel zur Verbesserung seines Gedächtnisses sucht, diese 75 komplizierten, absurden Sätze auswendig lernen?

Die Zahl Pi auf 128 Dezimalstellen auswendig lernen

Für zahlreiche Autoren (z. B. Courdavault, 1905) gilt Abbé Moigno als „illustrer Zeuge". Moigno berichtet selbst in verschiedenen Werken, insbesondere in seinem *Manuel de mnémotechnie* (1879), José Castilho habe ihm seine Geheimnisse enthüllt, und er selbst habe in einigen Monaten „fünfhundert denkwürdige Tatsachen der Universalgeschichte [gelernt]; die Liste der Könige Frankreichs mit ihren Beinamen, dem Jahr ihrer Thronbesteigung, den herausragenden Ereignissen ihrer Regierungszeit, dem Datum und der Art ihres Todes; die Listen der Könige Englands, Spaniens, Portugals, Deutschlands mit ihren Krönungs- und Sterbejahren; die Tabelle der 250 Päpste mit dem Jahr ihrer Einsetzung […] die Liste der Departements Frankreichs in alphabetischer Reihenfolge nebst ihrer Einwohnerzahl, den Namen und der Einwohnerzahl der Hauptstädte; die Höhen der Berge, Pässe und Übergänge […] die Daten der Erfinder […] die Verzeichnisse der berühmtesten Heiligen, die Abfolge der religiösen Orden mit den Namen ihrer Gründer und dem Gründungsdatum; die Generalkonzile […] die Häresien […] den ewigen Kalender […]." Dann fügte Moigno noch hinzu: „Von haarsträubender Unwissenheit war ich zu schwindelerregendem Wissen gelangt; ich vermochte augenblicklich etwa zehntausend Fragen zu beantworten […] ich war mir selbst ein Rätsel und ein unheimliches Phänomen geworden. War dies nicht wirklich eine Übung jenseits der menschlichen Kräfte, wenn man mich nach dem Namen des 10., des 121., des 177. Papstes fragte, umgehend Anicetus, Lando, Innozenz IV. nennen zu können […]." Heute kennt man seine Methode; es ist das Auswendiglernen mithilfe Hunderter stumpfsinniger Sätze nach Art der Brüder Castilho, das pure Pauken Hunderter Daten zu den Königen der verschiedenen Länder, den Päpsten, den Konzilen, den Heiligen.

Wie viele Gedächtniskünstler vor ihm (schon Quintilian hatte dieses Verfahren bei Metrodorus kritisiert) behauptet Moigno, seine Meisterleistungen seien ausschließlich auf seine Methode zurückzuführen: „Mit der Methode, die man mir nachsagt, können alle zu vergleichsweise außerordentlichen Ergebnissen gelangen. Ich bleibe umso mehr dabei, als mein natürliches Gedächtnis nichts Außergewöhnliches hatte und es sich immer noch als widerspenstig gegenüber Zahlen und Daten erwiesen hat, die es sich zu Abertausenden mnemotechnisch angeeignet hat." Gleichwohl bedarf es, wie wir gesehen haben, herausragender Fähigkeiten, um Hunderte (sogar Tausende, wie er behauptet) sinnlose Sätze auswendig zu lernen. In seinem Größenwahn glaubte Moigno, der berühmte Astronom Arago sei neidisch auf ihn. So berichtet er: „Eines Tages, wie um Rache zu nehmen, rühmte sich Arago, die ersten 16 Ziffern des Quotienten aus Umfang und Durchmesser [die Zahl Pi] auswendig zu wissen, und schickte sich an, sie herzusagen. Da kommt Ihr aber an den Richtigen, mein Herr, rief ich aus! Ich kann den Quotienten des Umfangs bis zur 60. [Nachkomma]Stelle, ich sage es Ihnen, 4, 4, 5, 9, 2, 3, 0,7, 8, 1. Er unterbrach mich fast zornig." Moignos mysteriöse Methode ist eine Verallgemeinerung der von Feinaigle erfundenen „Formel", jedoch mit dem Code von Aimé Paris (der ihn von den Castilho-Brüdern hatte). Er verfasst ein seltsames Gedicht, dessen Worte 128 Ziffern der Zahl Pi codieren (Abb. 4.8).

Ein deutsches Pendant wäre etwa der Merksatz für 28 Nachkommastellen von Pi des Philosophen und Psychologen Franz Brentano, einem Neffen von Clemens Brentano; allerdings verschlüsselt er lediglich die Anzahl der Buchstaben jedes Wortes in Zahlen:

> Nie, o Gott, o guter, verliehst Du meinem Hirne die Kraft,
> 3 1 4 1 5 9 2 6 5 3 5
> mächtige Zahlreih'n dauernd verkettet bis in die späteste Zeit getreu zu merken;
> 8 9 7 9 3 2 3 8 4 6 2 6
> drum hab ich Ludolfen mir zu Lettern umgeprägt.
> 4 3 3 8 3 2 7 9

Bestimmte Sätze sind leicht. Da ich selbst trainiert bin, erinnere ich mich noch an „Riant jeunes gens, remuez moins vite vos mines" (wörtlich: „Beim Lachen, junge Leute, bewegt eure Mienen weniger schnell"). Ebenso an: „Beaux biens viagers nos voisins m'ont ravi" („Schöne Güter auf Lebenszeit haben mir meine Nachbarn geraubt"), doch bestimmte Zeilen wie „rends roulant bien nos mises convoitées" („lass gut rollen unsere begehrten Einsätze") ergeben keinen Sinn. Eine Abweichung, und schon hat sich ein Fehler eingeschlichen. Beispielsweise hatte ich mir fälschlicherweise „là témoigne vainement sans danger" („dort bezeuge vergebens ohne Gefahr") gemerkt: „danger" ergibt 16 statt 66 wie „changer" („ohne sich zu ändern"). Für jemanden,

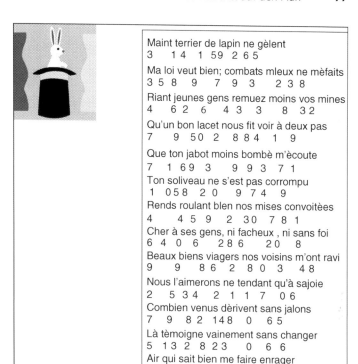

Maint terrier de lapin ne gèlent
3   1 4   1   59   2 6 5

Ma loi veut bien; combats mleux ne mèfaits
3 5 8   9   7   9   3   2 3 8

Riant jeunes gens remuez moins vos mines
4   6 2   6   4 3   3   8   3 2

Qu'un bon lacet nous fit voir à deux pas
7   9   50 2   8 8 4   1   9

Que ton jabot moins bombè m'ècoute
7   1 69   3   9 9 3   7 1

Ton soliveau ne s'est pas corrompu
1   0 5 8   2 0   9 7 4   9

Rends roulant blen nos mises convoitèes
4   4 5 9   2   3 0   7 8 1

Cher à ses gens, ni facheux , ni sans foi
6 4 0   6   2 8 6   2 0   8

Beaux biens viagers nos voisins m'ont ravi
9   9   8 6   2   8 0   3   4 8

Nous l'aimerons ne tendant qu'à sajoie
2   5 3 4   2 1 1   7   0 6

Combien venus dèrivent sans jalons
7   9   8 2 1 4 8   0   6 5

Là tèmoigne vainement sans changer
5   1 3 2   8 2 3   0   6 6

Air qui sait bien me faire enrager
4 7   0 9   3 8 4   4 6

Abb. 4.8: Die Formel des Abbé Moigno für 128 Ziffern der Zahl Pi (1879).

der nicht über ein außergewöhnliches lexikalisches Gedächtnis verfügt, birgt das Verfahren viele Risiken.

Doch damit nicht genug. Um Furore zu machen, empfiehlt Moigno, die Verse mit einer Ordnungsnummer zu verknüpfen, um jede beliebige Zeile zitieren zu können, sei es die siebte oder die zwölfte. Zu diesem Zweck muss man jedem Zeilenanfang ein Wort zuordnen, das die Nummer der Zeile verschlüsselt: Codiert „ton" beispielsweise die Nummer 1 (1 = t), kann man „ton" und

„terrier" miteinander verknüpfen, etwa in dem Satz: „Ton châ-
teau n'est pas un terrier de lapin" („Dein Schloss ist kein Kaninchenbau").

Das Verfahren wird, wie man sieht, extrem kompliziert. Doch
nicht für seine Verfechter. So erklärt uns Raymond de Saint-Laurent, der Autor der modernen „Aubanel"-Methode, für die man
regelmäßig Anzeigen in der Presse finden konnte: „Suchen Sie
sich einen Absolventen der Ingenieurshochschule oder einen
Mathematiklehrer. Verkünden Sie ihm, dass Sie ihm die Zahl
Pi mit 127 Dezimalstellen aufsagen werden. Reichen Sie ihm
das Papier, auf das Sie Ihre Zahlen geschrieben haben; denn es
ist außerordentlich wahrscheinlich, dass er sie nicht auswendig
weiß. Sie werden eine durchschlagende Wirkung erzielen, Ihr
Gesprächspartner wird völlig verblüfft sein" (1968, S. 145). Wir
dagegen sind angesichts solcher Naivität völlig verblüfft. Hoffen
wir, dass der Mathematiker nicht von dem angehenden Gedächtniskünstler verlangt, eine Gleichung oder ein Integral zu lösen …

3   Eins, zwei, Polizei …

In diesem Wust von Zahlen und sinnlosen Sätzen ruft sich
Guyot-Daubès – sehr zu unserer Erheiterung – in seinem Buch
L'Art d'aider la mémoire („Die Kunst, dem Gedächtnis auf die
Sprünge zu helfen") von 1889 zum Spezialisten für phonetische
Verfahren aus (tritt aber auch für den Buchstaben-Zahlencode
ein). In Anknüpfung an eine althergebrachte Tradition bestehen
seine kabbalistischen Kennwörter oder -sätze aus miteinander
verknüpften Anfangsbuchstaben oder -silben der zu merkenden
Informationselemente. Das Ergebnis, das sich leicht aussprechen lassen soll, kommt dem Nichteingeweihten vor wie eine der
geheimnisvollen Formeln, welche die alten Magier oder Alchimisten in grauer Vorzeit benötigten, daher auch ihre Benennung

„kabbalistisch" („Kabbala" ist das hebräische Wort für „Über-lieferung").

VIBUJOR, das an irgendeine düstere Gottheit Mesopota-miens erinnert, ist nichts anderes als die Abfolge der Initialen der sieben Farben des Regenbogens: Violett, Indigo, Blau, Grün (französisch *vert*, V = U im römischen Alphabet), Gelb (*jaune*), Orange und Rot. Die vermeintliche Beschwörungsformel eines Zauberers „Sajuma Sove Merlu" entspricht der antiken Ordnung der Himmelskörper nach ihrer ersten Silbe, Sa-turn, Ju-piter, Mars, So-nne, Ve-nus, Mer-kur und Lu-na (Mond). Um sich die Abfolge der ersten zwölf römischen Kaiser Julius Cäsar, Augus-tus (Oktavian), Tiberius, Caligula, Claudius, Nero, Galba, Otho, Vitellius, Vespasian, Titus und Domitian zu merken, bildet man durch Zusammenziehung der Anfangssilben den kabbalistischen Satz „Auticacla Negalovi Vestido". Julius Cäsar ist zu bekannt, als dass er in diese Formel eingehen müsste.

Den Adelsbrief erhält dieses phonetische Verfahren im Ak-rostichon, einem Gedicht, in dem die Anfangsbuchstaben oder -silben aller Verse ein Wort bilden, wie in dem folgenden Herbst-Akrostichon:

> Hast du es schon gesehen?
> Es färbt sich bunt die Welt
> Rote Äpfel, gelbe Birnen
> Bunte Blätter an den Bäumen
> Sturm und Wind, Nebel und Regen
> Tau am Morgen in den Gräsern.

Einmal nahm ich an einer Fernsehsendung über das Gedächtnis teil und lernte dabei den großen Schauspieler Jean Piat kennen. Wie er erzählte, nutzte er (wie andere Schauspieler auch) dieses Verfahren, um sich der Reihenfolge der Zeilen in einer langen Textpassage zu vergewissern. In England bezeichnete man die Abfolge der Minister Cliffort, Ashey, Buckingham, Arlington und Lauderdale, deren Initialen das Wort „Cabale" (Kabale) bildeten, als „Kabale-Ministerium".

Der Autor bemerkt überdies, dass Abzählverse auf denselben Prinzipien beruhen (modernes Beispiel):

> Eins, zwei, Polizei,
> drei, vier, Offizier,
> fünf, sechs, alte Hex',
> sieben, acht, gute Nacht,
> neun, zehn, auf Wiederseh'n,
> elf, zwölf, böse Wölf',
> dreizehn, vierzehn, kleine Maus,
> ich bin drin, und du bist raus!

Von allen mnemotechnischen Handbüchern ist das von Guyot-Daubès das interessanteste, denn es stellt den Zusammenhang zwischen den Gedächtnistechniken und unseren Alltagskniffen her, die das Gedächtnis wirksam unterstützen, auch wenn sie sich keines Methodenstatus erfreuen. So nennt der Verfasser Wortspiele und Kalauer als mnemotechnische Hilfsmittel. Ein deutscher Grammatik-Kalauer verdeutlicht das Prinzip. „Eintopf" ist ein Suppstantiv, „knusprig" ist ein Bratjektiv.

4   Erfolg und Niedergang der Mnemotechnik

Die Erben der Mnemotechnik

Nach Guyot-Daubès sind die einschlägigen Werke offenbar im Wesentlichen nur noch Wiederholungen oder Plagiate. Chavauty veröffentlicht 1894 *L'Art d'apprendre et de se souvenir* („Die Kunst zu lernen und sich zu erinnern"), in dem sich die Verfahren von Paris und Moigno wiederfinden. Nichtsdestotrotz hält Chavauty sein Werk für so eigenständig, dass er einen Prozess gegen „Professor" Loisette anstrengt. Dieser greift in seinem 1896 in New York erschienenen Buch *Assimilative Memory* tatsächlich den Buchstaben-Zahlencode auf, ohne jemanden zu zitieren, kupfert damit jedoch bei Aimé Paris ab, nicht bei Chavauty. Loisette kann ebenfalls nicht als eigenständig gelten, doch er ist der „Stammvater" dieser Verfahren in den Vereinigten Staaten. Man findet seine Spuren beispielsweise in der berühmten Carnegie-Methode wieder. Loisette stellt keine neuen Methoden, sondern neue Beispiele vor, etwa sein Verfahren, sich die amerikanischen Präsidenten zu merken: Man hebt in jedem aufeinanderfolgenden Namenspaar eine phonetisch ähnliche Silbe hervor:

George Washing**ton**
John Adams
Thomas Jeffer**son**
James Madi**son**
…

Diese auf phonetischen Abrufhilfen basierende Methode ist offensichtlich nicht neu. Moigno hatte sie (sogar schon vor Guyot-Daubés) in seinen „glossotechnischen" Wörterbüchern zum Erlernen von Latein und Deutsch weit entwickelt. Abbé Courdavault wird sie in seiner *Mnémotechnie ou l'art d'acquérir facilement une mémoire extraordinaire* („Mnemotechnik oder die Kunst, leicht ein außergewöhnliches Gedächtnis zu erwerben") später erneut aufgreifen. Um sich das englische Wort *tree* (phonetisch *tri*) für „Baum" zu merken, schlägt Moigno die vermittelnde Assoziation „charpenterie" (phonetisch *scharpãntri*, „Zimmerei", „Zimmerhandwerk") vor. Um sich einzuprägen, dass das lateinische Wort *abdo* für „ich verberge" (französisch *je cache*) bedeutet, bietet Moigno den Satz an: „À bedeau, dans l'église rien n'est caché" („Dem Küster ist in der Kirche nichts verborgen"). Übrigens benutzen wir heute dieses phonetische Verfahren, um uns zu merken, dass Stalagmiten steigen wie **M**ieten und Stalaktiten hängen wie **T**i… na, Sie wissen schon.

Es sollte bis 1911 dauern, bis Germery in seinem Buch *La mémoire* einen kritischen Überblick über die Verfahren gibt, die er, wie die Antike, im Gegensatz zu den Elementen des natürlichen Gedächtnisses als „künstlich" bezeichnet. Ausgehend von wissenschaftlichen Arbeiten in Geschichte und Botanik sowie den ersten Studien der Experimentalpsychologie pocht er auf die Bedeutung der Aufmerksamkeit, des Schemas, der Übersichtstafel, der Assoziation von Vorstellungen. In Bezug auf die künstlichen Verfahren äußert er sich als Erster zurückhaltend. Er verweist insbesondere auf eine Forschungsarbeit von Alfred Binet und Victor Henri (1894) über das Satzgedächtnis, die ergeben hatte, dass Sätze bei der Wiedergabe aus dem Gedächtnis stark verändert werden (Weglassungen, Synonyme, Hinzufügungen). So übt er scharfe Kritik an der Verwendung von Schlüsselsätzen zur Codierung von Zahlen (chronologische Tabelle der Brüder Castilho), da sie nach der Entschlüsselung oft falsche Zahlen ergebe. Diese Umsicht lässt Raymond de Saint-Laurent nicht mehr walten, als er an die Arbeit Germerys anknüpft und 1968 in demselben Verlag (Aubanel) sein in den 1970er und 1980er Jahren viel beworbenes Buch *La mémoire* herausbringt. Diese stark vereinfachte Version des Buches von Germery preist kritiklos die Methoden von Moigno und den Castilho-Brüdern und versucht die Illusion zu verkaufen, dass mit unfehlbaren Methoden jeder ein außergewöhnliches Gedächtnis erreichen könne. Der Kommerz hat Gründe, die die Wissenschaft nicht kennt …

Was die „Alchimisten" des Gedächtnisses entdeckt haben

Das Erbe, das uns die „Alchimisten" des Gedächtnisses hinterlassen haben, erscheint dennoch wichtig, betrachtet man es im Licht wissenschaftlicher Arbeiten. Mit deren Hilfe lassen sich wirksame Methoden von magischen Praktiken und von dem Sand trennen, den uns gerissene Geschäftsleute in die Augen streuen möchten. Von den Autoren der Antike haben wir gelernt, dass das visuelle Bild eine wirksame Merkhilfe darstellt, auch wenn diese Nützlichkeit sich auf konkrete Wörter beschränkt (Quintilian). Diese Autoren hatten zudem intuitiv erfasst, dass das Gedächtnis Kapazitätsgrenzen hat, stützt man sich auf den Rat, jeden fünften Gedächtnisort oder Abschnitt einer Rede mit einer goldenen Hand zu kennzeichnen (*Ad Herennium*). Die Rolle der Anrufhilfen deutet sich in Form gegenständlicher Symbole ebenfalls an; so soll man sich mithilfe eines Schwertes die Teile einer Rede über den Krieg in Erinnerung rufen oder mittels eines Ankers maritime Fragen. Schließlich spiegelt sich die Notwendigkeit, Abrufhinweise miteinander zu verketten, im Gebrauch der Loci-Methode – der großen Erfindung der antiken Autoren – oder in den Assoziationen bei Aristoteles. Die gewichtige Rolle der Logik wird nicht von allen betont, doch Quintilian führt sie mit Überzeugung vor Augen. Die Renaissance war eine im Hinblick auf die Gedächtnissysteme sehr reiche Epoche, selbst wenn diese Verfahren im Grunde nur komplizierte Varianten der antiken Methoden sind. Camillo erfindet ein gigantisches Gedächtnistheater, das die Gedächtnisorte um die magische Zahl 7 herum anordnet. Raimundus Lullus, dann Trithemius und schließlich Giordano Bruno benutzen magische Scheiben, Vorläufer der Chiffriersysteme, insbesondere der Buchstaben-Zahlencodes. Petrus Ramus für seinen Teil erscheint als Vorläufer der modernen Pädagogik, da er nur die auf der kategorialen Unterteilung von

Wissen beruhenden Systeme beibehält. Die Darstellung in Form eines Baumes und seiner Untergliederungen in Äste blieb in der Theorie des semantischen Gedächtnisses erhalten, ebenso in der Informatik in Begriffen wie „Baumstruktur" oder „Menübaum".

Gefördert durch die Entwicklung des Buchdrucks zeichnen sich das 17. und 18. Jahrhundert dadurch aus, dass das Bild zugunsten sprachbasierter Methoden, insbesondere phonetischer Verfahren, aufgegeben wird und der Buchstaben-Zahlencode aufkommt. Mit Gregor von Feinaigle um 1800 und während des gesamten 19. Jahrhunderts erlebte der Buchstaben-Zahlencode einen Erfolg vergleichbar dem der Loci-Methode in der Antike. Der Code diente als Grundlage einer Fülle von Methoden, deren raffinierteste Anwendung die Gedächtnistafel darstellt. Mit dem Buchstaben-Zahlencode werden die Zahlen von 1 bis 100 zu Wörtern verschlüsselt. Anhand dieser Wörter lässt sich die numerische Position eines Wortes in einer Wortliste ermitteln, die es in bestimmter Reihenfolge auswendig zu lernen gilt.

Diese Verfahren inspirieren im Lauf der Zeit zahlreiche Verfasser von Mnemotechnikbüchern, deren Genealogie ich zu rekonstruieren versucht habe (Abb. 4.9). In diesem Stammbaum habe ich nur die in meinen Augen eigenständigsten Autoren aufgeführt. Im 19. Jahrhundert erschienen jedoch zahlreiche andere mnemotechnische Handbücher, die sich stark an frühere Werke anlehnten, beispielsweise Audibert (1839) oder Parent-Voisin (1847). Offenbar sind sie komplett von den Brüdern Castilho abgeschrieben, ohne dass diese genannt werden. Eigens erwähnt werden sollte Demangeon (1841); er hält sich für besonders originell, weil er die Vokale wieder in den Konsonanten-Zahlencode (Feinaigle/Paris) einführt und ignoriert, dass dieser Buchstaben-zahlencode bereits mit Pierre Hérigone und Richard Grey begonnen hatte. Demangeon sollte dem Leser als warnendes Beispiel dienen und ihn zur Vorsicht mahnen: Auf dem Gebiet der mnemotechnischen Verfahren hat sich seit den Mnemoni-

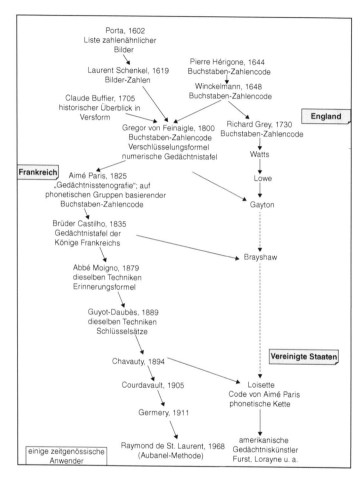

Abb. 4.9: „Stammbaum" der Bilder- und Buchstaben-Zahlencodes und der numerischen Gedächtnistafel.

kern des 19. Jahrhunderts nichts Neues mehr getan. Um neue, realistischere Methoden zu finden, muss man sich der wissenschaftlichen Forschung zuwenden.

Teil II

Mnemotechnische Methoden und Verfahren auf dem Prüfstand

5

Neurobiologie und „Ökologie" des Gehirns

Inhaltsübersicht

Wie könnte ein Gehirn mit 200 Milliarden Neuronen ein einfaches Gedächtnis hervorbringen? (Halten wir uns zum Vergleich vor Augen, dass es auf der Erde sieben Milliarden Menschen gibt, 30-mal weniger als Neuronen in einem einzigen Gehirn.) Die biologische, neurologische und psychologische Forschung zeichnet denn auch ein immer komplexeres Bild vom Gedächtnis.

1 Gedächtniskrankheiten

Zunächst einmal gibt es nicht ein einziges Gedächtnis, sondern mehrere, mehr oder weniger wechselseitig miteinander verbundene Systeme. In erster Linie muss man grob zwischen zwei Arten von Gedächtnis unterscheiden, dem deklarativen und dem prozeduralen. Aus Untersuchungen von Amnesien (Gedächtnisverlusten) weiß man seit Langem, dass das Erinnerungsvermögen nicht an einer bestimmten Stelle des Gehirns lokalisiert ist, sondern dass es verschiedene, spezialisierte Areale gibt. Das Gehirn besteht ganz allgemein gesagt aus dem Kortex (der Hirnrinde) und subkortikalen (unter der Hirnrinde gelegenen) Zentren.

Der Kortex ist eine mehrere Millimeter starke Schicht an der Oberfläche des Gehirns und besteht aus 20 Milliarden Neuronen. Die verschiedenen Bezirke der Hirnrinde widmen sich jeweils speziellen Aufgaben: beispielsweise der Okziptalkortex (Hinterhauptlappen) dem Sehen – in gewisser Weise unseren visuellen Erinnerungen –, der Temporalkortex (Schläfenlappen) dem Hören und so weiter. Doch unter der Hirnrinde liegen subkortikale Zentren, deren Zerstörung durch Läsionen, Tumoren oder Degeneration große Schaltkreise unterbrechen kann. Das Gedächtnis beruht auf derart unterschiedlichen zerebralen Mechanismen, dass seine vielfältigen Krankheiten sowohl in die Neurologie als auch die Neuropsychologie fallen (McCarthy & Warrington, 1994; Eustache & Desgranges, 2009). So gibt es partielle Amnesien infolge des Ausfalls spezifischer Gedächtnisse, etwa des lexikalischen (Namen oder Vornamen), des semantischen, des Bilder- oder des Arbeitsgedächtnisses.

Ich führe daher nur einige spektakuläre oder häufig zitierte Fälle auf.

Wer sind Sie doch gleich?

„Thierry Lhermitte, ein bekannter französischer Komiker, kam ins Krankenhaus, weil er an einer Krankheit leidet: der Prosopagnosie. Dieses Leiden führt zu starken Beeinträchtigungen im Alltag. Die Betroffenen haben Schwierigkeiten, Gesichter zu erkennen und wiederzuerkennen. Sie sind außerstande, Angehörige am Gesicht zu erkennen, und manche erkennen nicht einmal ihr eigenes Abbild im Spiegel. Die Patienten sind aber sehr wohl imstande, eine Person an einem charakteristischen Merkmal wiederzuerkennen, beispielsweise an ihrer Stimme. Diese Krankheit ist sehr häufig auf unfallbedingte Traumen zurückzuführen. Bislang hat niemand ein Heilmittel für diese Krankheit gefunden."

Auf *France Info* rechtfertigt sich der Komiker am Mikrofon des Journalisten Philippe Vandel: „Wenn ich mich zum dritten Mal jemandem vorstelle, der doch schon vor zehn Minuten zu mir gesagt hat: ‚Ich habe Sie schon mal gesehen', dann ist das grauenhaft. Dann tue ich so, als hätte ich Spaß gemacht. In Wirklichkeit war es aber ernst." Der Schauspieler erkennt nicht einmal seine Schwester, wenn sie mit offenen Armen auf ihn zukommt.

Der französische Neurologe Henri Hécaen vermutete als Erster eine spezifische Amnesie für Gesichter. Er hatte bei bestimmten Patienten fehlende Gesichtserkennung ohne eine gleichzeitige Agnosie (Störung des Erkennens trotz intakter Wahrnehmung) für Gegenstände oder Wörter festgestellt (Hécaen & Angelergues, 1962). Aus diesem Grund nannte man diese spezifische Unfähigkeit, Gesichter zu erkennen, nach dem griechischen Wort *prosopon* („Gesicht") „Prosopagnosie".

Korsakow-Syndrom

Die spektakulärste Amnesie ist zweifellos der mit dem Korsakow- oder amnestischen Psychosyndrom verbundene anterograde allgemeine Gedächtnisverlust, denn er verhindert, dass nach der Schädigung neue Eindrücke gespeichert werden. Die Amnesie heißt anterograd (nach vorn gerichtet), weil die Betroffenen sich einerseits langfristig nichts Neues mehr merken können, aber noch über ein Kurzzeitgedächtnis verfügen, und sich andererseits an alte Informationen erinnern können. Die anterograde Amnesie, die der russische Neurologe Korsakow bei chronischen Alkoholikern beschrieb, beruht auf beidseitigen Läsionen einer Hippokampus genannten Kortexstruktur. Dies haben der Neurochirurg William Scoville und die Psychologin Brenda Milner (1957) nachgewiesen. Abgesehen von bestimmten Verletzungen (Autounfall) oder vaskulären Ereignissen wird der Hippokampus am häufigsten durch Alkohol, aber auch durch Drogen (Kokain etc.) zerstört.

Amnestische Episode

Vielleicht ist es Ihnen selbst schon einmal passiert: Sie waren kurz geistig abwesend, erlebten einen kurzen Moment der Unsicherheit, in dem Sie nicht mehr wussten, wo Sie waren … das war ein winziger Schlaganfall. Eine solche amnestische Episode oder Iktus, erstmals beschrieben 1956 von dem Psychiater Jean Guyota und dem Neurologen Jean Courjon aus Lyon, zeichnet sich aus durch eine Art tiefer Geistesabwesenheit, die in ihrer gravierenden Form meist im Alter von über 50 Jahren auftritt. Es besteht eine anterograde Amnesie (wie beim Korsakow-Syndrom), also die Unfähigkeit, sich zu merken, was sich gerade ereignet, und eine retrograde Amnesie, das heißt, die Ereignisse der unmittelbaren Vergangenheit werden vergessen. Nach vier bis sechs Stunden bleibt bei dem Patienten als einzige Folgeerscheinung im Allgemeinen eine Erinnerungslücke von einigen Minuten zurück, sodass er sich nicht mehr an die Umstände erinnert, unter denen der Zwischenfall auftrat. Der Iktus bleibt rätselhaft (Quinette et al., 2010); es liegen keine neurologischen und keine dauerhaften vaskulären Läsionen vor. Da jedoch bekannt ist, dass er häufig nach einer heftigen Anstrengung oder Gemütsbewegung auftritt, könnte ein plötzliches Absacken der Blutmenge im Gehirn, insbesondere im Hippokampus, dahinterstecken. Eine neuere Hypothese geht von einer übermäßigen Ausschüttung des Neurotransmitters Glutamat aus. Sie stützt sich auf die Beobachtung, dass der Iktus bei Migränepatienten häufiger vorkommt. Der hohe Glutamatspiegel löst eine Art „Speicherungsunterbrechung" auf der Ebene des Hippokampus aus. In der Tat ist Glutamat ein Botenstoff, der Kanäle (NMDA-Rezptoren) für Kalzium und Natrium öffnet, und diese biochemischen Mechanismen spielen bei der Speicherung von Informationen eine Rolle (langfristige Potenzialisierung).

Alzheimer-Krankheit

Das Korsakow-Syndrom tritt bei chronischem Alkoholismus auf, aber auch zu Beginn der Alzheimer-Krankheit (die in einer generalisierten Demenz endet). Diese Krankheit ist komplex und mit zahlreichen „Unfällen" auf neurologischer und biochemischer Ebene verknüpft (Michel, Delacourte & Allain, 2011). Die neuronale Degeneration ist eines ihrer typischen Merkmale. Drei Hauptmechanismen scheinen beteiligt zu sein: Zum einen stirbt die Nervenzelle ab, weil sich in ihr (im Mikroskop sichtbare) Neurofibrillen anhäufen. Diese Faserbündel entstehen aufgrund eines Überschusses des Proteins Tau. Dieses Eiweiß bildet von Natur aus einen der Bestandteile der Mikrotubuli (Proteinstrukturen in der Zelle etwa zum Transport neu hergestellter Proteine). Entsteht es aber in zu großen Mengen, bildet es diese Fibrillen, welche die Zelle quasi ersticken. Der zweite charakteristische Degenerationsmechanismus bei der Alzheimer-Krankheit läuft in den Zellzwischenräumen ab. Dort bilden sich senile Plaques. Diese bestehen aus dem Protein Amyloid (A4), normalerweise ein Zellmembranbestandteil. Wird es jedoch in regelloser Weise produziert, stört oder verstopft es die synaptischen Spalte. Und schließlich spielt noch der Acetylcholinverlust eine Rolle: Die Alzheimer-Krankheit ist mit einem Mangel an Acetylcholin verbunden, einem für den Hippokampus sehr wichtigen (wenn auch nicht dem einzigen) Neurotransmitter. Der Acetylcholinmangel geht zurück auf die Schädigung von subkortikalen Kernen im basalen Großhirn, den Meynert-Kernen. Folge ist eine Nekrose, die in die Korsakow-Amnesie mündet.

Diese Degenerationsprozesse erklären das Auftreten gravierender Gedächtnisstörungen wie einer Amnesie von Korsakow-Typ zu Erkrankungsbeginn. Sie bewirkt, dass die Patienten die Fähigkeit verlieren, neue Ereignisse zu speichern, und nur noch zunehmend weiter zurückliegende Erinnerungen abrufen kön-

nen (Ribot'sches Gesetz; Piolino, 2003). Dann treten immer aus-
geprägtere Nekrosen in verschiedenen Teilen des Gehirns auf
und rufen je nach den betroffenen Hirnbereichen unterschiedliche Störungen bis hin zur Demenz hervor (Brouillet & Syssau,
1997).

Da wir es bei der Krankheit unglücklicherweise mit neurologischen Läsionen zu tun haben, kann der Ausweg nicht in irgendeiner Wundermethode liegen, geschweige denn in sogenannten
Gehirntrainingsprogrammen (Kapitel 13).

> Dennoch belegen aktuelle Studien, dass vielfältige Übungen und so-
> ziale Kontakte das Risiko für eine derartige Erkrankung mindern. Eine
> Langzeitstudie des Inserm (französisches nationales Institut für Ge-
> sundheit und medizinische Forschung) unter der Leitung von Tasnime
> Akbaraly und Claudine Berr (2009) über vier Jahre mit 6 000 Proban-
> den über 65 Jahren zeigte, dass Ältere, die sich regelmäßig geistig anre-
> genden Tätigkeiten widmeten (Kreuzworträtsel, Kartenspiele, soziale
> Kontakte etc.) ein halb so hohes Risiko für Gehirnpathologien trugen
> wie andere.

Retrograde Amnesie und Gedächtniskonsolidierung

Einer meiner Jugendfreunde kam eines Tages in seinem Bett und
mit blutverschmiertem Bein wieder zu sich. Als er hinter dem
Haus sein völlig ramponiertes Mofa sah, wurde ihm klar, dass
er einen Unfall gehabt haben musste, erinnerte sich jedoch an
nichts mehr – auch später nicht. Das ist ein typischer Fall einer
retrograden Amnesie, eines Gedächtnisverlusts für den Zeitraum
vor dem Zwischenfall. Diese seit Langem bekannte Amnesie beschreibt Théodule Ribot in *Les maladies de la mémoire* (1901) bei
einem Mann nach einem Sturz vom Pferd.

Eine große Untersuchung von 1 000 Fällen von Russel und Nathan (1946, zitiert in Deweer, 1970) ergab, dass 700 Patienten eine retrograde Amnesie von weniger als einer halben Stunde Dauer, meist nur von einigen Augenblicken, erlitten hatten; bei 133 erstreckte sich der Gedächtnisverlust über einen längeren Zeitraum. Es wurden zahlreiche Experimente durchgeführt, um die Zeitspanne zu ermitteln, über die hinaus die Erinnerung erhalten bleibt. Bloch, Deweer und Hennevin (zitiert in Deweer, 1970) beispielsweise betäubten Ratten, und ihre Ergebnisse sprechen dafür, dass retrogrades Vergessen eintritt, wenn die Narkose zu einem Zeitpunkt zwischen anderthalb und sechs Minuten nach einem Lernvorgang wirkt. Darüber hinaus tritt kein Gedächtnisverlust auf. Die Autoren und andere Forscher vermuten daher, dass biologische Konsolidierungsmechanismen die Speicherung im Gedächtnis fortsetzen und sichern. Werden sie gestört, tritt retrograde Amnesie auf.

Warum verlernt man Fahrradfahren nicht?

Indessen verlieren die von einer Korsakow-Amnesie Betroffenen nicht ihr gesamtes Gedächtnis, sondern nur dasjenige, das den „bewussten" Abruf von gespeicherten Erinnerungen ausführt. Die Patienten zeigen in der Tat erhaltene Leistungen in sogenannten „indirekten" Gedächtnisprüfungen wie perzeptorischer Identifikation (beispielsweise Orthografie von Wörtern oder Wortvervollständigung). Und sie sind fähig zu sensomotorischem Lernen, etwa zum Erlernen eines Labyrinths oder verschiedener motorischer Aufgaben. Ein befreundeter Neuropsychologe hat mir von einem jungen Mann mit Amnesie erzählt, der es in seiner Rehabilitation schaffte, das Bedienen eines Computers zu erlernen. Doch ist er sich dessen nicht bewusst. Fragt man ihn, ob er mit einem Rechner umzugehen wisse, verneint er. Er weiß es, weiß aber nicht, dass er es weiß! Das ist unbewusstes (implizites) Gedächtnis.

Diese Befunde sowie Tierexperimente flossen in eine Theorie des amerikanischen Neuropsychologen Larry Squire (Squire & Zola-Morgan, 1991) ein. Dieser zufolge gibt es zwei verschiedene Gedächtnissysteme, die wiederum auf zwei verschiedenen neurobiologischen Strukturen fußen. Das deklarative (oder explizite) Gedächtnis umfasst das bewusste Erinnern oder Wiedererkennen von Fakten oder Ereignissen. Im prozeduralen (oder impliziten) sind sensomotorische Lernerfahrungen, Fertigkeiten, Konditionierungen und dergleichen wie etwa Fahrradfahren abgelegt. Deshalb verlernt man Fahrradfahren nicht. Fahrradfahren, Gehen, Autofahren, Schreiben – all das gehört zum prozeduralen Wissen. Zweifellos vergisst man es deshalb nicht, weil es Hunderte oder Tausende Male wiederholt werden musste.

Neurobiologisch gesehen ist das deklarative Gedächtnis auf die Aktivität des Hippokampus angewiesen, damit der Eindruck des „Déjà-vu" entsteht. Hingegen zeigen neuere Forschungen, dass am prozeduralen Gedächtnis mehrere Hirnregionen beteiligt sind: die Streifenkörper an der Fingerfertigkeit und an sensomotorisch Gelerntem und das Kleinhirn an Konditionierungen und Automatisiertem. Deshalb beobachtet man bei der Parkinson-Krankheit, bei der die Streifenkörper geschädigt sind, hinsichtlich des Hippokampus das umgekehrte Muster: Die Patienten leiden kaum unter deklarativen Gedächtniseinbußen (20 Prozent), sondern unter gravierenden prozeduralen Defiziten (40 bis 80 Prozent; Thomas et al., 1996).

Der Unterschied zwischen normalem und pathologischem Abbau ist daher so erheblich, dass man Rücksicht auf die „Ökologie" des Gedächtnisses nehmen und sich beispielsweise jeglicher Drogen und übermäßigen Alkoholkonsums enthalten sollte. Denn wie schon der italienische Arzt der Renaissance Guglielmo Gratarolo in seiner bereits erwähnten Abhandlung von 1554 so klug bemerkte: „Wenn man sein Gedächtnis verbessern will, darf man es vorher nicht verlieren."

2   Lernen und Üben

Lernen durch Wiederholen (Auswendiglernen)

Die Forschungen zum prozeduralen Lernen (insbesondere an zahlreichen Tierarten, die nur über diesen Gedächtnistyp verfügen) haben ergeben, dass der wichtigste Mechanismus die Wiederholung ist. Man weiß, dass Wiederholen stabile Verbindungen zwischen Neuronen herstellt (über „Synapsen" genannte Kontaktstellen) und die Kommunikation (durch Neurotransmitter) erleichtert. Im Allgemeinen sind Dutzende oder Hunderte Wiederholungen nötig, wie die ersten einschlägigen Untersuchungen zu Beginn des 20. Jahrhunderts nachwiesen.

> Eine gute Möglichkeit, eine Lernkurve darzustellen, bietet das Erlernen des Morsealphabets für die Telegrafie (Abb. 5.1). Es erfordert etwa 40 Wochen, also fast zehn Monate.
>   Auch wenn dieses Alphabet nicht mehr in Gebrauch ist, bietet diese Übung ein sehr gutes Beispiel für dieses massierte Lernen, das heißt das ständige Wiederholen des Lernstoffes. Die Ergebnisse belegen einen raschen Anstieg der Leistung, gefolgt von einem Plateau, das als Ausdruck biologischer Grenzen interpretiert wird.

Das Gehen, das Schreiben, die Aussprache (Artikulation) fremdsprachiger Wörter erfordern Tausende Wiederholungen. Denken Sie einmal an die Zeit zurück, als Sie Autofahren lernen sollten. Als ich für eine meiner Seminararbeiten Schreibmaschineschreiben lernte, brauchte ich zwei Monate täglichen Übens. Die in Fleisch und Blut übergegangenen Bewegungen des Tänzers, des Piloten, des Fließbandarbeiters erfordern Millionen Wiederholungen. Ein Beispiel: In einer auf Kalender spezialisierten Druckerei in Rennes beträgt der Produktionsrhythmus durchschnittlich 7 000 Exemplare pro Stunde (zwischen 6 000

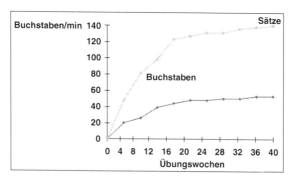

Abb. 5.1: Typische Lernkurve beim Auswendiglernen. Beispiel aus der Telegrafie (Senden von Buchstaben oder Sätzen) (nach Bryan & Harter, zitiert in Munn, 1956).

und 8 000). Wenn man weiß, dass die Arbeitswoche 39 Stunden umfasst und die Produktions„saison" sechs Monate, dann bedeutet das mehr als sechs Millionen Kalender pro Arbeitskraft pro Jahr. Wer diese Tätigkeit schon zehn Jahre (manche gar 20 Jahre) ausübt, hat die immer gleiche Abfolge von Bewegungen mehr als 60 Millionen Mal vollzogen. Übrigens tritt auch bei sportlichen Leistungen häufig nur dann ein sprunghafter Fortschritt ein, wenn eine neue Technik erfunden wird (Glasfaserstäbe für den Stabhochsprung, Fosbury-Flop beim Hochsprung); im gegenteiligen Fall erreichen die Leistungen eine Obergrenze (außer durch Doping) wie etwa beim 100-Meter-Lauf und beim Weitsprung. Sportliche Leistungen liefern ein sehr gutes Beispiel dafür, dass zum Erlernen sensomotorischer Aufgaben viel Zeit vonnöten ist; dies gilt beispielsweise auch für das Autofahren oder das Spielen von Musikinstrumenten.

„Auswendig"lernen Wiederholen ist also ein elementarer Mechanismus auf biologischer Ebene des Gedächtnisses, und als solches ist es häufig unumgänglich. Auch wenn das Auswendiglernen (durch Wiederholen, Einüben) im Lande Descartes' einen schlechten Ruf hat, gebührt ihm dennoch immer noch Wertschätzung.

Die Methode des verteilten Lernens

Eines der ersten von der frühen Lernpsychologie entdeckten Phänomene ist die Wirkung des verteilten Lernens: In den Lernprozess eingestreute Pausen führen im Allgemeinen zu besseren Lernergebnissen als das massierte Üben.

In einem Experiment mussten die Versuchspersonen kleine Zylinder durch Löcher in einen Behälter stecken. Die Forscher realisierten verschiedene Kombinationen aus Lern- und Ruhephasen. Zwei Gruppen lernten in Phasen von zehn Sekunden Dauer, zwei andere in 30 Sekunden langen Phasen; die Pausen währten ebenfalls zehn oder 30 Sekunden. Wie die Ergebnisse zeigten, ist die effektivste Lernphase die kürzeste (zehn Sekunden). Ebenso erzielt die längste Ruhephase (30 Sekunden) den größten Fortschritt, was nahelegt, dass bei einer Sorgfalt und Schnelligkeit erfordernden Aufgabe Erschöpfung eintritt.

Natürlich kann man das nicht zur generellen Regel erheben, denn alles hängt vom Charakter der Aufgabe ab. Im Allgemeinen gilt jedoch: Je schwieriger und neuartiger die Aufgabe ist und je mehr Aufmerksamkeit sie erfordert, desto kürzer müssen die Lerndurchgänge und desto länger die Pausen sein.

Dieselben Resultate erhält man in der Regel beim verbalen Lernen (Auswendiglernen). Zwei übergeordnete, sich ergänzende Hypothesen erklären die entsprechenden Phänomene. Zum einen ist dies die Erschöpfungshypothese (oder reaktive Hemmung): Letztlich hat das Lernen ein biologisches Substrat, und das Neuron verausgabt sich beim Lernen (Verlust von Ionen, Aminosäuren, RNS etc.), genau wie wir unsere Reserven im Verlauf der Woche aufzehren. Das erklärt die Notwendigkeit von Ruhephasen. Profirennradfahrer haben übrigens einen sehr anschaulichen Spruch dafür: „Man muss die Batterien wieder aufladen!" Die zweite Hypothese hat mit der Konsolidierung des Gelernten zu tun: Auf der Ebene der Neuronen und ihrer Verschaltungen benötigt es eine gewisse Zeitspanne (Austausch von Neurotransmittern, Entstehung von Zellfortsätzen, synaptischen Bläschen etc.). Legt man also Pausen ein, so erleichtert dies das Lernen. Ein sehr wichtiger Sonderfall ist der Schlaf, vor allem der REM-Schlaf, in dem man träumt. Tierexperimente ergaben, dass er für die Nachbearbeitung und Verfestigung des Gelernten im Gedächtnis unerlässlich ist (Leconte & Lambert, 1992).

Büffeln Büffelnde Schüler machen alles falsch! Man muss schrittweise und regelmäßig lernen und sich Ruhepausen gönnen („verteiltes" Lernen), vor allem genügend Schlaf. Ganz im Gegensatz zum „Pauken" („massiertes" Lernen im letzten Augenblick) sollte man sich vielmehr gut ausruhen und gut essen, wenn Prüfungen anstehen, um während der Prüfung Erschöpfungszustände zu vermeiden.

Wiederholung und Vergessensgeschwindigkeit: Die Busan-Methode

Seit den ersten Gedächtnisexperimenten des deutschen Psychologen Hermann Ebbinghaus im Jahr 1885 sind Tausende Studien über das Vergessen durchgeführt worden. Das Gedächtnis ist kein Rekorder, und Gelerntes wird vergessen, wenn es nicht wiederholt wird. Manche haben nach empirischen Regeln gesucht, die festlegen, in welchen Abständen das Gedächtnis einer „Auffrischung" bedarf (Busan-Methode). In Wirklichkeit aber gibt es hier kein allgemeingültiges Gesetz, sondern es hängt von zahlreichen Parametern ab, insbesondere vom jeweiligen Anspruchsniveau. Bestimmte prozedurale Erinnerungen beruhen auf Tausenden Übungsdurchgängen, und wünscht man sich ein hohes Leistungsniveau, ist tägliches Training erforderlich, vor allem für Musiker und Theaterschauspieler. Lehrer wissen aus Erfahrung, dass Lernstoff, obwohl er im Unterricht häufig behandelt wurde, vergessen wird, wenn er zwei oder drei Jahre nicht mehr durchgenommen wurde.

Die Geschwindigkeit des Vergessens hängt zunächst einmal von den Codes ab. Sensorische Codes sind zeitlich sehr anfällig. Als Nächstes kommt der lexikalische Code (Wort für Wort). Der Bildercode und der semantische Code sind langfristig am widerstandsfähigsten. Im Allgemeinen sollte man daher die semantische Codierung bevorzugen. Jedoch ist im Zusammenhang mit Wissen häufig das lexikalische Gedächtnis gefordert, etwa wenn es um Eigennamen, historische oder geografische Fakten geht (lexikalischer Code). Da die Kenntnisse (beispielsweise Schulstoff) in einer begrenzten Zeit erworben werden, lässt die Notwendigkeit, viele Informationen aufzunehmen, nicht viele Wiederholungen zu, weshalb jene rasch vergessen werden. Umgekehrt erlaubt die Begrenzung des Lernstoffs, diesen in derselben Zeit öfter zu wiederholen und daher weniger zu vergessen. Ein konkretes Beispiel liefert das Lernen anhand einer geografischen Karte.

In einem Experiment zeigten wir etwa 14-jährigen Schülern ein Dia mit einer Karte von Australien, die farblich in vier Regionen (Kategorien) untergliedert war. Wir teilten die Schüler in drei Gruppen ein, während die Karte in vier Kategorien unterteilt blieb. Doch je nach experimenteller Bedingung enthielt jede Kategorie zwei, vier oder sechs geografische Begriffe (Städtenamen), sodass sich eine Karte mit acht (vier Kategorien zu je zwei), 16 oder 24 Begriffen ergab. Die Ergebnisse unterschieden sich natürlich. Die Karte mit acht Begriffen wurde rasch gelernt, fast schon im dritten Durchgang, sodass die anderen Durchgänge ein Überlernen darstellten. Die Erinnerungsleistung nach einer Woche betrug 96 Prozent (7,7 erinnerte Wörter von acht), das entspricht einer Vergessensrate von nur vier Prozent. Die Karte mit 16 Begriffen wurde in vier Durchgängen gelernt, die beiden nächsten waren Überlernen; die Erinnerungsleistung nach einer Woche betrug 81 Prozent (13 von 16 Wörtern), also eine Vergessensrate von fast 20 Prozent, was trotzdem nicht schlecht ist. Im Gegensatz dazu war die Liste mit 24 Begriffen (oder Wörtern) zu umfangreich; die sechs Durchgänge reichten nur für das Lernen von durchschnittlich 21 Wörtern, und die Erinnerungsleistung nach einer Woche betrug 63 Prozent (15,2 Wörter), was einer Vergessensrate von nahezu 40 Prozent entspricht. Man sieht also, dass es sich nicht lohnt, zu viele Informationen zu lernen, da ein Großteil davon vergessen wird. Vorteilhafter ist es, sich wenige Elemente oder wenigstens eine optimale Zahl (vier Kategorien zu je vier Elementen sind für unser Gedächtnis ein *Optimum*, Kapitel 8) einzuprägen, wenn man das Erlernte dauerhaft behalten möchte.

Pauken Die letzte Bedingung entspricht in gewisser Weise dem „Pauken". Zum Zweck des kurzfristigen Behaltens kann man sich durchaus eine große Menge Information in den Kopf stopfen, will man etwas jedoch lange behalten, ist es besser, den Stoff zu begrenzen und ihn häufiger zu wiederholen.

Lernen durch Wiederholung Ein solches Lernen durch Üben sieht konkret aus wie in unserem Experiment. Es finden sechs Durchgänge statt: Ein Durchgang besteht in einer Darbietung des Lernstoffs (in diesem Fall von einer Minute Dauer) und einer freien Wiedergabe in beliebiger Zeit auf einer unbeschrifteten Karte; man muss also ein Heft mit sechs solchen Karten bereithalten. Schließlich folgt eine Woche später ein Gedächtnis„test" (auf einer unbeschrifteten Karte). Wäre die Schule wirklich ein Ort des Lernens, dann müsste man in der Praxis solche Verfahren anwenden. Häufig aber hält die Lehrkraft einen theoretischen Vortrag, und gelernt wird zu Hause. Das ist so, als würde der Fahrlehrer das Fahren lediglich demonstrieren und dann von den Fahrschülern verlangen, auf eigene Faust zu üben!

6

Das Wortgedächtnis und seine Funktionsweise

Inhaltsübersicht

1   Sensorische Erinnerungen: Das fotografische Gedächtnis ist eine Täuschung!

Viele Menschen glauben, unser Gedächtnis sei visuell; nicht wenige sprechen sogar von „fotografischem" Gedächtnis. Manch einer vertraut auf diese Überzeugung und stellt sich vor, er könnte sich Lehrbuchseiten mit ihren Farben und so weiter „fotografisch" einprägen. Das ist eine Täuschung, denn auch wenn es sehr wohl ein sensorisches Gedächtnis gibt, so ist es doch sehr kurzlebig und hält nur eine Viertelsekunde an.

Hier kommt ein kleiner Test, der Sie überzeugen wird. Besorgen Sie sich vier Filzstifte in Gelb, Grün, Rot und Blau. Schreiben Sie einen kurzen Satz oder ein bekanntes (leicht zu merkendes) Sprichwort auf ein Stück Papier, beispielsweise: „Sich regen bringt Segen." Aber schreiben Sie jeden Buchstaben nach dem Zufallsprinzip mit einem der vier Stifte, etwa so: gelb, grün, rot, blau, rot, grün. Bitten Sie einen Freund (oder eine Freundin), sich den Satz genau anzusehen (solange das Lesen dauert), und decken Sie das Blatt dann ab. Der Test besteht darin, sich an den Satz zu erinnern und ihn in der richtigen Farbabfolge niederzuschreiben. Ihr Freund windet sich vor Verlegenheit: Es ist unmöglich, sich an mehr als allerhöchstens zwei bis vier Buchstaben in der richtigen Farbe zu erinnern. Am lustigsten ist der Versuch in der Gruppe; legen Sie das Blatt mehreren Personen oder Ihren Kindern vor. Die Ergebnisse werden unterschiedlich sein; und das „r" in „regen" wird praktisch alle Farben gehabt haben.

Der Satz selbst dagegen wird problemlos erinnert. Es ist so: *Unser Gedächtnis ist nicht fotografisch, sondern speichert Wörter und Bedeutungen.*

Achtung, die Laborexperimente belegen zwar, dass wir über ein visuelles sensorisches Gedächtnis verfügen, doch hält es nur eine Viertelsekunde an. Im Übrigen bewegen sich unsere Augen dreimal pro Sekunde, und wenn das visuelle Gedächtnis länger anhielte, hätten wir den Eindruck, mehrere übereinandergelegte Bilder (die bei jeder Augenbewegung festgehaltenen Bilder) zu sehen. Wir sind also weit von dem sagenhaften „fotografischen visuellen Gedächtnis" entfernt, das die Forscher zur genauen Unterscheidung als „ikonisches Gedächtnis" bezeichnen. So gibt es andere kurzlebige sensorische Gedächtnisse, etwa das auditive (für Geräusche) oder das olfaktorische (für Gerüche). Denken Sie einmal daran, dass Sie, wenn Sie ein Parfüm für sich oder die Gattin suchen, mehrmals am selben Duftwasser schnuppern müssen, weil Ihr olfaktorisches Gedächtnis über einige Sekunden hinaus keine Spur von einem Geruchseindruck bewahrt.

Die eigentlichen Abläufe sind komplizierter. Die sensorischen Informationen werden in anderen spezialisierten Hirnarealen, sogenannten „Modulen", umgewandelt, neu codiert. Diese Module sind sozusagen spezialisierte „Bibliotheken", die in ihrer Gesamtheit das „Langzeitgedächtnis" bilden. Um der Einfachheit willen kann man sich zwei große Systeme vorstellen: das Kurzzeitgedächtnis, das beim Computer dem Arbeitsspeicher und dem Bildschirm entspräche (Abb. 6.1), und das Langzeitgedächtnis, quasi die Festplatte mit den einzelnen Dateien – Wörter, Bilder, Gesichter.

Im Gegensatz zum Computer enthält der menschliche Gedächtnisspeicher zwei Gedächtnisse für Wörter, eine für deren „Karosserie" (lexikalisches Gedächtnis) und eines für ihre Be-

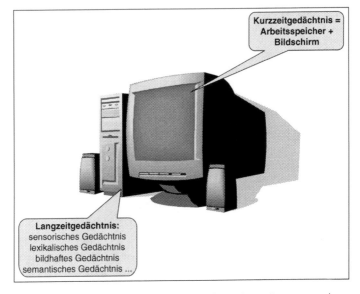

Abb. 6.1: Unser Gedächtnis ähnelt insofern einem Computer, als es ein „Kurzzeitgedächtnis" und ein „Langzeitgedächtnis" enthält.

deutung oder für Begriffe (semantisches Gedächtnis). Außerdem funktioniert das Gedächtnis, wie wir noch sehen werden, ein bisschen wie ein Computer, allerdings wie ein biologischer.

2 Das lexikalische Gedächtnis: Die „Karosserie" der Wörter

Die visuellen Formen (Schriftbild) oder der Klang von Wörtern (Phoneme) gelangen in ein Gedächtnis, das die Morphologie der Wörter, gewissermaßen ihre Karosserie enthält. Das ist das lexikalische Gedächtnis (vom griechischen *lexis* für „Redeweise", „Wort"). Dieser Prozess läuft so schnell ab (in etwa 300 Millisekunden), dass er nicht ins Bewusstsein tritt. Das lexikalische Gedächtnis ist eine Art Wörterbuch aller im Lauf des Lebens erworbenen Wörter. Ein Wort ist so etwas wie ein „Steckbrief", der Schrift- und Lautbild vereint. Das ist sehr praktisch, denn das gelesene oder gehörte Wort wird als identisch mit dem in diesem integrierten Gedächtnis abgelegten Wort erkannt. Gäbe es, wie manche glauben, ein visuelles Gedächtnis für gelesene Wörter und ein auditives für gehörte Wörter, so wäre das alles andere als praktisch. Denn dann befände sich ein gelesenes oder gehörtes Wort in zwei getrennten Gedächtnissen, und wir könnten nicht erkennen, dass es ein und dasselbe ist. Das Artikulationsprogramm ist andernorts angesiedelt (so kann man im artikulatorischen, vokalen oder lexikalischen Ausgangssystem englische Wörter lesen, ohne sie korrekt aussprechen zu können). Manche Pädagogen setzen das auditive mit dem vokalen System gleich, doch es handelt sich um zwei Systeme, die so verschieden sind wie das Mikrofon und der Drucker des Rechners (im Übrigen befinden sich die beiden Systeme nicht in denselben Kortexregionen).

Alles in allem enthält der lexikalische Speicher die Morphologie, die Karosserie der Wörter. Doch diese Morphologie stellt eine komplexe Integration mehrerer „Formate" dar. Wörter haben vier lexikalische Hauptaspekte, die man lernen muss: den grafischen/orthografischen, den auditiven/phonologischen, das Ausspracheprogramm (Vokalisation) und das Schreibprogramm (Gestalt). Die beste Lernmethode für unbekannte Wörter besteht demnach in vielfältigem Üben, Lektüre und Hören einerseits, Schreiben und Aussprechen andererseits, wie man es bei gemischten Lernverfahren gewöhnlich macht.

Allerdings ist die Phonologie wahrscheinlich wesentlich, denn die Sprache ist beim Kleinkind zunächst einmal ausschließlich oral. Zweifellos unterstützen aus diesem Grund phonetische Assoziationen oder Reime das Wortgedächtnis, wie verschiedene Mnemotechniken, etwa Abzählverse, zeigen.

Wir haben gesehen, dass das Gedächtnis vielschichtig ist und dass es zwei große Kategorien von Gedächtnissystemen gibt: das prozedurale Gedächtnis für motorisches Lernen (Gehen, Fahren, Klavierspielen etc.) und das deklarative Gedächtnis (Unterrichtsstoff, Wortschatz etc.). Bestimmte Lerninhalte wie Fremdsprachen könnten sich auf beide Systeme stützen. In der Tat beobachtet man häufig, dass der langjährige gymnasiale Unterricht zu korrekten Lektüreleistungen führt, aber zuweilen mit Schwierigkeiten beim Hörverständnis (etwa bei Filmen in Originalversion) und mit schwacher oder mäßiger Aussprache einhergeht. Die Aussprache wird in der Tat gesteuert von einem bestimmten motorischen Programm, dem Artikulationsprogramm, und das korrekte Aussprechen eines Wortes erfordert zahlreiche Wiederholungen, wie es typisch für ein Gedächtnis vom prozeduralen Typ ist. Sie können zig Mal erklärt bekommen, wie man das englische *th* ausspricht, wenn Sie es nicht Hunderte oder gar Tausende Male üben, werden Sie den korrekten Laut niemals hinbekommen.

Aus diesem Grund besteht die beste Lernmethode darin, in die Sprache einzutauchen, entweder in dem Land selbst (Praktikum, Urlaub) oder im Sprachlabor, wo man das Hören der Wörter (Phonologie des Wortes) und das Aussprechen der Wörter (Aufbau des Artikulationsprogramms) trainieren kann. Wahrscheinlich gibt es einen Feedback-Mechanismus (Korrektur- oder Regelmechanismus) zwischen dem Hören und dem Aussprechen. Das zeigt sich insbesondere darin, dass Hörbehinderte (vor der Erfindung spezieller Sprachen) nicht sprechen konnten, obgleich sie nicht stumm waren. Desgleichen deuten die verschiedenen Dialektfärbungen auf solche Regelkreise zwischen Hören und Artikulation hin. Übrigens sind Akzente kein spezifisches Merkmal von Kleinkindern; ich habe einmal einen Engländer, Französischlehrer von Beruf, getroffen, der mit einem erstaunlichen Marseiller Akzent sprach, weil er sich immer in dieser Region aufgehalten hatte. Dass das Erlernen des Vokabulars einer Fremdsprache immer prozedural geschieht, würde auch erklären, warum sich Kinder den Akzent schneller aneignen als Erwachsene, ohne dass dies mit dem Reichtum des Wortschatzes korrelieren würde.

Eine Methode, die nicht danach aussieht – das Schweigen

Was hat man nicht alles von Wiederkäuen, von papageienhaftem Nachplappern geredet? In der Tat scheint eine geläufige Beobachtung diese Praxis zu diskreditieren. Ein Schüler liest laut einen Text vor, er liest ihn perfekt, doch wenn man ihm hinterher Fragen dazu stellt, merkt man, dass er nichts verstanden hat: Er hat gelesen wie ein Papagei. Ebenso beobachtet man häufig, dass Kinder beim Lesen die Lippen bewegen. Dieses stumme Mitsprechen bezeichnen die Wissenschaftler als „Subvokalisation", und man hat erkannt, dass es fortwährend geschieht, ob bei der Lektüre oder im Verlauf des Einprägens. Der Erwachsene tut es ebenfalls, ohne sich dessen bewusst zu sein, doch hat er die Subvokalisation so sehr verinnerlicht, dass die Lippenbewegungen praktisch nicht zu sehen sind. Wozu dient das stumme Mitsprechen? Ist es der Überrest des lauten Lesens in der Schule oder ein nützlicher Memorierungsmechanismus? Zahlreiche Studien suchten diese Frage zu beantworten. Falls die Vokalisation keinen Zweck erfüllt, dürfte ihre Unterdrückung oder Hemmung die Gedächtnisleistung nicht beeinträchtigen. Die Ergebnisse sind aufschlussreich: Unterdrückt man die Subvokalisation beim Einprägen eines (gelesenen oder gehörten) Textes, etwa durch unaufhörliches Wiederholen von „lalalala", verringert sich die Wiedergabeleistung bei Wörtern oder die Anzahl der Antworten auf Fragen zum Text um etwa 40 Prozent. Andere Studien zeigten, dass die Subvokalisation sogar mehrere nützliche Zwecke erfüllt. Der wichtigste ist die Bildung eines regelrechten Zusatzgedächtnisses durch die Wiederholung einiger Wörter. Ohne sich dessen bewusst zu werden, bedienen Sie sich dieser „Gedächtnisstütze", wenn jemand Ihnen eine Telefonnummer oder das Datum eines Treffens nennt: Während Sie sich etwas zu schreiben suchen, wiederholen Sie die Zahlen still für sich. Doch dieses Wiederholen spielt eine weit wichtigere Rolle beim Verstehen der Sätze. Wenn ich beispielsweise den Satz lese: „Die Bank ist wirklich gut, bequemer als die, auf der ich gestern gesessen habe", dann muss ich bis zu dem Wort „bequemer" oder sogar „gesessen" lesen, um zu verstehen, dass eine Bank zum Sitzen und kein Geldinstitut gemeint ist. Nun hat das visuelle oder auditive Gedächtnis aber eine derart kurze Spanne (das auditive drei Sekunden), dass man den Satzanfang wiederholen muss, um sich in dem Moment, da man in seiner Mitte oder an seinem Ende angelangt ist, an den Beginn zu erinnern. Die Wiederholung erlaubt es demnach, bestimmte Schlüsselwörter des Satzes länger im Gedächtnis zu bewahren, egal ob er gelesen oder gehört wird. Übrigens hat man festgestellt, dass die Subvokalisation umso hilfreicher ist, je komplexer der Text ist.

Die Subvokalation bringt demnach großen Nutzen, und sie ist eine gute Methode, ob hörbar gesprochen wie beim Kind oder verinnerlicht wie beim Erwachsenen.

Das Zahlengedächtnis

Das Gedächtnis für Zahlen oder Nummern ist eine unserer Schwächen, außer bei bestimmten Menschen. Die Zahlen gehören zu einem besonderen lexikalischen System (oder besetzen andere Gedächtnisse wie bei bestimmten Rechenkünstlern) und werden leichter vergessen, weil alle Zahlen- und Nummernfolgen immer neue Kombinationen aus denselben zehn Ziffern von 0 bis 9 sind. Daraus ergibt sich ein wirksamer Vergessensmechanismus, die Interferenzen. Ein Beispiel: Eine Telefonnummer enthält die Ziffernfolge 3648, aber meine Buslinie trägt die Nummer 63 und meine Hausnummer lautet 68. Da sich die Zahlen aus denselben Ziffern in einer anderen Reihenfolge zusammensetzen, entsteht ein wahrer Mischmasch. Die gebräuchlichen Methoden sind Auswendiglernen in Paaren oder Dreiergruppen (Kategorisierung bevorzugen) oder Assoziationen herstellen, etwa Ziffergruppen durch Postleitzahlen ersetzen (aber dazu muss man diese kennen). An dieser Stelle waren die Mnemoniker mit ihrer Erfindung des Buchstaben-Zahlencodes und der daraus abgeleiteten Methoden (Teil I dieses Buches) sehr originell. Doch wenn diese Methoden wirklich funktionieren, setzen sie ein langes Training voraus, und in unserem elektronischen Zeitalter (Mobiltelefon und -computer) haben sie ohnehin ihren Nutzen verloren.

3   Auswendig lernen oder durch Verständnis lernen?

Ein intelligentes Gedächtnis!

Die Entdeckung eines neuen Gedächtnisses hat diese Sehweise revolutioniert. Es begann alles mit den Forschungen des Informatikers Ross Quillian und des Psychologen Allan Collins (Collins & Quillian, 1969), die in einer Computerfirma an einem Übersetzungsprogramm für Fremdsprachen arbeiteten. Ihre erste Idee war, ein Wort einer Fremdsprache mit seiner Entsprechung in der Muttersprache (durch Software) zu verknüpfen. Jedesmal, wenn der Computer im Text das Wort „Bank" findet, übersetzt er *bench*. Gut und schön, aber wenn der Satz lautet: „Ich muss heute noch zur Bank und Geld abheben" – ups! Sie können sich die Übersetzung vorstellen. Das passiert übrigens bei vielen Maschinenübersetzungen, die insbesondere im Internet oft zu urkomischen Lösungen gelangen. Die beiden Wissenschaftler kamen also auf die geniale Idee zu berücksichtigen, dass viele Wörter wie Bank, Krebs, Kessel und so weiter mehrere Bedeutungen haben, also polysem sind, und dass zwischen den Wortschatz der Fremdsprache und den der Muttersprache ein Bedeutungsübersetzer geschaltet werden muss. Dieser „Interpreter" wählt mithilfe von Kontextwörtern (Geld, abheben etc.) die richtige Bedeutung aus, die dann zur richtigen lexikalischen Einheit führt. In der Annahme, dass unser Gedächtnis von Natur aus so konzipiert ist, entdeckten Collins und Quillian das Bedeutungsgedächtnis und nannten es „semantisches Gedächtnis" (nach dem griechischen Wort *semios* für „Bedeutung").

Doch wie soll man sich die Speicherung von etwas so Abstraktem wie der Bedeutung vorstellen? Die Theorie beruht auf zwei Prinzipien. Das erste ist das der Kategorienhierarchie, wonach die Begriffe des semantischen Gedächtnisses hierarchisch geordnet sind. Sie bilden also eine nach zunehmender Allgemeinheit geordnete Baumstruktur: Kanarienvogel ist enthalten in Vogel, Vogel in Tier. Dem zweiten Prinzip der kognitiven Ökonomie zufolge werden nur die spezifischen Eigenschaften (oder semantischen Merkmale) gemeinsam mit den Begriffen einsortiert. Das Paradebeispiel von Collins und Quillian ist berühmt: Ein Kanarienvogel ist gelb, daher wird diese Eigenschaft zusammen mit dem Begriff „Kanarienvogel" eingeordnet, während die allgemeinen Eigenschaften wie „hat einen Schnabel", „hat Flügel" und so weiter mit dem Begriff „Vogel" abgelegt werden.

In diesem Modell ist das semantische Gedächtnis in Form einer sparsamen Baumstruktur organisiert. Das Verstehen kommt auf

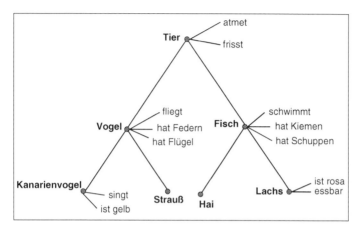

Abb. 6.2: Organisation des semantischen Gedächtnisses in einer Kategorienhierarchie (nach Collins & Quillian, 1969).

zwei Weisen zustande. Zum einen durch direkten Zugriff auf die bedeutungstragende Information: Beispielsweise weiß man, dass der Kanarienvogel gelb ist, weil die Information „gelb" gespeichert ist. Zum anderen durch Schlussfolgern: Fragt man beispielsweise, ob ein Kanarienvogel einen Magen besitzt, wird das semantische Netz aktiviert und findet, dass ein Kanarienvogel zu den Vögeln, also zu den Tieren gehört und somit über einen Magen verfügen muss. Die Information wird rekonstruiert, abgeleitet von in anderen Teilen der Baumstruktur enthaltener Information. Das Schlussfolgern ist eine Form des Denkens, nicht mittels formaler Logik, sondern gestützt auf ein Wissensnetz. Deshalb sind manche Forscher der Ansicht, dass die Intelligenz auf dem Gedächtnis beruht; je mehr Wissen dieses speichert, desto vielfältiger und korrekter sind die Schlüsse.

Hinweis: Das Schema in Abb. 6.2 enthält Wörter (Kanarienvogel etc.), doch in Wirklichkeit werden abstrakte Begriffe gespeichert, die eigentlichen Wörter hingegen im lexikalischen Gedächtnis.

Unser semantisches Gedächtnis ist nicht immer streng logisch aufgebaut, vor allem nicht beim Kind. Wörter sind häufig (durch Neuronennetze) miteinander verbunden, weil sie oft zusammen verwendet werden (blauer Himmel), austauschbar (schön, hübsch) oder im Gegenteil einander entgegengesetzt sind (heiß, kalt). Das sind die berühmten, von Aristoteles entdeckten und danach so häufig genutzten „Assoziationen".

Das semantische Gedächtnis: Verständnis für besseres Lernen

Das semantische Gedächtnis ist sicherlich das leistungsfähigste und dauerhafteste Gedächtnis, wie Sie feststellen können, wenn Sie einen Film oder ein eben zu Ende gelesenes Buch nacherzählen. So werden Sie zwar häufig merken, dass Sie sich nicht an den Wortlaut der Dialoge erinnern, sehr wohl aber deren Inhalt zusammenfassen können. Oft fallen einem sogar die Namen der Filmfiguren nicht mehr ein, sondern nur die Namen der sie verkörpernden Schauspieler oder ihre Funktion im Film – Geheimagent, Ehemann und so weiter. Und so erzählen Sie dann von dem Film: „Und wenn dann Bruce Willis …" oder „In diesem Augenblick kommt der Ehemann von …". Das lexikalische Gedächtnis steht mangels Wiederholung ein bisschen auf der Leitung (ein Hoch auf die Fernsehserien, in denen die Darsteller jede Woche wiederkommen), aber das semantische Gedächtnis hilft uns, das Wesentliche wiederzugeben. Das hat die Forschung eindeutig belegt.

Das Diagramm in Abb. 6.3 stammt aus einer experimentellen Studie der Amerikaner Fergus Craik und Endel Tulving (1975). Sie sagten den Versuchspersonen nicht, dass Wörter zu lernen waren, und gaben den verschiedenen Probandengruppen unterschiedliche Anweisungen.

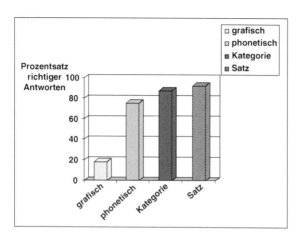

Abb. 6.3: Semantische Encodierung (Kategorie und Satz) gewährleistet die effizienteste Memorierung, visuelle Encodierung (Schriftbild) die am wenigsten effiziente.

Diese entsprachen (ohne Wissen der Teilnehmer) bestimmten Arten der Encodierung (Einspeicherung) in verschiedenen Gedächtnissen. In einer Gruppe führten sie grafische Encodierung herbei (visuelles Gedächtnis): Die Probanden sollten Wörter lesen und angeben, ob sie in Großbuchstaben geschrieben waren. Die Teilnehmer der „phonetischen" Gruppe sollten angeben, ob sich das Wort auf ein als Modell vorgegebenes Wort reimte (lexikalisches Gedächtnis). In den beiden anderen Gruppen wurde eine Encodierung im semantischen Gedächtnis herbeigeführt. Die eine Gruppe sollte die Wörter in Kategorien einordnen: „Ist das Wort ein Fisch?" (oder etwas anderes bei einem anderen Wort der Liste). Die andere sollte die Testwörter eingebettet in einen Satz beurteilen: „Passt das Wort in den Satz?" (Beispiel für „Freund": „Er trifft einen ... auf der Straße.")

Auf der Liste befanden sich genau gleich viele Wörter mit einer bejahenden und einer verneinenden Antwort. Nach der Aufgabe (die in allen Gruppen gleich lange dauerte) kam ein für die Versuchspersonen unerwarteter Test des Wiedererkennens. Damit zielt man auf das implizite Gedächtnis, das heißt auf beiläufig und nicht bewusst abgespeicherte Gedächtnisinhalte (die Probanden werden zuvor nicht davon in Kenntnis gesetzt). Abb. 6.3 zeigt die prozentualen Anteile wiedererkannter Wörter in Abhängigkeit von der Anweisung im Encodierungsdurchgang.

Ergebnis: Die Leistungen zeigen eine außerordentliche Bandbreite zwischen 20 und 95 Prozent je nach experimenteller Aufgabe. Diese Resultate lassen sich mithilfe der Theorie der Verarbeitungstiefe deuten: Je mehr Analyse, Interpretation, Vergleich und Ähnliches in der Informationsverarbeitung stattfinden, desto besser prägt sich die Information im Gedächtnis ein. Dabei reichen die verschiedenen „Verarbeitungsstufen" von der sensorischen und lexikalischen Ebene bis zur semantischen, der leistungsfähigsten Ebene. Jede Anweisung oder Aufgabe stößt eine Encodierung (Verarbeitung) auf einem mehr oder weniger hohen Niveau an. Die visuell-grafische Encodierung ist nicht sehr leistungsfähig, weil unser visuelles sensorisches Gedächtnis zeitlich sehr instabil ist; es hält nur eine Viertelsekunde an. Die phonetische Encodierung führt zu einer recht effizienten Speicherung, denn die phonologische Umcodierung erlaubt eine lexikalische Speicherung. Und die semantische Encodierung ist die wirksamste Form von allen: Das Einordnen in eine Kategorie und das Einfügen in einen Satz sind gleichwertig, was in beiden Fällen für eine semantische Verarbeitung spricht.

Bei meinen Vorträgen, in denen ich dieses Experiment schildere, höre ich häufig den Einwand, die Erinnerungsleistung sei vielleicht deshalb schwach, weil die Versuchspersonen nicht im Voraus wussten, dass sie die Wörter später reproduzieren sollten. Diesem Einwand begegne ich mit dem experimentell belegten Umstand, dass die Anweisung, sich die Wörter einzuprägen, nicht viel ändert.

Man bietet den Versuchspersonen auf einem Bildschirm eine Liste von vier Kategorien mit je vier Wörtern (beispielsweise Nutztiere, Früchte etc.) dar, und zwar alle zwei Sekunden ein einzelnes Wort. Jedes erscheint in einer von sechs Farben (rot, grün, blau etc.), wobei man Entsprechungen von Farbe und Begriff vermeidet (das Wort „Zitrone" etwa ist rot oder blau). Die Probanden müssen sich die Wortliste der

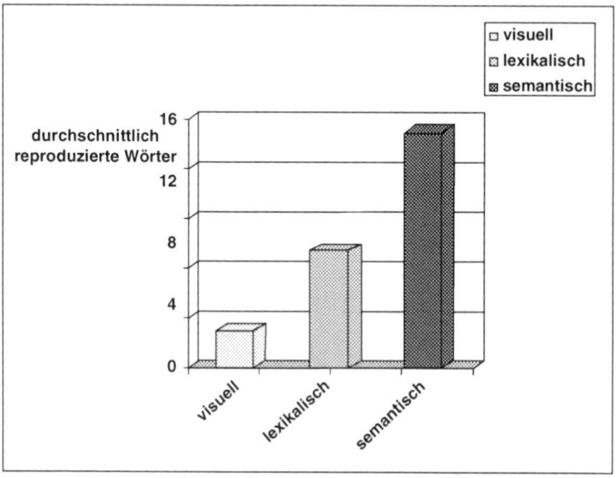

Abb. 6.4: Die wirksamste Form der Speicherung ist die semantische Kategorisierung; die Visualisierung (Farbe) ergibt die schlechtesten Resultate.

folgenden Anweisung gemäß einprägen: „Lernen Sie die Wörter zusammen mit ihrer Farbe" (zu beachten ist, dass man den Versuchspersonen vorher nicht sagt, dass die Wörter Kategorien zugeordnet sind); das ist die experimentelle Bedingung „Farbe". Dann sollen die Probanden die Wörter inklusive Farbe wiedergeben. Danach führe ich das Experiment mit einer ähnlichen Liste (aber anderen Wörtern) nochmals durch und gebe eine andere Anweisung, genannt die „kategoriale": „Sie haben vielleicht bemerkt, dass in der ersten Liste die Wörter nach Kategorien geordnet waren; achten Sie dieses Mal nicht auf die Farben, sondern prägen Sie sich die Wörter nach Kategorien ein."

Der Wiedergabetest führt zu frappierenden Resultaten (Abb. 6.4): Unter der Anweisung „Farbe" werden von den 16 Wörtern der Liste im Durchschnitt nur zwei mit der richtigen Farbe reproduziert. Das entspricht also einer sehr schwachen Leistung und erhärtet ein weiteres Mal die Befunde aus zahlreichen Laborexperimenten, wonach unser visuelles Gedächtnis sehr schlecht ist. Hingegen liegt die Erinnerungsleistung bei den Wörtern selbst (ob mit oder ohne der richtigen Farbe) mit etwa sieben deutlich darüber; sie werden dank des lexikalischen Gedächtnisses wiedergegeben. Umgekehrt hat die „kategoriale" Anweisung eine ausgezeichnete Leistung zur Folge, nämlich 15 Wörter von 16, somit eine Trefferquote von 95 Prozent. In diesem Fall erfolgt eine Speicherung im semantischen Gedächtnis (unter Mitwirkung eines Zusammenfassungsmechanismus; siehe unten). Das semantische Gedächtnis ist demnach das leistungsstärkste, das sensorische das leistungsschwächste.

Der subjektive Eindruck mancher Menschen, sie würden „visuell" besser lernen, ist falsch; in Wirklichkeit bedienen sie sich unbewusst der leistungsfähigen semantischen Encodierung. Heben sie beispielsweise Überschriften farbig hervor, dann ist dabei die Kategorisierung durch Titel am Werk und nicht das Markieren mit Farbe. Plant man eine Unterrichtseinheit, dann wirkt dabei nicht die für die Strukturierung erforderliche Visualisierung, sondern das mehrmalige Lesen des Materials (Wiederholung) und dessen Gliederung (Kategorisierung). Die Kategorisierung kann auch phonetisch erfolgen (Wörter durch Reime oder nach demselben Anfangsbuchstaben ordnen) oder visuell (bildhaft), indem man beispielsweise die Objekte (falls möglich) nach äußerer Ähnlichkeit (runde, eckige) oder Farbe zusammenfasst. Die bei Weitem wirksamste Methode jedoch ist die semantische Kategorisierung.

Besseres Lernen erreicht man demnach durch besseres Verständnis! Mehrere Methoden sind möglich: Man achtet beim Lesen aufmerksam auf den Sinn, man erstellt eine Zusammenfassung oder verwendet Synonyme, was einen zwingt, semantisch zu encodieren.

Das Gedächtnis: Eine Folge von Episoden

Der kanadische Psychologe Endel Tulving von der Universität Toronto wollte den für das Wiedererkennen typischen Eindruck des Déjà-vu erklären und hat dazu die Theorie des „episodischen Gedächtnisses" (1972) vorgelegt. Seiner Hypothese zufolge wird jedes Mal, wenn ein Wort, etwa „Schiff", gelernt wird oder wenn man ein Schiff in einem Hafen erblickt, dieser Begriff zum Gegenstand einer neuen Episode in einem besonderen Gedächtnis, eben dem episodischen Gedächtnis. Erinnert man sich nun daran, dass das Wort „Schiff" beispielsweise in diesem Abschnitt vorkam, dann wird damit diese spezielle Episode aktiviert.

Als junger Forscher war ich sofort begeistert von dieser Theorie. Allerdings stieß sie bei den Verfechtern der klassischen Theorie auf heftigen Widerstand. Deren Überzeugung nach baute sich das Gedächtnis aus durch Wiederholung verstärkten Assoziationen auf: beispielsweise Biene (Honig), Vogel (Kanarienvogel). Allerdings gelangte ich im Laufe meiner eigenen Forschungen zu der Ansicht, dass das episodische Gedächtnis keine eigene Gedächtnisart bildete, und meine experimentellen Ergebnisse ließen sich besser erklären, wenn ich davon ausging, dass die Episoden im semantischen Gedächtnis gespeichert werden. Diese Theorie der Ineinanderschachtelung von Episoden im semantischen Gedächtnis vereinigte im Übrigen die Theorie des semantischen Gedächtnisses mit der klassischen Theorie: Sehe ich beispielsweise in einem Dokumentarfilm einen orangefarbenen Kanarienvogel, dann wird diese neue Episode mit „Kanarienvogel" im semantischen Baum der Tiere auf der Ebene des Oberbegriffs „Kanarienvogel" eingeordnet. Dieses Bild erweitert die Bedeutung von Kanarienvogel, lehrt mich aber auch, dass Kanarienvögel nicht zwangsläufig immer gelb sind.

Da ich mich für das schulische Lernen interessierte (während Tulving sich eher mit der Pathologie des Gedächtnisses beschäf-

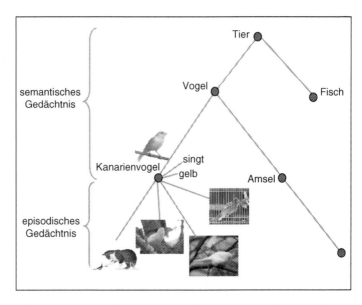

Abb. 6.5: Theorie der Ineinanderschachtelung von Episoden im semantischen Gedächtnis (Lieury, 1979, 1997; Bild links unten: © iStockphoto).

tigte), stellte ich zugleich die Hypothese auf, dass das semantische Gedächtnis beim Kind durch Abstraktion aus ähnlichen Episoden aufgebaut wird. Was ist beispielsweise für ein Kind die erste Kanarienvogel-Episode? Häufig ist das Tweety, der kleine gelbe Kanarienvogel aus *Tweety und Sylvester*, und das Kind hat ihn im Fernsehen gesehen. Später jedoch wird dieses Kind noch andere Episoden speichern, einen Kanarienvogel in einem Bilderbuch, einen Kanarienvogel in einem Zoogeschäft, einen anderen in einem Tierfilm und so weiter (Abb. 6.5). Schließlich extrahieren zerebrale Abstraktionsprozesse die Gemeinsamkeiten all dieser Episoden und bilden daraus den Oberbegriff „Kanarienvogel". So haben Sie zweifelsohne ganz nebenbei bemerkt, dass die Definitionen von Erwachsenen und Kindern nicht deckungsgleich sind. Zu „Kanarienvogel" wird Ihnen ein Erwachsener in Gattungsbegriffen antworten und die allgemeinen Eigenschaften nennen: „Das ist ein Vogel, klein und gelb." Ein Kind hingegen wird eine Episode schildern: „Pah, weißt du, das ist Tweety."

Derselbe Mechanismus ist auch bei Erwachsenen am Werk, wie die folgende Anekdote zeigt. In einem Fernsehinterview[1] geriet die Schauspielerin Diana Rigg, die in *Mit Schirm, Charme und Melone* die Emma Peel spielte, ziemlich in Verlegenheit, als ein Journalist sie fragte: „Welches ist Ihre Lieblingsepisode?" Antwort: „Ich habe sie schon so lange nicht mehr gesehen. Für mich ist es, als wären sie zu einer einzigen Episode verschmolzen. Von den ältesten erinnere ich mich noch gut an *Die Roboter*. Das war eine der allerersten, ich hatte Lampenfieber, deshalb erinnere ich mich noch daran. Was die übrigen angeht, muss man wissen, dass wir alle zehn Tage eine Episode gedreht haben und dass sogar die Drehbücher perfekt waren. Sie waren alle aus einem Guss, deshalb ist es schwierig, eine bestimmte Episode hervorzuheben." Wahrscheinlich kommen aus diesem Grund hauptsächlich nur Erinnerungen mit starker emotionaler Tönung an die Oberfläche. Das Leben ist ein großer Fortsetzungsroman; unser Gedächtnis verschmilzt die Episoden miteinander und verallgemeinert dieses „Material" zu Abstraktionen, eben den uns vertrauten Wörtern, Gesichtern und Orten.

Aus dieser Hypothese der Begriffsbildung durch Abstraktion aus Episoden lässt sich eines logisch ableiten: Um Begriffe zu lernen, muss man die Episoden vervielfachen. Ich habe diese neue Methode „multiepisodisches Lernen" genannt (Lieury, 1997). Alles in allem stärkt das übliche Auswendiglernen lediglich das lexikalische Gedächtnis, während man zum Lernen von Bedeutungen, zum Aufbau des semantischen Gedächtnisses, die Episoden vervielfachen müsste. In Zusammenarbeit mit zahlrei-

---

[1] Interview mit Diana Rigg, Sendung *Continentales*, France3, 11. August 1992.

chen Lehrkräften habe ich dieses multiepisodische Lernen in verschiedenen Forschungsprogrammen mit Schülern verschiedener Klassenstufen von der Grundschule bis zum Gymnasium getestet. Je nach Klasse können die Episoden variieren – Unterricht, Übungen, praktische Arbeit, Dokumentationsrecherchen, Ausflüge in die Natur und so weiter.

Im folgenden Experiment ging es um eine Mikrobiologie-Unterrichtseinheit für das Fachabitur in Landwirtschaft. Thema der ausgewählten Einheit war die Bakterienzelle, und im Experiment wurden mehrere Klassen verglichen. Zwei erhielten Unterricht nach dem Prinzip des multiepisodischen Lernens (Experimentalgruppe), und zwei wurden von einer anderen Lehrkraft in herkömmlicher Weise unterrichtet (Kontrollgruppe). Die experimentelle Bedingung setzte sich aus vielfältigen, möglichst unterschiedlichen Episoden zusammen – Unterricht, praktische Arbeit mit Bakterienkulturen, mit Zellfärbetechniken, Videos, Übungen und so weiter. Das Lernprogramm erwies sich als effektiv, denn die Ergebnisse zeigten in der Experimentalgruppe einen bedeutenden Fortschritt zwischen Vor- und Nachtest; die Erfolgsquote erhöhte sich von 8,28 auf 13,16. Im Vergleich zum Wert der Kontrollgruppe von 5,66 im Nachtest vom Juni entspricht dies einer Leistungssteigerung von 130 Prozent. Ein guter Unterricht und ein gutes Lehrbuch reichen also nicht aus; erfolgreiches Lernen erfordert mehrere Durchgänge, auch um Bedeutungen zu erfassen (semantisches Gedächtnis). Die Semantik wird also gelernt, aber nicht durch wiederholendes Lernen (der lexikalischen Einheit), sondern durch Lernen vielfältiger Episoden, die jeweils einen Bedeutungsaspekt enthalten.

Mit dem Gedächtnis verhält es sich ein bisschen wie mit *Desperate Housewives*. Sie erinnern sich nicht genau, welche Folge in welcher Staffel lief, doch nach und nach nehmen die Figuren Gestalt an, und Sie können den Charakter von Susan oder Lynette abstrakt, ohne Bezugnahme auf eine bestimmte Folge beschreiben. Die Abstraktionsfähigkeiten Ihres Gehirns haben die Episoden in den Mixer geworfen und eine Semantik der Figuren erzeugt.

Welches Lernen ist nun besser: Auswendiglernen oder durch Verständnis lernen? Beides, meine Herrschaften! Ebenso wie Wörter vorwiegend in zwei Gedächtnissen – eines für ihre Karosserie und eines für ihre Bedeutung – gespeichert werden, folgt aus diesen Forschungsergebnissen, dass es zwei Arten von Lernen gibt. Das Auswendiglernen ist die treibende Kraft des lexikalischen Gedächtnisses und das multiepisodische Lernen die des semantischen.

Ohne sich auf die Theorie des episodischen Gedächtnisses zu beziehen, äußerten andere Forscher dieselbe Vermutung: Begriffe könnten erworben werden durch die Wiederholung von Wörtern, die beim Lesen in unterschiedlichen Zusammenhängen auftauchen (Nagy & Anderson, 1984). So zeigte eine Studie von Jenkins und Dixon (1983), dass ein Begriff in kurzen Texten umso besser verstanden wird, in je mehr unterschiedliche Kontexte er eingebettet wird. Mindestens sechs verschiedene Zusammenhänge sind nötig, damit sich der Bedeutungsraum spürbar erweitert.

Lesen gilt keineswegs mehr als banale Tätigkeit, es ist vielmehr die schnellste und ökonomischste Methode des Wortschatzerwerbs. In unserer Multimediazeit muss man zur Lektüre noch Fernsehdokumentarfilme und Internetrecherchen als neue Lernepisoden hinzufügen. In seiner Gesamtheit macht all dies offensichtlich eine Betrachtungsweise aus, die den künstlichen Methoden des 19. Jahrhundert diametral entgegengesetzt ist.

7

Das Bildgedächtnis und seine Funktionsweise

Inhaltsübersicht

1   Das Bildgedächtnis: Bilder wie in einem Computerspiel

Wie bereits verschiedene Autoren der Antike bemerkten, gibt es eine andere wichtige Form der Gedächtnisrepräsentanz, nämlich geistige Bilder oder das bildhafte Gedächtnis. Doch entgegen dem Anschein sind diese Bilder keine „Fotos" der Realität, sondern vielmehr virtuelle, großenteils „konstruierte" Bilder. So hat man in dem Test mit dem farbig geschriebenen Sprichwort (Kapitel 6, Abschnitt 1) den Eindruck, den Satz vor dem geistigen Auge farbig zu sehen, doch fragt man sich nach der Farbe jedes Buchstabens, merkt man, dass dies eine Täuschung ist. Daher rühren beispielsweise die Irrtümer von Augenzeugen. Nichtsdestotrotz existieren die Bilder von Gegenständen, Tieren und Pflanzen sehr wohl, aber in virtueller Form. Wir können uns also ganz leicht ein Schiff vorstellen, doch das ist kein bestimmtes Schiff, sondern eine Abstraktion aus Dutzenden oder Hunderten Schiffen, die wir in der Realität, auf Zeichnungen, Fotos oder in Filmen gesehen haben. Manche Forscher schätzen die Zahl der Bilder in unserer virtuellen Bildergalerie auf 30 000 bis 50 000.

Zahlreiche Studien belegen, dass vertraute Bilder besser erinnert werden als die zugehörigen Wörter (also das Bild einer Schildkröte eher als das Wort „Schildkröte"). Die Erklärung für dieses Phänomen ist jedoch nicht so einfach. Man könnte beispielsweise zunächst einmal meinen, dass Bilder besser erinnert werden, weil sie mehr Details und Farben aufweisen. Doch nein! Forschungen zeigen, dass einfache Konturen in Schwarzweiß ebenfalls funktionieren, zuweilen sogar besser. Die Erklärung fanden ein französischer und ein kanadischer Forscher, Paul Fraisse und Allan Paivio: die Theorie der dualen Codierung. Bilder profitieren im Gedächtnis von einer zweifachen Codierung: Das Bild eines Elefanten wird als bildliche Repräsentation im bildhaften Gedächtnis gespeichert (erste Codierung), aber zusätzlich im lexikalischen Gedächtnis (zweite Codierung) sprachlich benannt (man sagt im Geist: „Das ist ein Elefant"). Wörter hingegen werden meistens nur einfach, nämlich verbal codiert. Aus dieser Theorie folgt etwa, dass eine zu schnelle Darbietung von Bildern deren Vorteil gegenüber Wörtern aufhebt. Desgleichen ist eine verbale Codierung für unverständliche Bilder unmöglich.

Auf das Bild zu setzen, entsprach daher von der Antike bis zur Renaissance im Großen und Ganzen einer guten Vorahnung. Das Bild liegt also ganz zu Recht mehreren Methoden zugrunde, wie wir in den folgenden Kapiteln sehen werden. Neuere Studien belegen jedoch, dass die bildhafte Speicherung zwar effektiv ist, aber nicht so spontan geschieht, wie man gewöhnlich glaubt. Das Auge sieht nur in einem Winkel von zwei bis vier Grad scharf (Lieury, 2011), sodass der Blick in ruckartigen, nicht immer systematischen Augenbewegungen (Sakkaden) nachgeführt werden muss. Das Bild muss also abgetastet, die wichtigen Einzelheiten müssen nacheinander in den Mittelpunkt gerückt werden. Schließlich wird im Gegensatz zur üblichen Meinung das Bild nicht besonders effektiv gespeichert, es sei denn, es wird zweifach codiert, bildlich und sprachlich. Die Teile des Bildes oder Diagramms müssen demnach für eine nachhaltige Speicherung bezeichnet werden (Wörter, Legenden), wie das Beispiel Fernsehen beweist.

* Das Auge erfasst ein Bild, einen Text, eine Landschaft nicht als Panorama. Es muss das Bild abtasten, analysieren.

* Das Bild hat als solches keinen Wert; es muss bezeichnet werden, damit es gut im Gedächtnis haftet (duale Codierung).

2   Unterstützen Bilder das Memorieren?

Eignet sich das Fernsehen als Lernhilfe?

Dass es zwei große Arten von Gedächtnisrepräsentanzen gibt – Wörter und Bilder –, führt in der Praxis zu breitgefächerten Darbietungsweisen von Wissensinhalten. Wörter können in drei verschiedenen Formen erscheinen: visuell (als Schriftbild wie in einem Buch), auditiv (als Wortklang wie im Radio) oder beides zugleich, audiovisuell. Da aber Wissensinhalte in drei Kategorien fallen können – Wort, Wort + Bild, Bild –, erhält man sieben Darbietungskombinationen (Tab. 7.1).

In einer Studie mit fast 100 Schülern der Sekundarstufe I (12 und 13 Jahre alt) verglichen wir diese sieben Darbietungsweisen von Sachverhalten anhand von Fernsehfilmen der Sendereihe *E=m6* des französischen Privatsenders M6 beispielsweise über den Auftrieb oder das Hören. Die Gedächtnisleistung erfassten wir mit einem Multiple-Choice-Fragebogen. Wie die Ergebnisse zeigen, sind die wirksamsten Darbietungsformen das Lesen eines einfachen Textes sowie eines Lehrbuchs (die Werte sind statistisch gesehen gleich; Tab. 7.1).

Das verblüffendste Ergebnis ist jedoch, dass Fernsehen ohne Ton völlig verpufft; der Punktwert beträgt 0. In der Tat bringt das Bild des Dokumentarfilms ohne verbalen Kommentar (ohne duale Codierung) keinerlei wiederverwendbare Information. Man sieht beispielsweise einen Paläontologen einen Knochen abbürsten, weiß aber weder, ob er von einem prähistorischen Menschen oder einem Tier stammt, noch, aus welcher Zeit. Diese Ergebnisse haben viele Forscher bestä-

Tab. 7.1: Wirksamkeit von sieben Darbietungsweisen eines Sachverhalts (Lieury, Badoul & Belzic, 1996)

Textformat	Wort	Bild + Wort	Bild
visuell	Lektüre 38 %	Lehrbuch 34 %	Fernsehen ohne Ton 0 %
auditiv	mündlicher Unterricht 24 %	Fernsehen 11 %	
audiovisuell	mündlicher Unterricht + Tafel 27 %	Fernsehen mit Untertiteln 20 %	

tigt: Das Bild allein ist nur dann einprägsam, wenn es vertraut ist (etwa ein Bär, ein Vulkan und dergleichen). Die Theorie der dualen Codierung erklärt das einwandfrei. Damit das Bild von Nutzen ist, muss es in bildlicher, aber auch in sprachlicher Form codiert werden. Ist das Bild vertraut, geschieht die duale Codierung automatisch (man sagt im Geist: „Das ist ein Bär"). Im gegenteiligen Fall (Neuheit, wissenschaftlicher Artikel etc.) benötigt es eine Legende (duale Codierung). Die Theorie der dualen Codierung erklärt zahlreiche Forschungsergebnisse im Multimediabereich.

Zudem erklärt sich der Umstand, dass Fernsehen weniger bringt als Lesen, sowohl dadurch, dass die Orthografie komplexer Wörter (und Eigennamen) dort keine Rolle spielt, als auch dadurch, dass der Fernsehzuschauer weder Einfluss auf die Darbietungsgeschwindigkeit hat, noch zurückblättern kann wie beim Buch. Die Nachhaltigkeit einer Fernsehdokumentation ließe sich also sehr gut dadurch steigern, dass man das Bild zur Einführung neuer Begriffe mit Untertiteln versieht, was aber nur selten gemacht wird.

Multimedia macht Lesen nicht überflüssig

Dank des Computers ist die duale Codierung (bildlich und verbal) auf mehrere Weisen möglich: Untertitel, Legenden, Sprechblasen, Pop-ups.

Der Psychologe Richard Mayer befasste sich als einer der Ersten mit diesem neuen Modus der Informationsdarbietung. Er untersuchte die Wirkungen der neuen Technik mit zahlreichen Experimenten. Diese bestätigen die Einprägsamkeit des Bildes, doch vorwiegend unter der Bedingung eines Kontiguitätseffekts: Bild und Text müssen in räumlicher und zeitlicher Nähe zueinander auftreten (was die duale Codierung des Bildes erst erlaubt). So setzte Mayer das physikalische Prinzip der Luftpumpe bildlich so um, dass die verschiedenen Phasen des Pumpvorgangs mit Druckaufbau und Druckverlust auf einem Bildschirm abliefen.

Wird die Behaltensleistung mittels verbaler Wiedergabe getestet (Abb. 7.1), liegen duale (Bild + Wort) und verbale Darbietung vorn, aber gleichauf, als ob das Bild keinerlei Nutzen brächte. Stellt man dagegen Fragen zu ähnlichen Problemen, erweist sich die doppelte Darbietung (Bild + Wort) als am wirksamsten. Multimedia und neue Technologien bringen daher ein Plus für das Lernen und Verstehen, weil sie Bild und sprachliche Erläuterung verbinden. In unserer von Bildern geprägten Zivilisation dürfen die Wörter nicht „ausrangiert" werden, sie bleiben wesentlich für das Verständnis.

Text und Illustration: Vom Comic zur geografischen Karte

Wann also sind Bilder, sprich Illustrationen, nützlich? In unserem obigen Experiment mit den „sieben Zugängen" ergab das bebilderte Lehrbuch keine besseren Resultate als der Text allein

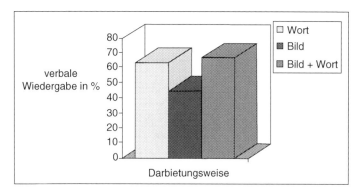

Abb. 7.1: Leistungsfähigkeit einer dynamischen (bewegten) Darbietung auf dem Bildschirm: Für eine gute Erinnerungsleistung ist Text nötig (nach Mayer & Anderson, 1991).

(Lesen), wahrscheinlich weil viele Dokumente abstrakt waren (etwa zum Auftrieb). An dieser Stelle ist der Vergleich von Studien nützlich, da sich die verwendeten Vorlagen und Illustrationen unterscheiden. So zeigten Howard Levie und Richard Lentz von der Universität von Indiana in ihrer bemerkenswerten Metaanalyse von 155 Studien, dass Abbildungen nur dann wirksamer sind, wenn sie sich auf den Text beziehen.

In all diesen Untersuchungen kamen jeweils andere Vorlagen zum Einsatz; sie reichten von Kinderbüchern (*Rupert Bär*) bis zu Schulmaterialien. Ebenso breit gefächert war das Alter der Testpersonen; es reichte von neun Jahren bis zur gymnasialen Oberstufe (15 bis 18 Jahre). Wie die Ergebnisse zeigen, erwiesen sich in der Mehrzahl der Studien die Illustrationen als wirksam. Jedoch gilt es nach Verhältnis von Darstellung und Text (Abb. 7.2) zu unterscheiden. Abbildungen sind effektiv, wenn sie die Informationen im Text darstellen. Dienen sie dagegen rein ästhetischen Zwecken, zeigen sie gegenüber dem Text allein praktisch keinen Nutzen (+5 Prozent).

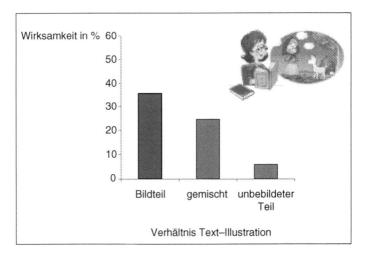

Abb. 7.2: Abbildungen in Büchern sind im Allgemeinen nützlich, wenn sie eine Textpassage illustrieren; als bloßes schmückendes Beiwerk sind sie es nicht (nach Levie & Lentz, 1982, Metaanalyse von 155 Experimenten mit 7 000 Probanden).

Betrachten wir einige Beispiele und einige Extremfälle. Im Allgemeinen ging es in diesen Studien um Kinder und um konkrete Texte. Beispielsweise bringen witzige Zeichnungen in Comicmanier nur geringen Nutzen (+11 Prozent), da sie lediglich der Verzierung dienen. Dagegen beträgt der Behaltensgewinn durch Diagramme in Biologie 28 Prozent. Den Rekord hält der Montageplan für ein Spielzeug. Seine Effektivität erreicht 400 Prozent (das entspricht einer Vervierfachung) beim realen Zusammenbau (Stone & Glock, 1981, zitiert in Levie & Lentz). In der Tat: Versuchen Sie doch einmal, ein Lego-Raumschiff ohne Anleitung zusammenzubauen!

Darüber hinaus können Illustrationen leseschwachen Kindern helfen (+35 Prozent gegenüber 19 Prozent bei den guten Lesern), und sie fördern das Verständnis bei mehrdeutigen Texten

(+55 Prozent). Schließlich belegen die Studien einen höheren Nutzen von Abbildungen auf lange Sicht. Das ist das bemerkenswerte Ergebnis der Studie von Peeck (1974, zitiert in Levie & Lentz) mit *Rupert Bär*-Büchern bei neun- bis zehnjährigen Kindern. Während bei unmittelbarer Wiedergabe der Geschichte die Illustration nur einen vernachlässigbaren Nutzen zeigt (+10 Prozent), erzielt sie einen Tag später ein Plus von 60 Prozent und eine Woche später eines von 80 Prozent. Es lebe der Comic!

8

Das Kurzzeitgedächtnis und seine Funktionsweise

Inhaltsübersicht

1 Das Kurzzeitgedächtnis: Eine sensationelle Entdeckung!

Das Kurzzeitvergessen: Achtung, schon wieder weg!

In Radiosendungen, bei denen die Hörer anrufen und Fragen stellen können, taucht eine Frage immer wieder auf: „Es passiert mir manchmal, dass ich in einen Raum gehe und nicht mehr weiß, was ich dort wollte. Habe ich Alzheimer?" In der Tat kommt so etwas recht häufig vor. Sie betreten ein Zimmer, um ein Buch oder etwas anderes zu holen. Das Telefon klingelt, Sie gehen ran und … Mist, Sie haben vergessen, warum Sie in dieses Zimmer gegangen sind! Oder Sie möchten in einer Unterhaltung mit Freunden etwas sagen und in dem Augenblick, in dem sich die Blicke auf Sie richten … Blackout, Sie haben den Faden verloren! Keine Panik, dieses kleine Missgeschick stößt Menschen in jedem Alter zu, insbesondere Studenten vor dem Betreten des Prüfungsraums. Dieses Problem hat mit einem zumeist verkannten Gedächtnis zu tun, dem Kurzzeitgedächtnis. Verkannt deshalb, weil es, gemessen an dem Umstand, dass man sich seit der Antike, also seit 2500 Jahren für das Gedächtnis interessiert, erst vor Kurzem entdeckt wurde. Erst in den 1960er Jahren hat man nachgewiesen, dass es ein langfristiges Gedächtnis (die Bibliothek der Wörter, Bilder und Erinnerungen) und ein kurzfristiges Gedächtnis gibt, dessen Spanne nur wenige Sekunden (10 bis 20) umfasst. Diese Entdeckung ist genauso revolutionär wie die der Protonen oder Elektronen im Inneren des Atoms. Wie beim Atom (was „unteilbar" bedeutet) erkannte man erstmals in der Geschichte, dass das Gedächtnis kein einheitliches Gebilde ist.

Um nochmals die Computeranalogie aufzugreifen: Das Langzeitgedächtnis entspricht der Festplatte und den Prozessoren, das Kurzzeitgedächtnis hingegen dem Arbeitsspeicher und dem Bildschirm.

Die Entdeckung des Kurzzeitgedächtnisses geht auf die 1960er Jahre zurück. Sie fand deshalb so spät statt, weil sie sehr genaue, meist elektronische oder informationstechnische Methoden voraussetzte, mit denen sich kurze Zeiträume von einigen Sekunden messen lassen. Die Römer hätten mit ihren Sand- oder Wasseruhren so kurze Zeitspannen wohl kaum messen können. Man benötigt aber sehr präzise technische Instrumente, um dieses im Alltag zwar häufig vorkommende, aber zumeist unbeachtete Vergessen nachzuweisen.

In ihrem berühmten Experiment boten Loyd und Margaret Peterson (1959) ihren Probanden eine kurze Folge von drei Konsonanten (etwa HBX) im Rhythmus von einem Konsonanten jede halbe Sekunde dar. Die Sequenz war gefolgt von einer dreistelligen Zahl im selben Takt. Die Versuchsperson musste zum Takt eines Metronoms jede halbe Sekunde in Dreierschritten laut rückwärts zählen, beispielsweise 357, 354, 351 und so fort. Diese konkurrierende Aufgabe (oft als Distraktor- oder Brown-Peterson-Aufgabe bezeichnet) soll verhindern, dass man die Buchstaben im Geist wiederholt. Die Dauer der Zählaufgabe schwankt je nach den experimentellen Bedingungen von null (im Sonderfall der unmittelbaren Reproduktion) bis 18 Sekunden, wobei sich die Buchstabenfolge jedes Mal unterscheidet. Die Ergebnisse waren damals sensationell, da das Experiment totales Vergessen der Buchstabenfolge nach einer Zeit-

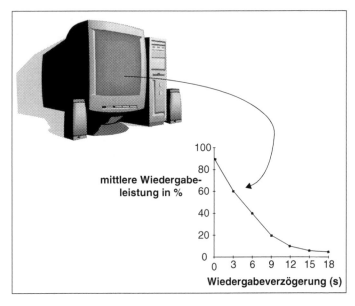

Abb. 8.1: Ein berühmtes Experiment belegt, dass das Kurzzeitgedächtnis eine Spanne von nur etwa 20 Sekunden umfasst; über diesen Zeitraum hinaus kann völliges Vergessen eintreten (nach Peterson & Peterson, 1959).

spanne von 18 Sekunden aufdeckte (Abb. 8.1). Das Kurzzeitgedächtnis erstreckt sich also nur über eine Spanne von etwa 20 Sekunden.

Wiederholung Da die „Normalität" des kurzfristigen Vergessens bekannt ist, braucht man nicht ängstlich zu sein oder das Unmögliche zu wollen. Eine realistische Methode besteht darin, das, was einem nicht entfallen soll, still für sich zu wiederholen.

Merkhilfen Eine andere Lösung ist, sich einen Knoten ins Taschentuch zu machen oder die Finger zu verschränken (wenig hilfreich bei Namen und Nummern). Das Beste ist eine Notiz, auch auf der Hand, wie es schon Porta zur Zeit Heinrichs IV. empfohlen hatte. Es lebe das Post-it!

Die magische Zahl 7! Die begrenzte Kapazität des Kurzzeitgedächtnisses

Eine weitere große Entdeckung im Zusammenhang mit dem Kurzzeitgedächtnis ist seine begrenzte Kapazität. Darin wurzeln viele unserer Probleme, und um sie zu überwinden, wurden die Gedächtnistrainingsmethoden erfunden.

Man hat die Grenzen des Erinnerungsvermögens im Labor ausführlich untersucht, und seit dem Amerikaner George Miller weiß man, dass man sich von einer Liste vertrauter Wörter etwa sieben merken kann: wieder die magische Zahl 7 (siehe die Vorahnung Giulio Camillos; Teil I dieses Buches)! Paradox ist, dass die Behaltensleistung bei vertrauten Objekten etwa sieben Elemente beträgt, gleich ob das sieben Wörter, sieben kurze Sätze (wie „Der Gärtner gießt die Blumen") oder sieben bekannte Sprichwörter sind. Dagegen nimmt die Gedächtnisleistung bei unbekannten Objekten ab. So vermindert sich die unmittelbare Behaltensleistung bei Schülern der Sekundarstufe I in Abhängigkeit von der Schwierigkeit der Wörter (Wörter aus Lehrbüchern für die sechste Klasse, deren Schwierigkeit von Lehrern geschätzt wurde; Lieury, 1997; Lieury et al., 1992).

Von leichten Wörtern (Schwierigkeitsgrad 1) wie „China", „Cäsar" und „Antike" werden im Durchschnitt 5,62 erinnert. Doch selbst bei sehr vertrauten Wörtern wie „Schildkröte", „Halskette" und „Kürbis" werden sieben nicht erreicht, und die Erinnerungsleistung sinkt schrittweise, bis sie bei schwierigen Wörtern (Schwierigkeitsgrad 5) wie „Xenophobie", „Volute" und „Stirnziegel" im Mittel 3,29 erreicht.

Derartige Experimente zeigen, dass das Kurzzeitgedächtnis (für manche Forscher auch Arbeitsgedächtnis) nicht alleine arbeitet, sondern Sachverhalte, Wörter, Bilder und so weiter aus spezia-

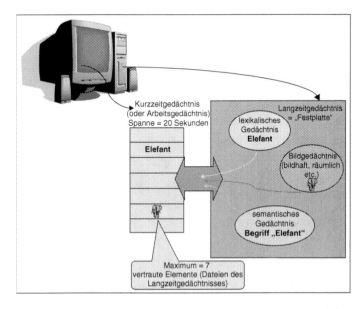

Abb. 8.2: Das Langzeitgedächtnis entspricht der Festplatte und den Prozessoren, während das Kurzzeitgedächtnis den Arbeitsspeicher und den Bildschirm darstellt.

lisierten Abteilungen des Langzeitgedächtnisses „wiederverwertet" (Abb. 8.2). Genauso nutzt der Arbeitsspeicher des Rechners Text- oder Bildbearbeitungsprogramme, um einen Brief zu schreiben oder ein Foto zu retuschieren, und der Bildschirm zeigt diese verschiedenen Programme in Fenstern an.

Dagegen scheint es, dass das Kurzzeitgedächtnis bestimmte Gedächtnisarten wie das ikonische Gedächtnis nicht zu nutzen und zu aktivieren vermag. Vereinfacht kann man sich die Verarbeitung und Speicherung von Gedächtniselementen als ein „Hin und Her" zwischen zwei Gedächtnissen vorstellen (Abb. 8.3).

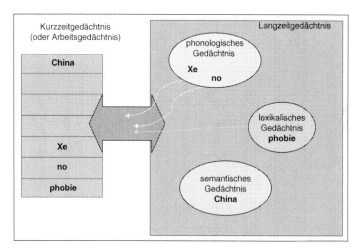

Abb. 8.3: Hin und Her zwischen Kurzzeitgedächtnis (oder Arbeits-gedächtnis) und Langzeitgedächtnis während des Memorierens (oder Lernens).

Die Informationen, Wörter und Bilder werden codiert, auf den verschiedenen Ebenen des Langzeitgedächtnisses (Abb. 8.3) verarbeitet und dann im Kurzzeitgedächtnis kombiniert, um in organisierter Form im Langzeitgedächtnis gespeichert zu werden. Sind die Wörter unbekannt, können sie nicht als solche aus dem (lexikalischen) Langzeitgedächtnis geholt werden, und das Kurzzeitgedächtnis kann nur einige Silben (Xe-no-phobie; Abb. 8.3) oder Laute (beispielsweise chinesische Wörter) wieder-verwerten. Sind die Wörter dagegen vertraut, werden sie rasch aus der lexikalischen „Bibliothek" geholt, und das Kurzzeitge-dächtnis kann etwa sieben davon speichern.

2 Kapazitätsbegrenzung und Organisationsmechanismen

Hilfe, mein Gedächtnis ist zu klein!

Führen Sie mit Ihren Freunden einmal das folgende kleine Experiment durch: Legen Sie ihnen diese Buchstabentabelle vor und geben Sie ihnen 30 Sekunden Zeit, um sie sich einzuprägen. Da wir kein „fotografisches" Gedächtnis haben, wird das Ganze natürlich ein Fehlschlag auf der ganzen Linie.

w	e	u	a	t	d	s	M
e	k	s	u	a	i	a	T
n	a	d	s	n	e	u	I
n	t	e	i	z	m	f	S
d	z	m	s	e	ä	d	C
i	a	h	t	n	u	e	H

Dann verblüffen Sie sie damit, dass Sie die Tabelle spaltenweise aufsagen wie der reinste Gedächtniskünstler. Wohlgemerkt, es ist ein kleiner Trick dabei. Wenn Sie die Buchstaben spalten- und nicht zeilenweise betrachten, werden Sie merken, dass die Buchstaben Wörter bilden und diese Wörter sich zu einem Sprichwort zusammenfügen: „Wenn die Katz' aus dem Haus ist, tanzen die Mäus' auf dem Tisch!"

Ein Gedächtnis mit sieben Fächern

Der Amerikaner George Miller hat den Organisationsmechanismus aufgedeckt. In seinen Augen ist die Sprache selbst eine Struktur aus zunehmend ökonomischeren Codes: Die Buchstaben sind in Silben organisiert, die Silben in Wörtern, die Wörter in Bildern oder Sätzen und dann in Begriffen. Die Organisation ist der Antriebsmotor des Gedächtnisses.

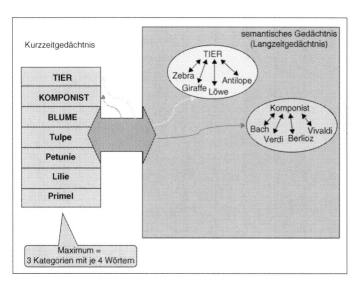

Abb. 8.4: Das Geheimnis des Lernens besteht darin, die Information in kleine „Pakete" zu packen.

Wie wir gleich sehen werden, kann man sich eine ziemlich lange Liste von Wörtern einprägen, wenn man sie nach semantischen Kategorien oder zu kleinen Sätzen ordnet. Lerne ich beispielsweise (Abb. 8.4) die Wörter „Zebra", „Antilope", „Löwe" und „Giraffe", werden diese im semantischen Gedächtnis sehr schnell (binnen weniger als einer Sekunde pro Wort) in Kategorien eingeordnet, und das Kurzzeitgedächtnis braucht nur die Kategorienbezeichnung „Tier" zu speichern, welche nur ein einziges „Fach" belegt statt vier. Andere Forscher wie der Franzose Stéphane Ehrlich (1972) haben gezeigt, dass es sehr wirksam ist, Wörter zu vertrauten Sätzen zusammenzustellen („Der Gärtner gießt die Blumen"), von denen man sich etwa sieben merken kann. Wahrlich, diese Zahl ist tatsächlich magisch.

Die Bibliotheksanalogie erklärt diese scheinbare Zauberei. Das Kurzzeitgedächtnis funktioniert wie eine „Kartei", die nur einen Abrufhinweis (wie die Karteikarte des Bibliothekskatalogs) speichert, welcher wiederum eine strukturierte Einheit „abholt", eine Art Unterprogramm (oder ein Buch, um die Bibliotheks-analogie wieder aufzugreifen): ein Wort, einen vertrauten Satz, ein Gedicht, ein Bild und so fort. Übrigens zeigen ganz neue neurowissenschaftliche Untersuchungen, dass jeweils ein einzi-ges Neuron im Hippokampus dafür zuständig ist, ein spezielles, gerade gelerntes Wort oder Gesicht zu verarbeiten. Vielleicht wird man noch entdecken, dass sieben Neuronen (oder kleine Neuronenverbände) wie Schubladen funktionieren und die sie-ben Fächer des Kurzzeitgedächtnisses bilden.

Schachspieler, die Blindsimultanschach spielen, behaupten, sie würden sich jede Partie in einer Schublade merken, und wir werden noch sehen, dass die Loci-Methode und andere Mnemo-techniken genau so funktionieren.

3 Organisationsmethoden für Wörter

Organisation ist die Triebkraft des Gedächtnisses! Das Geheim-nis des Lernens besteht also darin, kleine „Informationspakete" zu packen, und einige unserer „Gedächtnisalchimisten" haben das intuitiv getan. Die modernen wissenschaftlichen Erkenntnis-se erlauben so etwas wie eine Klassifikation der Methoden da-nach, ob dabei das lexikalische oder das semantische Gedächtnis, das Bildgedächtnis oder zuweilen eine Kombination von allem die Organisation bewerkstelligt.

Aishwarya Rai ... können Sie das wiederholen?

Da man nun das lexikalische Gedächtnis kennt, kann man auch erklären, warum manche auf phonologischer (oder phonetischer)

Codierung beruhende Gedächtnismethoden vergleichsweise effektiv sind. Dazu gehören etwa die Wortspiele von Guyot-Daubès oder Kalauer wie: „‚Eintopf‘ ist ein Suppstantiv, ‚knusprig‘ ist ein Bratjektiv.“

Bis zu den 1960er Jahren führten die Lernpsychologen ihre Experimente häufig mit sinnlosen Silben wie „xef“ und „hab“ durch, in der Absicht, das Gedächtnis von Grund auf zu studieren.

Ein amerikanischer Forscher namens Bugelski (1962) jedoch erkannte, dass die Versuchspersonen die Silben nicht als solche lernten, sondern sie in Wörter oder kleine Sätze einzubauen suchten. Um sich beispielsweise das Silbenpaar „dup-tez“ zu merken, stellten sich viele Probanden das Wort „deputize“ („abordnen“, „ernennen“) vor; „cez-man“ wurde zu „says man“ („sagt der Mensch“). Später bestätigten einige Forscher in systematischen Experimenten die Wirksamkeit dieses Verfahrens: Gibt man etwa einer Gruppe ein Wort vor, in das sich die Silbe einfügen lässt, beispielsweise „Nation“ für die Silbe „ati“ oder „cage“ („Käfig“) für „cag“, schneidet sie besser ab als eine Kontrollgruppe. Die Umcodierung zum Wort, die lexikalische Codierung, ist so effektiv wie vermutet.

Ist die Integration in ein bestehendes Wort nicht möglich, ist immerhin die Codierung in eine aussprechbare Lautfolge wirksam (Beispiel „dage“): In diesem Fall haben wir eine phonologische Codierung. Der phonologische Code ist Teil des lexikalischen, aber ein sehr wichtiger, zweifelsohne weil das Kind die Sprache zunächst einmal „mündlich“ lernt; bis es lesen lernt, erfolgt die lexikalische Codierung also nur als „phonologische“. Unser Wortschatz setzt sich aus Wörtern zusammen, die sprachspezifischen phonetischen Regeln gehorchen; häufige Silben („ge“, „ent“, „ver“, „en“ etc.) und neue Wörter, die diesen Grundregeln entsprechen, sind daher leichter zu merken. So sind KVKV-Abfolgen (K = Konsonant, V = Vokal) leichter zu behalten als KKVV-Abfolgen. Daher erklärt sich, dass im Alltag Abkürzungen im Allgemeinen so gewählt werden, dass man sie aussprechen kann, wie „Uno" oder „Laser" – eine moderne Form der kabbalistischen Formeln von Guyot-Daubès. Natürlich ist dieses Verfahren nicht unfehlbar, und je lockerer der phonologische Zusammenhang, desto mehr steigt die Wahrscheinlichkeit von Decodierungsfehlern.

César Florès (1964) von der Universität Nizza beispielsweise hat gezeigt, dass die Wiedererkennensleistung bei vollständig integrierbaren Silben wie „fic" in „difficulté" („Schwierigkeit") im Vergleich mit unvollständig integrierbaren wie „xen" in „xénophobie" („fremdenfeindlich") doppelt so hoch ist. Andere Forscher (Underwood & Erlebacher, 1965) wiesen nach, dass die Decodierung umso weniger erfolgreich ist, je mehr Codierungsregeln zu beachten sind. So lassen sich Anagramme, die durch die Umstellung der beiden ersten Buchstaben entstanden sind, leichter erinnern als solche, die durch die Vertauschung von Buchstaben in der Mitte des Wortes konstruiert wurden.

Alles in allem funktionieren also die lexikalischen oder phonologischen Umcodierungsmethoden, sie sind aber nicht unfehlbar. Als allgemeine Regel gilt: Je komplizierter die Codierung, desto größer die Irrtumswahrscheinlichkeit. Fremdwörter etwa sind schwierig, weil sie oft aus Silben bestehen, die in der Muttersprache selten vorkommen. Noch schlimmer ist es mit einer Sprache, die phonetisch sehr weit von jener entfernt ist (wie asiatische Sprachen). Da darf man nicht auf Wunder hoffen, sondern muss Unterricht nehmen.

Das phonetische Verfahren ist dagegen anwendbar, wenn man bekannte Silben oder Laute nebeneinander stellen kann, beispielsweise Yamamoto, der Titicacasee oder Lady Gaga!

Die lexikalische phonetische Codierung nützt auch, wenn man sich Eigennamen merken möchte, ob reale oder fiktive.

Annähern an einen bekannten Namen: Mit dem Namen einer Primaballerina des Bolschoi, Swetlana Sacharowa, bringt man das gut zum Ballett passende „schwerelos" sowie den Physiker Sacharow in Verbindung; da der Dissident für das kommunistische Regime ein „schwarzes Schaf" war, kann man dieses mit dem Unheil bringenden schwarzen Schwan im Ballett *Schwanensee* in Verbindung bringen.

Eine Methode, um sich Namen leichter einzuprägen, besteht darin, ein bekanntes Wort oder einen bekannten Namen wie Sacharow dem der Ballerina Sacharowa anzunähern. Befindet sich kein naheliegender Name oder kein naheliegendes Wort im Gedächtnis, muss man das Wort in Silben zerlegen, beispielsweise „Hatschepsut" in „hat" (3. Person Singular „haben"), „Shep" (der Jazzmusiker Archie Shepp) und „Sud". Den Namen des Bollywood-Schauspielers Shah Rukh Khan zerlegt man in „schade", „Ruck" und „Kahn". In anderen Fällen zerlegt man den Namen und lernt ihn nach Silben: Ein anderes Beispiel bietet der weibliche Bollywood-Star, Aishwarya Rai („ah, ich war ja reich").

All diese Beispiele illustrieren einen allgemeinen Mechanismus: Je mehr man kennt (Fremdsprachen, Eigennamen), desto leichter kann man ein neues Wort an im lexikalischen Gedächtnis bereits abgelegte annähern. Je mehr man weiß, desto besser lernt man!

Die Schlüsselworttechnik

Wollen wir uns dagegen Wortfolgen, insbesondere Wortpaare, einprägen, müssen wir sie mit semantischen Assoziationen oder in einer semantischen Einheit, dem Satz, organisieren. Wieder kommen wir auf ein Verfahren von Guyot-Daubès zurück, das der verbalen Assoziationen. Auch diesbezüglich haben zahlreiche Experimente gezeigt, dass die Integration zweier Wörter in einen Satz funktionierte, wie „Kuh – Ball" in „Die Kuh spielt Ball". Die Methode der Assoziation (oder verbalen Vermittlung), die darin besteht, eine gemeinsame Verbindung zu zwei Wörtern zu finden (beispielsweise das Wort „Labor" für „Mikroskop – Bakterium"), scheint ebenso gut zu funktionieren wie der Einbau in einen Satz wie „Der Wissenschaftler benutzt ein Mikroskop, um das Bakterium zu untersuchen". In diesem letzten Experiment (Garten & Blick, 1974) machte es die Vermittlung oder der Satz möglich, dass nach einer Woche 75 Prozent der Wortpaare erinnert wurden. Hingegen betrug die Behaltensleistung in der Kontrollgruppe (die ohne Anweisungen gelernt hatte) nur 55 Prozent. Die Gleichwertigkeit der Resultate für die Schlüsselsatztechnik und die Schlüsselwortvermittlung legt nahe, dass beide Verfahren denselben Mechanismus nutzen und eine Assoziation, einen Weg zwischen den Begriffen des semantischen Gedächtnisses, anlegen. So sind die Wörter „Kuh" und „Ball" schwierig zu behalten, weil sie unterschiedlichen semantischen Feldern angehören; durch das Verb „spielen" lassen sie sich verbinden, wie es auch andere Sätze dieser Art täten, etwa „Der Bauer spielt Ball mit der Kuh" oder „Der Torero spielt Ball mit der Kuh". Die Rolle semantischer Assoziationen erklärt zudem, warum die bildliche Vermittlung (Wörter in ein Bild einfügen) und die verbale Vermittlung (Schlüsselwort oder -satz) gleichwertige Ergebnisse zeitigen, wie das folgende Beispiel erhärtet (Abb. 8.5).

Wie bei „ba**ck**bord ist lin**k**s und steuerbord ist **r**echts" kann die Vermittlung eines Schlüsselwortes helfen, sich an eine schwer zu behaltende orthografische Besonderheit zu erinnern. Vielleicht erinnern Sie sich an Schulze und Schultze aus *Tim und Struppi*, die Kapitän Haddock immer verwechselt! Nun will es der Zufall, dass der Startänzer Patrick Dupond und die Ballerina Aurélie Dupont den gleichen winzigen orthografischen Unterschied teilen. Es ist einfach, die Personen zu unterscheiden, nicht jedoch ihre Namen. Mit dem Verfahren der Schlüsselwortvermittlung kann man sich aber einen Satz (oder ein entsprechendes Bild) ausdenken: „Patrick hat ein Huhn, das legt (franz.: „pon**d**")", und für Aurélie einen anderen Satz oder die Vorstellung, wie sie auf einer Brücke (franz.: „pon**t**") tanzt, umso mehr, als sie blaue Augen, die Farbe des Wassers, hat. Diese Techniken greifen nicht auf semantische Zusammenhänge zurück (obwohl ich mit einem Patrick befreundet bin, der Hühner hält), weshalb man sie in der Antike „künstliches" Gedächtnis nannte, aber diese kleinen Tricks können zuweilen sehr praktische Merkhilfen abgeben.

Patrick Dupond

Aurélie Dupont

Das Huhn von Patrick legt („pond")

Aurélie tanzt auf einer Brücke („pont")

Abb. 8.5:   Es ist nicht einfach zu merken, ob der Nachname von Patrick oder Aurélie auf „d" oder „t" endet. Man benutzt daher ein Schlüsselwort (eingebaut in einen Satz oder ein Bild), um sich das leichter einzuprägen. (A. Dupont, ©akg-images/ Alain Le Toquin).

Gedächtniskünstler: Wie merkt man sich die Reihenfolge von 54 Spielkarten?

Gedächtniskünstler der Spitzenklasse vollbringen Leistungen, die uns vor Bewunderung die Sprache verschlagen. Sicherlich verfügen sie schon von vornherein über außergewöhnliche „biologische" Fähigkeiten oder vielmehr über ein außergewöhnliches lexikalisches oder visuell-räumliches Gedächtnis. Trotzdem wären bestimmte Kunststücke nicht möglich ohne Methode, wie mir einer meiner Freunde, der Zauber- und Gedächtniskünstler Vincent Delourmel, erklärt hat. Viele seiner Kollegen verwenden den

Buchstaben-Zahlencode, den wir weiter unten kennenlernen werden; besonders ausgiebig aber nutzen sie verbale Assoziationen.

Es ist beispielsweise unmöglich, sich ein Kartenspiel mit 54 Karten in einer einzigen Darbietung in der vorgelegten Reihenfolge einzuprägen, außer man benutzt die Methode „Person-Aktion-Objekt" des achtfachen Gedächtnisweltmeisters Dominic O'Brien. Vor dem Kunststück muss man lernen, mit jeder Karte ein Wort zu verknüpfen. Der Kniff dieser Methode besteht darin, nach dem Muster „Person-Aktion-Objekt" drei Wörter zu einem Satz zu verbinden. Statt sich also 54 Karten zu merken, brauchen Sie sich nur 18 Sätze einzuprägen; das ist für unsere Meister zwar schwer, aber machbar. Doch da man nicht im Voraus weiß, ob beispielsweise die Herzdame an erster, zweiter oder dritter Stelle der Kartendreiergruppe auftauchen wird, ist es ratsam, jeder Karte drei Wörter entsprechend der jeweiligen Funktion zuzuordnen. So wird etwa die Karte Herzdame mit „Katze" (aber auch mit „schlafen" und „Sofa") assoziiert, die Karte Pik 10 als Verb mit „spielen" (aber als Subjekt mit einem Vornamen „Mina" und mit „Auto" als Ergänzung). Die Karo 3 wird mit „Lampe" als Objekt verknüpft (zudem als Subjekt mit „Marius" und mit „essen" als Verb).

Lautet die Kartenfolge Herzdame – Pik 10 – Karo 3 (Abb. 8.6), brauchen Sie sich nur noch den Satz „Die Katze spielt mit der Lampe" zu merken. Wären dieselben Karten in der Reihenfolge Pik 10 – Karo 3 – Herzdame gekommen, hätten Sie den Satz „Mina isst auf dem Sofa" gebildet oder „Marius schläft im Auto" für die Abfolge Karo 3 – Herzdame – Pik 10. Natürlich braucht man ein gutes Gedächtnis, um sich 18 Sätze zu merken, aber um Ihre Freunde zu verblüffen, können Sie mit 15 Karten üben, dann müssen Sie nur fünf Sätze behalten. Vincent Delourmel zufolge hat Ben Pridmore die Technik von O'Brien nach demselben Prinzip optimiert. Er benötigt nur 24 Sekunden, um sich ein ganzes Blatt einzuprägen!

Vincent Delourmel für seinen Teil benutzt die Loci-Methode: „Ich bin bei der Technik der Übertragung der Karten in Personen geblieben (Herz: meine Familie; Pik: fiktive Helden; Karo: Freundinnen; Kreuz: Freunde), die ich auf einem Weg verteile. Eigentlich setze ich an jeden Ort zwei Personen auf einmal,

Person	Aktion	Objekt
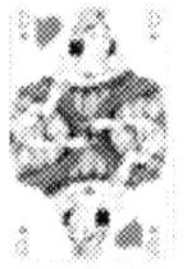 Katze	schlafen	Sofa
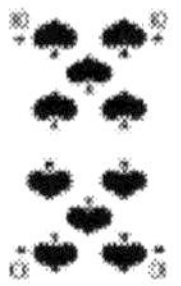 Mina	spielen	Auto
 Marius	essen	Lampe

Abb. 8.6: Methode „Person-Aktion-Objekt" des Gedächtnisweltmeisters O'Brien.

sodass ich ‚nur' 26 Etappen habe. Gut, diese Technik hat ihre Grenzen, weil es mir nicht gelungen ist, mir 52 Karten in weniger als zweieinhalb Minuten einzuprägen." Zweieinhalb Minuten – das ist doch trotzdem außerordentlich! Ich glaube, ich bräuchte den ganzen Tag dafür!

4 Organisationsmethoden für Bilder

Die Empfehlungen, sich Gedächtnisinhalte mithilfe von Bildern einzuprägen, reichen bis in die Antike zurück (Teil I dieses Buches). Wissenschaftliche Untersuchungen (Paivio, 1971; Denis, 1975, 1979) haben die Wirksamkeit des bildgestützten Memo-

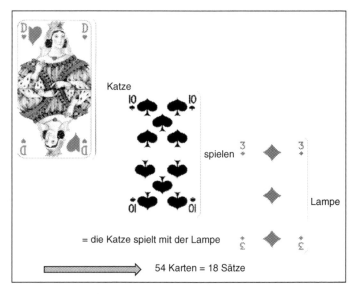

Abb. 8.7: Um sich Karten in der richtigen Abfolge zu merken, muss man zunächst ein Wort mit einer Karte verknüpfen und Sätze für Gruppen zu je drei Karten bilden.

rierens untermauert. Diese Wirksamkeit beruht aber auf zwei schon beschriebenen übergreifenden Mechanismen, der dualen Codierung und der Organisation von Information oder auf einer Mischung von beidem.

Ungewöhnlichkeit oder Organisation?

In der Antike und bis in die Renaissance glaubte man, Ungewöhnlichkeit sei eine Voraussetzung zur Verbesserung des Gedächtnisses; dies führte zu all den Abstrusitäten, die Descartes verurteilte. Forscher haben gezeigt, dass nicht das Ungewöhnliche von Ge-

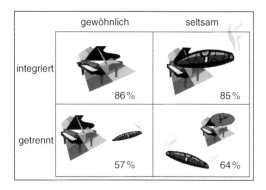

Abb. 8.8: Effektivität (Erinnerungsleistung in Prozent) von Organisation und Ungewöhnlichkeit (nach Senter & Hoffman, 1976).

dächtnisbildern als solche einprägsam wirkt, sondern die Organisation, die sie erlaubt (ganz wie bei „Die Kuh spielt Ball").

Ein Experiment von Senter und Hoffman von der Universität Cincinnati (1976) illustriert dies eindrücklich. Die Versuchspersonen erblickten Bildpaare, jeweils zehn Sekunden lang. Die Zeichnungen waren entweder ganz gewöhnlich oder seltsam; die abgebildeten Gegenstände wurden zudem in zwei getrennten Zeichnungen dargestellt oder zu einer einzigen zusammengefasst. Damit ergaben sich vier Kombinationen: Die getrennten gewöhnlichen Zeichnungen zeigten eine Zigarre und einen Konzertflügel, doch wenn es sich um getrennte seltsame Zeichnungen handelte, erblickte man eine an beiden Enden brennende Zigarre und daneben (unverbunden) einen Flügel, der ganz alleine Töne hervorbrachte. Umgekehrt bemühte man sich bei den beiden Bedingungen „integrierte Zeichnungen" um eine Beziehung, auf dem „gewöhnlichen" Bild war das eine auf einem Flügel abgelegte Zigarre, auf dem „seltsamen" ein Zigarre rauchender Flügel.

Wie die Ergebnisse (Abb. 8.8) zeigen, war die Zusammenfassung von zwei Abbildungen zu einer einzigen sehr einprägsam (etwa 85 Prozent Erinnerungsleistung), während Merkwürdigkeit nicht zu einer merklichen Verbesserung führte, ob bei integrierten oder getrennten Zeichnungen.

Abb. 8.9: Ein Logo wird doppelt so gut behalten, wenn es Name und Tätigkeit des Unternehmens kombiniert (frei gestaltet nach Kathy und Richard Lutz, 1977).

Die Autoren der Antike verwechselten demnach etwas: Um Elemente gemeinsam zu organisieren, wurde oft dazu geraten, bizarre Beziehungen zwischen ihnen herzustellen. Doch nicht die Ungewöhnlichkeit als solche fördert das Einprägen, sondern die Organisation. Aus diesem Mechanismus lassen sich verschiedene Anwendungen ableiten.

Aus der Entwicklung von Logos (etwa Markenzeichen) hat man gelernt, dass solche, die den Firmen- oder Inhabernamen mit einer grafischen Darstellung der Firmentätigkeit verknüpfen, einprägsamer sind als nichtintegrative Symbole. So wiesen Kathy und Richard Lutz von der Universität von Kalifornien (1977) nach, dass das Logo DI-XON (Abb. 8.9) eines Bauunternehmens doppelt so einprägsam war (Wiedergabe des Namens und der Tätigkeit), wenn das X von zwei sich kreuzenden Kränen verkörpert wurde. Analoges galt für das O von OLIVERA, dem Eigentümer einer Pizzeria.

Einen Namen mit einem Gesicht verbinden

In Anlehnung an Petrus von Ravenna (1491), der Frauengesichter als Bilder verwendete, schlägt der Amerikaner Harry Lorayne

Abb. 8.10: Um einen Namen mit einem Gesicht zu verbinden, empfiehlt es sich, ein besonderes Merkmal des letzteren mit einem phonetischen Element des ersteren zu assoziieren. Frau Brück hat blaue
Augen wie das unter einer Brücke hindurchfließende Wasser und Herr
Mohr eine Nase wie eine Möhre.

in seinem Buch *Wie man ein Super-Gedächtnis entwickelt* (1957) eine
Methode vor, um sich die Namen von Menschen durch Verknüpfung mit ihrem Gesicht zu merken. Er sei, so behauptet er,
auf diese Weise imstande, sich in sieben Minuten 400 Namen
einzuprägen.

Die Briten Peter Morris, Susan Jones und Peter Hampson von der
Universität Lancaster (1978) haben diese Technik einem Test unterzo-
gen. Sie nahmen Fotos aus Zeitschriften und ordneten ihnen Namen
aus dem Telefonbuch zu. Die Methode besteht darin, ein besonderes
Merkmal des Gesichts mit einem phonetischen Merkmal des Namens
zu verknüpfen. Beispielsweise hat Frau Brück sehr blaue Augen, so
blau wie Wasser; das führt zu dem geistigen Bild von Wasser, das unter
einer Brücke hindurchfließt (beispielsweise auf einem Buch, das sie in
der Hand hält; Abb. 8.10). Hat Herr Mohr eine große Nase, führt dies
direkt zu dem Bild eines möhrenähnlichen Zinkens: Man bekommt
also eine bildliche Codierung und eine Assoziation zwischen dem Bild,

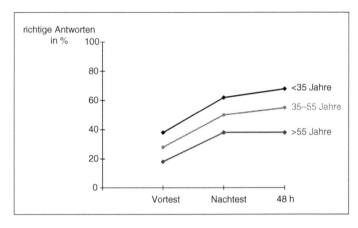

Abb. 8.11: Wirksamkeit der Organisationstechnik beim Einprägen von Namen und Gesichtern in verschiedenen Altersgruppen (nach Yesavage & Lapp, 1987).

wdas der Name evoziert, und einem besonderen Kennzeichen, der großen Nase. Die Probanden der Kontrollgruppe mussten die Gesichter ohne Hinweis auf die Technik mit den Namen verbinden.

In einem ersten Durchgang mit 13 Gesichtern waren die Ergebnisse nicht schlüssig (Abb. 8.10), zur Gruppe „Bild" bestand nur ein sehr geringer Unterschied. Im zweiten Durchgang jedoch erwies sich die Methode als doppelt so effektiv; bei der Darbietung der Gesichter wurden 92 Prozent der Namen korrekt genannt. Die Methode funktioniert also, erfordert jedoch ein gewisses Training. Man kann auch nicht gerade von einem Wunder sprechen, noch dazu bei nur 13 Gesichtern – ein himmelweiter Unterschied zu den 400 Gesichtern Loraynes.

Es handelt sich also um eine gebräuchliche kommerzielle Methode, an der schon Quintilian in der Antike Kritik übte: Der berufsmäßige Gedächtniskünstler schreibt seiner Methode Kräfte zu, die sich zum Großteil seiner Begabung und seiner persönlichen Übung zuschreiben lassen.

Trotzdem kann man diese Methode, mit bescheideneren Zielen, verwenden, um das Gedächtnis von Menschen zu verbessern.

Ein gutes Beispiel liefern die Untersuchungen des amerikanischen Psychiaters Jerome Yesavage (1989), der am Palo Alto Veterans Hospital arbeitet. Er verwendete eben diese Methode der bildhaften Organisation mit dem Prinzip, ein hervorstechendes Gesichtsmerkmal (semantisch oder phonetisch) mit dem Namen zu verbinden. Humorvoll empfiehlt Yesavage, der sehr buschige Augenbrauen besitzt, sich an deren Stelle Gestrüpp in der Wildnis vorzustellen (*savage* bedeutet „wild") und so weiter.

Zwar waren die Versuchspersonen in Yesavages Experiment nicht sehr alt, doch der Vortest offenbart trotzdem, dass die Gedächtnisleistung vom Alter abhängt (Abb. 8.11). Die unter 35-Jährigen erinnern (ohne Methode) doppelt so gut (etwa sechs mit den richtigen Gesichtern verbundene Namen) wie die über 55-Jährigen (nur zwei bis drei Namen von zwölf, das sind 20 Prozent). Doch nach einer Übungsphase verdoppeln die ältesten Probanden ihre Leistung, und zwar anhaltend nach 48 Stunden. Der Vergleich der Altersgruppen in diesem Experiment ist sehr aufschlussreich, denn wie man sieht, verbessern sich die Älteren zwar, doch wird deswegen ihr Gehirn nicht jünger. Die Jüngeren profitieren mit einer Trefferquote von über 60 Prozent weit mehr von der Methode. Das ist eine Konstante wissenschaftlicher Untersuchungen im Vergleich zu den Gurus: Sie weisen durchaus Effekte nach, doch sind diese bescheidener (hier +20 Prozent) und auf eine spezifische Trainingssituation begrenzt (hier Namen und Gesichter).

Während der Dreharbeiten des französischen Fernsehjournalisten François de Closets für eine Fernsehsendung über das Gedächtnis unterhielt ich mich mit einem Casinoangestellten, der ein exzellentes Personengedächtnis haben musste, um unerwünschte Personen zu erkennen. Abgesehen von seiner natürlichen Gabe (und Alkoholabstinenz) besteht seine Methode darin, kleine Skizzen in ein Heft zu zeichnen, den Namen und ein hervorstechendes Gesichtsmerkmal dazuzuschreiben und entsprechende Assoziationen herzustellen.

Das Lernen fremdsprachiger Vokabeln mithilfe bildhafter Schlüsselwörter

In einer ähnlichen Anwendung geht es um den Erwerb eines fremdsprachigen Wortschatzes. Diese Methode wurde in mehreren Studien geprüft, vor allem von Richard Atkinson von der Universität Stanford, Koautor einer berühmten Gedächtnistheorie der 1970er Jahre (Multispeichermodell von Atkinson und Shiffrin) in Zusammenarbeit mit dem Informatiker Michael Raugh, der sich mit dem computergestützten programmierten Lernen beschäftigte. Wie Atkinson in einem seiner Artikel (1975) berichtet, seien sie fasziniert gewesen von mnemotechnischen Verfahren und hätten beschlossen, sie in das programmierte Lernen zu integrieren. Atkinson nennt keinen Autor, doch das Ergebnis weist entfernte Anklänge an die von Loisette und anderen amerikanischen Mnemonikern weiterentwickelte „Glossotechnik" des Abbé Moigno auf. Beispielsweise schlug dieser vor, „charpenterie" („Zimmerhandwerk") zu assoziieren, um das englische Wort „tree" (gesprochen „tri") für „Baum" zu lernen. Dieses jenseits des Atlantiks als Schlüsselwortmethode bezeichnete Verfahren hieß in Frankreich *double châine* (wörtlich: „doppelte Kette"), weil es eine duale Codierung oder zweifache Assoziation – phonetisch und semantisch – verwendet.

Für das englische Wort „parrot" (Abb. 8.12) beispielsweise soll ein Schlüsselwort („Karotte") gefunden werden, das ein hervorstechendes phonologisches Merkmal (nicht unbedingt das ganze Wort) codiert. Dann muss man das Schlüsselwort („Karotte") und die Bedeutung („Papagei") zu einem einheitlichen Bild zusammenfügen, hier ein Papagei, der auf einer Karotte sitzt. Ein anderes einfaches Beispiel: Das englische Wort „girl" lernt man mithilfe der Vorstellung von einem Kerl, der mit einem Mädchen geht.

Mit dieser Methode ließen die Autoren ihre Probanden in drei Tagen 120 russische Wörter lernen. In der Schlüsselwort-Experimental-

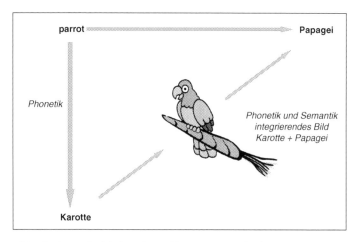

Abb. 8.12: Beispiel für die Schlüsselwortmethode beim Erlernen fremdsprachiger Wörter.

gruppe betrug der Anteil richtiger Übersetzungen russischer Wörter 72 Prozent, in der Kontrollgruppe, die mit einfachem Wiederholen gelernt hatte, dagegen nur 46 Prozent. Sechs Wochen später übersetzte die Schlüsselwort-Gruppe noch 43 Prozent der Wörter richtig, die Kontrollgruppe jedoch nur 28 Prozent. Positive Resultate fand auch Michael Pressley bei Tests mit sieben- bis elfjährigen Kindern, bei denen die Methode für spanische Wörter angewandt wurde. Auch wir haben sie mit englischen, portugiesischen und serbischen Vokabeln erfolgreich getestet; die Leistung betrug gegenüber der Kontrollgruppe etwa 40 Prozent (Lieury et al., 1982). Die auf Codierungen und einer Organisation beruhende Methode ist also sehr effektiv, doch auch in diesen wissenschaftlichen Überprüfungen ist erneut festzustellen, dass der Erfolg alles andere als überwältigend ist und den üblichen Gesetzmäßigkeiten des Vergessens unterliegt.

Die Methode mag demnach als Hilfsmittel dienen, um beispielsweise schwierig zu behalten Wörter oder einen Grundwortschatz vor einer Urlaubsreise zu lernen. Doch wahrscheinlich vereinfacht sie doch zu stark, als dass sie sich zum Erwerb einer

Fremdsprache allgemein nutzen ließe. Das Erlernen der korrekten Aussprache ist nämlich eher ein prozedurales Lernen und benötigt ein Sprechtraining, das besser im Sprachlabor als durch Bilder geschieht. Schließlich bringt die Bildermethode kaum Nutzen beim Erwerb der Syntax.

5   Methoden unter Verwendung des Buchstaben-Zahlencodes

Die meisten Menschen können sich Zahlen nur schwer merken. Aus diesem Grund hatte der französische Mathematiker Pierre Hérigone das Prinzip des Buchstaben-Zahlencodes erfunden (Kapitel 3, Abschnitt 4). Im Prinzip wandelt jeder alphanumerische Code die Ziffern einer Zahl in Buchstaben um, um dann aus diesen ein Wort (oder mehrere Wörter) zu bilden. Die Effektivität des Buchstaben-Zahlencodes dürfte daher eher durch seine Koppelung an einen Organisationsmechanismus begründet sein als durch seine Eigenschaft als Code an sich. Es existieren verschiedene Verfahren. Das einfachste verschlüsselt die Anzahl der Buchstaben eines Wortes zu Ziffern; dieses Verfahren kommt in Hérigones berühmter Formel zum Ausdruck, welche zehn Dezimalstellen der Zahl Pi codiert: „Que" enthält drei Buchstaben, „j'" einen, „aime" vier, das ergibt 3, 1, 4 …

> Que j'aime à faire connâitre ce nombre utile aux sages
> 3 1 4 1 5 9 2 6 5 3 5
> (etwa: „Wie ich es liebe, diese den Weisen nützliche Zahl bekannt zu machen")

Andere verwenden Departementsnummern zur Verschlüsselung von Zahlen, was aber eine sichere Kenntnis dieser Nummern voraussetzt.

Jung (1963) untersuchte die Wirksamkeit eines Verschlüsselungsverfahrens für Zahlen durch Buchstaben, die jenen auf den alten Telefonwählscheiben zugeordnet waren. Die Kontrollbedingung sah vor, sieben Zahlen auswendig zu lernen. Eine experimentelle Bedingung gab die beiden ersten Zahlen in Buchstaben codiert vor, eine zweite Bedingung die gesamte Zahl, und zwar so, dass die Buchstaben Wörter oder aussprechbare Silben bildeten. Die Erinnerungsleistung betrug 4,9 Zahlen in der Gruppe „codierte Vorsilbe" und 24,4 Zahlen in der Gruppe „vollständige verbale Codierung", also etwa das Fünffache; die verbale Umcodierung der Ziffern wirkte daher leistungssteigernd.

Die Mnemoniker der 19. Jahrhunderts entwickelten einen vervollkommneten alphanumerischen Code, der sich ausschließlich auf Konsonanten derselben phonologischen Gruppe stützte und so die Konstruktion einer Vielzahl von Wörtern erlaubte, weil man die Vokale beliebig wählen konnte. Der moderne Code ist der von Aimé Paris (Abb. 8.13).

Ein gutes Anwendungsbeispiel bildet die Memorierung von Jahreszahlen einiger Erfindungen des 19. Jahrhunderts. Da alle Zahlen mit 18… anfangen, werden nur die beiden letzten Ziffern verschlüsselt:

Branly, Funk, 1890: Der Funk hat im modernen Leben einen festen **Platz** (Platz = 90).
Nobel, Dynamit, 1866: Dynamit ist ein **Gefahrgut** (Gefahrgut = 66).
Otis, Fahrstuhl, 1852: Ein Fahrstuhl fährt **lange** (lange = 52).
Waterman, Füllfederhalter, 1884: Ein Füller schreibt **verschnörkelt** (verschnörkelt = 84).

Dasselbe Prinzip lässt sich auf jeden beliebigen Bereich anwenden. Es folgen einige Jahreszahlen für den Opernfreund:

1805: *Fidelio* (Beethoven) = Beethoven **zollt** in *Fidelio* der Liebe Respekt (zollt = 05).
1816: *Der Barbier von Sevilla* (Rossini) = der „Barbier" von Rossini ist ein **Draufgänger** (Draufgänger = 16).

0	1	2	3	4	5	6	7	8	9
s	t	n	m	r	l	ch	k	f	p
z	d	gn				j	gu	v	b
ç						g	qu		

1852: Ein Fahrstuhl fährt lange
5   2

Abb. 8.13:   Buchstaben-Zahlencode von Aimé Paris (1825).

1843: *Der fliegende Holländer* (Wagner) = Wagners Holländer **träumt** von Erlösung (träumt = 43).
1853: *La Traviata* (Verdi) = Verdis *Traviata* bleibt nur das **Lamento** (Lamento = 53).
1859: *Faust* (Gounod) = Faust verfällt dem **Leibhaftigen** (Leibhaftigen = 59).
1864: *Die schöne Helena* (Offenbach) = Offenbach hatte Helena sehr **gerne** (gerne = 64).

Diese wenigen Beispiele dürften dem interessierten Leser meines Erachtens genügen, um sich leicht selbst einige Schlüsselwörter oder -sätze auszudenken, mit denen er sich seine PIN, Telefonnummern oder Orientierungsdaten merken kann, natürlich unter der Bedingung, dass er den Buchstaben-Zahlencode im Schlaf beherrscht. Aber man braucht es nicht so zu übertreiben wie die Gedächtniskünstler des 19. Jahrhunderts, die viel Zeit auf ihr Training verwandten: Normalerweise können papierne oder elektronische Notizbücher unsere kleinen Gedächtnisschwächen ausgleichen.

9

Adressen der Vergangenheit

Inhaltsübersicht

Was ist bei Ihnen von den Gedichten, die Sie einmal auswendig wussten, haften geblieben? Wissen Sie noch, wie der (offizielle) Sohn Karls des Großen hieß? Nein, bestimmt nicht, denn das Vergessen reißt klaffende Lücken. Was also bleibt uns von der Poesie, dem Geschichtsunterricht, den Jahreszahlen oder Formeln (Sie erinnern sich vielleicht, Sinus und Cosinus)? In der Tat, die Kehrseite des Gedächtnisses ist das Vergessen. Schon die ersten Studien im 19. Jahrhundert bestätigten indirekt dieses grauenhafte Gefühl zu vergessen, oftmals 90 Prozent zu vergessen!

All die Daten und Fakten, die wir in der Schule und im Studium wussten – sind sie alle aus dem Gedächtnis getilgt? Nein! Neuere Forschungsarbeiten über das Vergessen haben gezeigt, dass man nicht allzu pessimistisch sein muss. Vergessen ist kein vollständiges Löschen der aufgenommenen Information, sondern zumeist gelingt es nur nicht mehr, sie wieder aus dem riesigen Gedächtnisbestand hervorzuholen. Eben dies haben einige Forscher nachgewiesen. Sie gingen dabei von der Annahme aus, dass das Gedächtnis wie ein Rechner oder eine Bibliothek funktioniert. Genau wie Bücher eine Signatur tragen, die auf ihren Standort in den Regalen hinweist, so sind auch unsere Erinnerungen mit „Ortskennungen" versehen, damit man sie auch wiederfindet. Diese Adressen der Vergangenheit bezeichnet man als Abrufhilfen, Abrufhinweise oder Abrufreize.

1 Abrufhilfen

Der Begriff der Abrufhilfe hat die Vorstellungen vom Gedächtnis und vor allem vom Vergessen grundlegend verändert. Endel Tulving von der Universität Toronto in Kanada gab dieser neuen Forschungsrichtung mit der Originalität seines Denkens und seiner Experimente bedeutende Impulse. Der erste Nachweis der Wirksamkeit von Abrufhilfen gelang Tulving und Zena Pearlstone (1966).

Tulving und Pearlstone (1966) führten ein berühmtes Experiment durch, bei dem verschiedene Probandengruppen sich Listen von zwölf, 24 oder sogar 48 Wörtern merken mussten, was in einem einzigen Durchgang anscheinend unmöglich zu bewerkstelligen war.

Die Wörter wurden einzeln dargeboten, aber zusammen mit ihrer Kategorienbezeichnung am unteren Bildschirmrand („Nutztier" bei „Kuh"). Die Probanden (Studenten) erfuhren, dass die Kategorienbezeichnung nicht mitzulernen war, sondern nur als Hilfe diente. Zur Prüfung der Behaltensleistung wurden die Studenten in zwei Untergruppen unterteilt; eine musste frei reproduzieren – in herkömmlicher Weise auf ein leeres Blatt schreiben, was ihnen noch einfiel –, die andere – Bedingung „abrufreizabhängige Reproduktion" – erhielt ein Blatt mit vorgedruckten Kategorienbezeichnungen (etwa „Nutztier"). Die Ergebnisse waren unglaublich: Bei der abrufreizabhängigen Reproduktion war die Erinnerungsleistung enorm, bis zu 36 Wörter aus der Liste mit 48 Wörtern. Die Kategorienbezeichnungen hatten als Abrufhilfen gewirkt. Vergessen ist demnach im Allgemeinen kein Löschen, sondern ein gescheitertes Wiederfinden bestimmter Informationen in einem Gedächtnis, das sich als gigantische Bibliothek begreifen lässt.

Im Anschluss an Tulving wurden zahlreiche Studien durchgeführt. Sie ergaben, dass es sehr unterschiedliche Abrufhilfen gibt, assoziative („warm" für „kalt"), phonetische wie Reime, Bilder. Damit lässt sich eine recht große Zahl mnemotechnischer Verfahren erklären.

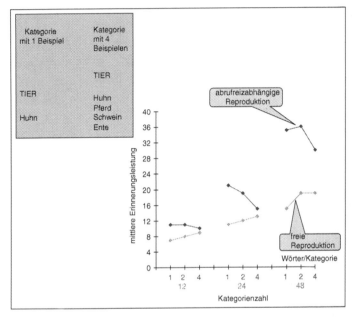

Abb. 9.1: Effizienz von Abrufhilfen (Wiedergabe mit Abrufhilfe) – je länger die Liste, desto ausgeprägter (nach Tulving & Pearlstone, 1966).

2 Kapazität des Kurzzeitgedächtnisses und Abrufschemata

Kurzzeitgedächtnis mit begrenzter Abrufkapazität

In ihrem berühmten Experiment arbeiteten Endel Tulving und Zena Pearlstone methodisch mit mehreren Kombinationen von Wörtern und kategorialen Abrufhinweisen. So konnten die Kategorien für jede Listenlänge (zwölf, 24 oder 48 Wörter) ein Wort, zwei Wörter oder aber vier enthalten (Abb. 9.1).

Wie wir gesehen haben, sind Abrufhilfen allgemein gesprochen sehr leistungsfähig; oft werden doppelt so viele oder noch mehr Objekte erinnert. Doch ein Rätsel bleibt: Die Abrufhilfen bringen bei der Liste mit drei Kategorien zu je vier Wörtern (insgesamt zwölf Wörter) keinen Vorteil, die freie Reproduktion ist genauso erfolgreich. Der kalifornische Wissenschaftler George Mandler vermutet, dass in dieser Bedingung die Kapazität des Kurzzeitgedächtnisses (etwa sieben Elemente) ausreicht, um gleichzeitig die drei Kategorien und vier Wörter einer beliebigen Kategorie zu speichern ($3 + 4 = 7$). Betrachten wir, was sich bei einer idealen Versuchsperson (Kapazität 7) abspielen würde, wenn sie sich gerade eine Liste von drei Kategorien mit je vier Wörtern einprägt:

TIER: Zebra, Löwe, Giraffe, Antilope
KOMPONISTEN: Bach, Vivaldi, Berlioz, Verdi
BLUME: Tulpe, Petunie, Lilie, Primel

Wie wir gesehen haben, werden Wörter während des Lernens im Langzeitgedächtnis konstruiert und „wechseln" dann zum Zweck der Organisierung ins Kurzzeitgedächtnis. In einem ersten Schritt (Abb. 9.2) wird die erste Kategorie „Tier" erfasst, dann die Wörter „Zebra", „Löwe" etc.; es werden also fünf „Erfassungsfächer" belegt (die Kategorienbezeichnung plus die vier Wörter). Doch da diese Wörter bereits im Langzeitgedächtnis (hier im semantischen Gedächtnis) verzeichnet sind, bewahrt das Kurzzeitgedächtnis nur die Kategorienbezeichnung „Tier" als Abrufhilfe. Somit können vier Gedächtnis„fächer" freigemacht werden, die danach die zweite Kategorie erfassen und so fort. Am Ende des Prozesses verbleiben in den sieben Fächern des Kurzzeitgedächtnisses die drei Abrufhilfen („Tier", „Komponist", „Blume") und die vier letzten Wörter: $3 + 4 = 7$. Eine Organisation mit drei Kategorien zu je vier Informationen nutzt den gesamten Speicherplatz des Kurzzeitgedächtnisses optimal.

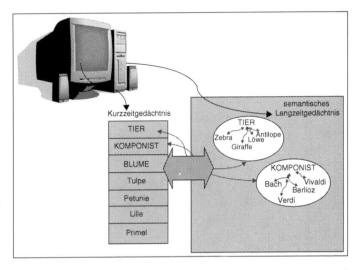

Abb. 9.2: Das Ersetzen mehrerer Wörter („Antilope", „Zebra" etc.) durch eine einzige Abrufhilfe („Tier") erlaubt enorme Ökonomie im Kurzzeitgedächtnis.

Dieser Mechanismus erklärt, wie die freie Reproduktion funktioniert. Diese Form des Erinnerns ist ein Sonderfall der abrufreizabhängigen Reproduktion, bei der die Abrufhinweise sich im Kurzzeitgedächtnis befinden. Wurde dieses gerade gelöscht, erinnert man sich nicht mehr. Kein Wunder, dass einem der Sohn Karls des Großen oder die Frau Ludwigs XV. nicht mehr einfällt! Im Augenblick der Wiedergabe läuft der Abrufprozess in umgekehrter Richtung wie die Memorierung ab (Abb. 9.2). Die Person erinnert zunächst die Wörter der letzten Kategorie „Blume". Dann dient die Kategorienbezeichnung „Komponist" als Abrufhilfe, um die im semantischen Gedächtnis gespeicherten Wörter aufzufinden, und wenn diese Wörter erinnert sind, werden sie aus dem Kurzzeitgedächtnis gelöscht, damit die letzte Kategorie „Tier" aufgerufen werden kann. Das Kurzzeitgedächtnis fungiert

hier als eine Art Karteikasten und verzeichnet nur die „Signatur"
der Bücher, also die Kategorienbezeichnungen.

Abrufschemata: Das entscheidende Element mnemotechnischer Verfahren

Das ist noch nicht alles. Eine noch spektakulärere Ökonomie wird
wirksam, wenn die Kategorienbezeichnungen sich mittels einer
Art Ariadnefaden miteinander verbinden lassen. Heißen die drei
Kategorien beispielsweise „Blumen", „Bäume" und „Früchte",
genügt es, eine einzige „Karteikarte" im Kurzzeitgedächtnis abzulegen, die Superkategorie „Pflanze". Eine solche Organisation
von Abrufhilfen nennt man Erinnerungs- oder Abrufschema.

Gordon Bower und Mitarbeiter (1969) wiesen die beeindruckende Effektivität eines hierarchischen Abrufschemas nach. Sie erstellten eine
entlang einer Kategorienhierarchie superorganisierte Liste von mehr
als 100 Wörtern. Diese legten sie ihrer Experimentalgruppe in Form
von vier Bildtafeln zu je 40 in eine Kategorie gehörigen Wörtern vor,
sortiert nach aufsteigender Kategorienebene (Abb. 9.3), und zwar „Tiere", „Pflanzen", „Minerale" (unser Beispiel) und „Musikinstrumente".
  Die Kontrollgruppe erhielt dagegen sämtliche Wörter bunt gemischt auf vier Tafeln. Die Erinnerungsleistung der Experimentalgruppe fiel auf Anhieb nahezu spektakulär aus; die Probanden
erinnerten im Mittel 73 Wörter (etwa das Zehnfache der Kapazität 7).
In der Kontrollgruppe (ungeordnete Wörter) waren es dagegen nur
21. Die Versuchspersonen der experimentellen Bedingung lernten die
gesamten 112 Wörter in drei Durchgängen.

Zahlreiche mnemotechnische Methoden und Verfahren erscheinen im Licht moderner Forschungsergebnisse als Abrufschemata.

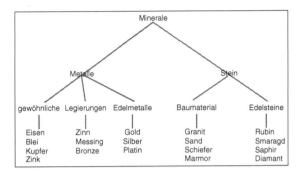

Abb. 9.3:   Das Abrufschema stützt das Gedächtnis am wirksamsten. Beispieltafel „Minerale" aus den vier Tafeln des entsprechenden Experiments (nach Bower et al., 1969).

3   Wiedererkennen und episodisches Gedächtnis

Das Wiedererkennen

Ein anderer Spezialfall der Abrufhilfe ist die ursprüngliche Information selbst, beispielsweise die memorierten Wörter oder Fotos, aber eingereiht zwischen unbekannten Informationen derselben Art. Mit dieser Technik werden oft 70 Prozent der Wörter einer Liste und bis zu 90 Prozent vertrauter Bilder wiedererkannt, wie zahlreiche Experimente zeigten. Eines davon ist geradezu sensationell.

Lionel Standing, Jerry Conezio und Ralph Haber von der Universität Rochester im Staat New York zeigten Studenten über mehrere Tage bis zu 2 500 Dias. Eine Woche danach testeten sie anhand einer Auswahl von 400 dieser Bilder (und ebenso vielen unbekannten) die Wiedererkennensleistung. Sie betrug noch etwa 90 Prozent, was hochgerechnet mehr als 2 000 erkannten Bildern entspricht. Überdies kann das Gedächtnis über einen sehr langen Zeitraum zuverlässig bleiben, wie ein erstaunliches Experiment von Harry Bahrick und Mitarbeitern (1975) in Ohio zeigte. Die Autoren verfielen auf die Idee, mehrere Jahre nach Schulabschluss ehemalige College-Kameraden aufzuspüren und deren Erinnerungen verschiedenen Tests zu unterziehen. Während die Probanden drei Monate nach dem Abschluss bei freier Wiedergabe (ohne Hilfe) ungefähr 15 Prozent der Namen ihrer Jahrgangsgenossen erinnerten, erkannten sie 90 Prozent unter fremden Namen wieder. Dieser Prozentsatz verringerte sich mit dem zeitlichen Abstand zum Schulabschluss nur leicht; nach 50 Jahren lag er immer noch bei 70 Prozent, ebenso mit Fotos derselben Mitschüler. Das ist außergewöhnlich, wenn man bedenkt, dass die Probanden mittlerweile ebenso viele Jahre älter geworden waren, also auf die 70 zugingen.

Entsprechend der Vielzahl von Gedächtnissen spielt sich das Wiedererkennen von Gesichtern oder Wörtern oder auch vertrauten Bildern (Hund, Schiff, Gabel etc.) in verschiedenen Langzeitgedächtnissen ab. Es gibt sogar ein eigenes Rechtschreibgedächtnis. Später werden wir uns vor allem mit demjenigen Gedächtnis befassen, das dank seiner abstrakten Natur die Mehrzahl der Dinge begrifflich fasst, dem semantischen Gedächtnis.

Souvenirs, Souvenirs – das episodische Gedächtnis

Wie erklärt man das Déjà-vu-Erlebnis eines Menschen, der aufs Neue mit einer Information konfrontiert wird? Berühmt ist das literarische Beispiel Marcel Prousts, der durch den Geschmack einer in Lindenblütentee getauchten Madeleine wieder Zugang zu seinen Erinnerungen findet. Bestimmt kennen auch Sie dieses Déjà-vu-Gefühl, wenn Sie in Ihrem Fotoalbum blättern: „Oh! Den hatte ich ja völlig vergessen, das war ein toller Kumpel."

Die Erklärung liefert wiederum das episodische Gedächtnis, das heißt der Umstand, dass jede Information, jedes Wort, Gesicht und so weiter als besondere Episode der ursprünglichen Situation im Gedächtnis abgelegt wird (Kapitel 6, Abschnitt 3). Lese ich beispielsweise das Wort „Schiff" in einem Reisekatalog, wird es erneut gespeichert, obwohl ich es schon kenne, aber diesmal in seinem speziellen Kontext, zusammen mit anderen Wörtern des Katalogs wie „Reise" und „Urlaub". So entsteht jedes Mal, wenn ich ein Wort lese oder höre, im Gedächtnis eine neue, eigenständige Episode, genau wie die Episoden einer Fernsehserie immer wieder dieselben Figuren ins Spiel bringen, aber in einem anderen Zusammenhang, einer anderen Intrige. Dies beschreibt die Theorie des episodischen Gedächtnisses. Das Wiedererkennen geschieht demnach umso effektiver, je mehr das dargebotene „Zielobjekt" dem Original ähnelt. Umgekehrt sinkt die Wiedererkennensleistung, wo Wiedererkennensirrtümer passieren, wie mein Freund Guy Tiberghien von der Universität Grenoble nachgewiesen hat (Brutsche et al., 1981). In seinem Experiment zeigte er seinen Studenten Gesichter mit Hüten. Sie erkannten das Gesicht einwandfrei wieder, wenn es stets mit demselben Hut dargeboten wurde; tauschte man jedoch den Hut aus, sank die Wiedererkennensleistung deutlich. Wahrscheinlich haben Sie Ähnliches selbst schon erlebt: Sie erkennen den Koch Ihrer Firmenkantine oder die Kassiererin Ihres Supermarkts nicht auf Anhieb, wenn er oder sie Ihnen auf der Straße über den Weg läuft. Verflixt noch mal, den/die habe ich doch schon mal gesehen, aber wo nur?

Im Licht der Theorie des episodischen Gedächtnisses betrachtet heißt ein Wort oder ein Gesicht zu behalten, eine neue Episode zu konstruieren: „Das Wort ‚Kanarienvogel' kam in diesem Test vor" oder „Das Gesicht wird im Zusammenhang mit dieser neuen Sitzung gemerkt".

Aber warum ist das Wiedererkennen so leistungsfähig? Weil es das Gedächtnis nur nach dem nächstliegenden Begriff (etwa „Kanarienvogel") durchsuchen muss. Um auf unseren Bibliotheksvergleich zurückzukommen, stellen wir uns vor, Sie haben eines von mehreren Exemplaren des gleichen Buches ausgeliehen und wieder zurückgegeben, allerdings einen Brief darin liegen lassen. Natürlich möchten Sie nun genau dieses Buch wiederfinden und kein anderes. Die freie Reproduktion käme nun dem Versuch gleich, die gesamte Bibliothek zu durchforsten. Das abrufreizabhängige Erinnern entspräche der Suche im Katalog. Und das Wiedererkennen wäre so, als führte Sie der Bibliothekar direkt zu dem Regal der fraglichen Bücher. Sie bräuchten nur noch die verschiedenen Ausgaben des Werks, die „Episoden", aufzuschlagen, um „Ihres" zu finden. Oh ja! Das Gehirn besteht aus 200 Milliarden Nervenzellen, es ist also eine seeeeehr große Bibliothek.

10

Abrufhilfen und ihre Funktionsweise

Inhaltsübersicht

Wenn Erinnerungen oder Kenntnisse im Gedächtnis codiert und gespeichert sind, müssen sie unter Zehntausenden anderer Informationen wiedergefunden werden. Abrufhilfen dienen wie Buchsignaturen in einer Bibliothek dazu, den Speicherort wieder aufzuspüren.

Als Abrufhilfe können sehr vielfältige Informationen dienen. So löst etwa das Foto im Album Erinnerungen aus, an die man nicht mehr dachte, eine Filmmusik, manchmal ein Geschmack wie der der berühmten Madeleine in Prousts *Auf der Suche nach der verlorenen Zeit*. Der Abrufmechanismus ist so effizient, dass zuweilen ganz unspezifische Hinweise genügen. Das ist der Fall beim Knoten im Taschentuch, der einen recht häufig an ein Vorhaben erinnert. Guyot-Daubès berichtet von einer bäuerlichen Gewohnheit: Man legte gleich morgens so viele Kiesel aus, wie Aufgaben zu erfüllen waren. Aber natürlich sind solche Abrufhilfen aufgrund ihrer Ähnlichkeit starken Interferenzen unterworfen, wie wir noch sehen werden. Sich zehn Knoten ins Taschentuch zu machen, würde nicht helfen, sich zehn Termine in einer Woche in Erinnerung zu rufen.

1   Lexikalische Abrufhilfen: Grafische und phonetische

Da der lexikalische Code so wichtig ist, sind es auch die grafischen oder phonetischen Abrufhilfen. Dieses Verfahren geht zurück auf Girolamo Marafioti (1603). Er empfahl, sich Zeichen auf die Fingerglieder zu schreiben. wie es angeblich der französische Mathematiker und Philosoph Blaise Pascal (1623–1662) machte. Guyot-Daubès war im 19. Jahrhundert der Spezialist für diese Art Gedächtnisstützen, und er führt althergebrachte Beispiele für die Verwendung phonetischer Hilfen auf, unter anderem Eselsbrücken für „Stalaktiten" und „Stalagmiten" oder für „bac**k**bord" (lin**k**s) und „steue**r**bord" (**r**echts).

Mehrere Studien belegen die Leistungsfähigkeit grafischer oder phonetischer Abrufhilfen. Im Allgemeinen hängt sie von der Informationsmenge ab. So ist der Anfangsbuchstabe weniger wirksam als die Anfangssilbe. Was die Wortteile betrifft, so liefert die erste Silbe den besten Hinweisreiz, gefolgt vom Reim; die Wortmitte ist am wenigsten hilfreich.

In einem Experiment mit verschiedenen Arten des Abrufs zeigten Tulving und Watkins, dass die Effizienz des Abrufreizes mit der Zahl seiner Buchstaben zunimmt.

In diesem Experiment merkten sich die Probanden eine Liste von Wörtern mit fünf Buchstaben. Dann erhielten sie je nach Gruppe eine wachsende Anzahl Buchstaben als Abrufhilfen. Zwei Gruppen bildeten Sonderfälle: Eine bekam gar keinen Hinweisreiz (freie Reproduktion), eine andere die ganzen Wörter, aber eingestreut zwischen nicht bekannte, was dem Wiedererkennen entspricht. Wie die Resultate zeigen (Tab. 10.1), sind Abrufhilfen sehr wirksam, vor allem aber ab drei Buchstaben (Silbe), wo sich die Trefferquote verdoppelt. Das Wiedererkennen ist am effektivsten, da es die lexikalischen Abrufhilfen in ihrer Gesamtheit (das ganze Wort) nutzt.

Abkürzungen entsprechen derartigen lexikalischen Abrufhinweisen. Wie sich aus dem eben dargestellten Experiment ableiten lässt, darf man nicht zu drastisch abkürzen, wenn die Abkürzung noch hilfreich sein soll. Auch wenn der Anfangsbuchstabe eines Wortes nicht immer genügt, kann er doch im Alltag gute Dienste leisten. Beim Phänomen des auf der Zunge liegenden Wortes etwa, wenn wir nach einem Namen oder Vornamen suchen, den

Tab. 10.1: Effizienz lexikalischer Abrufhilfen in Abhängigkeit von der Buchstabenzahl (nach Tulving & Watkins, 1973)

Zahl der Buchstaben als Abrufreiz	Beispiel	Gedächtnisleistung (%)
0: freie Reproduktion		24
2 Buchstaben: abrufreizabhängige Reproduktion	TI	28
3 Buchstaben: abrufreizabhängige Reproduktion	TIS	56
4 Buchstaben: abrufreizabhängige Reproduktion	TISC	70
5 Buchstaben (Wiedererkennen)	TISCH	85

wir ganz bestimmt kennen, habe ich die Erfahrung gemacht, dass es sehr oft hilft, im Geiste das Alphabet herzusagen; gelangt man an den Anfangsbuchstaben des entfallenen Wortes, fällt es einem oft wieder ein.

Symbole sind Sonderfälle von Abkürzungen. Die Symbole im Periodensystem der chemischen Elemente liefern ein gutes Beispiel für den Gebrauch alphabetischer Abrufhilfen, und der obige Nachweis einer geringen Wirksamkeit kleiner Buchstabenanzahlen bestätigt die alltägliche Beobachtung. Bei einigen Elementen liegen die Abkürzungen nahe: Na für Natrium, Ne für Neon oder Ni für Nickel. Nicht auf der Hand liegt jedoch, dass B für Bor steht oder C für Kohlenstoff. Vollends irreführend – unter dem Gesichtspunkt der Funktion von Abrufhinweisen – sind die Symbole, die alten, überwiegend in Vergessenheit geratenen Bezeichnungen entspringen wie N für Stickstoff („Nitrat", Salpeter) oder Au für Gold (lateinisch *aurum*) oder auch Hg für Quecksilber (von *hydrargyrum* für „flüssiges Silber"). Solche Beobachtungen heben einen grundlegenden Aspekt der Rolle von Abrufhinweisen hervor. Sie beschränken sich darauf, die im Gedächtnis gespeicherte Information wiederzufinden, doch dazu muss sie zunächst gemerkt worden sein; andernfalls fördert der Hinweisreiz sich selbst zutage. Daher denken bei den Symbolen Cd, Sb, At nur Fachleute an Cadmium, Antimon und Astat.

Schließlich ist der Reim ebenfalls eine seit Langem bekannte Abrufhilfe. Experimente (Lieury, 1971, 1972) bestätigen das. Die Reime in Gedichten und Liedern hatten wahrscheinlich vor allem in der mündlichen Überlieferung eine wichtige Funktion, nämlich lexikalische Entstellungen aufgrund semantischer Verschiebungen (etwa „Kaninchen" statt „Hase" zu erinnern) zu verhindern. Das Versmaß wirkte zudem einem Weglassen oder Hinzufügen von Wörtern entgegen. Ein sehr gutes Beispiel dafür bietet das Lied, mit dem man sich französische Philosophen des 18. Jahrhunderts wie Voltaire und Rousseau einprägen kann; Gavroche machte es unvergesslich, als er dieses Lied in Victor Hugos *Die Elenden* auf den Barrikaden singt, bevor er im Kugelhagel stirbt (s.u.).

Und für die Kleinen sind und bleiben Abzählverse eine gute Anwendungsform des Reims als phonetischer Abrufhilfe, um die ersten Zahlen zu lernen.

2 Semantische Abrufhilfen

Das verbale Gedächtnis besteht hauptsächlich aus einem lexikalischen Verzeichnis, bei dem lexikalische Abrufhilfen (grafische und phonologische) wirksam sind. Das wichtigste Gedächtnis ist jedoch das semantische. In diesem Gedächtnis wird die Bedeutung von Begriffen konstruiert, wahrscheinlich durch deren Vernetzung. Diese Verbindungen bezeichnet man als Assoziationen.

Man ist hässlich in Nanterre
Schuld daran ist Herr Voltaire.
Blöd ist man in Plaiseau
Schuld daran ist nur Rousseau.

Eins, zwei, Polizei,
drei, vier, Offizier,
fünf, sechs, alte Hex ...

Bestimmte Assoziationen sind hierarchisch und bilden ineinander verschachtelte Kategorien („Kanarienvogel", „Vogel", „Tier"). In diesem Fall sind die semantischen Abrufhilfen kategorial, beispielsweise „Vogel" zur Erinnerung von „Kanarienvogel". Andere Assoziationen jedoch sind „freier" und hängen mit Eigenschaften der Sprache zusammen, beispielsweise der Synonymie wie bei „leuchtend – strahlend", der Gegensätzlichkeit wie bei „heiß – kalt" oder der Nähe wie bei „Biene – Honig" oder „Berge – Ski". Dies sind dann assoziative Abrufhinweise. Beide Arten von Hinweisreizen sind wirksam, am wirksamsten jedoch die kategorialen, denn sie vermögen potenziell alle Wörter einer Kategorie abzurufen.

Kategoriale Abrufhinweise sind die leistungsfähigsten Hilfen bei verbalen Informationen und daher zu bevorzugen (wenn man die Wahl hat). Es folgen einige Anwendungsbeispiele:

* Wissenschaftliche Klassifikationen in der Zoologie, der Botanik etc. beruhen auf Kategorien. Doch da die Kategorien hierarchisch geordnet sind, besteht die Anwendung eher in der Nutzung der Hierarchie selbst; es handelt sich also um ein Abrufschema (Kapitel 11).
* Titel oder Überschriften sind für spezielle Informationen das Pendant zu bekannten Kategorien, da sie den Hauptgedanken des Kapitels oder Abschnitts umreißen. Häufig nennen Fernsehjournalisten zunächst die Schlagzeilen, bevor sie ins Detail gehen. Das ist so wirksam, dass manche in der Politik sich den „Ankündigungseffekt" zunutze machen, das heißt ein Versprechen geben, ohne es zu verwirklichen.

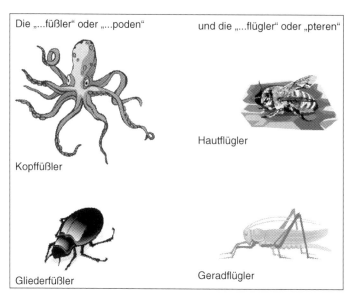

Die „...füßler" oder „...poden"   und die „...flügler" oder „pteren"

Hautflügler

Kopffüßler

Gliederfüßler   Geradflügler

Abb. 10.1: Den Ursprung andeutende Nachsilben oder Suffixe sind ausgezeichnete kategoriale Abrufhilfen.

* Die Etymologie ist eine (sowohl semantische als auch phonetische) Kategorisierung. Der lateinische oder griechische Ursprung oder das Suffix kann als kategoriale Abrufhilfe dienen, die zahlreiche Wörter einer Kategorie zugänglich macht. Das ist insbesondere bei zoologischen Klassifikationen der Fall; hier gibt es Kopffüßler und Gliederfüßler (Cephalopoden und Arthropoden, von griechisch *podos* für „Fuß") und bei den Insekten Haut- und Geradflügler (Hymenoptera und Orthoptera, von griechisch *pteryx* für „Flügel").

3   Bildhafte Abrufhilfen

Die andere große Dimension des Gedächtnisses wird bestimmt vom Bild, das natürlich Abrufhilfen liefern kann. Die verschiedenen bildhaften Methoden, die wir analysiert haben, beruhen auf Codes, zugleich aber auch auf Abrufhilfen: Die große Nase erinnert durch das vermittelnde Bild einer Möhre an Herrn Mohr; das geistige Bild eines Papageis auf einer Karotte hilft, sich an das englische Wort „parrot" für den Vogel zu erinnern. Fotos liefern, wie wir ebenfalls schon gesehen haben, im Alltag sehr leistungsfähige Abrufreize; Harry Bahrick und Mitarbeiter haben gezeigt, in welch hohem Maße ein Foto dafür sorgt, dass man sich an die Namen von Schulkameraden erinnert (Kapitel 9).

4   Wiedererkennen: Checkliste, Multiple-Choice-Fragebogen, Terminkalender

Erinnerungen gehen auf die Speicherung von Episoden zurück, daher ist der direkte Zugriff auf Episoden die beste Abrufmethode. Laborstudien untersuchten das Wiedererkennen gelernter Wörter oder Zeichnungen und Gesichtern unter gleichen, aber unbekannten Elementen. Wiederkennen erlaubt gewöhnlich die besten Gedächtnisleistungen mit Trefferquoten von 70 bis 95 Prozent. Es ist deshalb so effektiv, weil es auf die Episode mit der Information zugreift, welche der ursprünglichen am stärksten ähnelt.

Jeder hat wohl schon diese Erfahrung gemacht: Man sieht sich einen vermeintlich neuen Film an, und Szene für Szene wird einem klarer, dass man ihn schon einmal gesehen hat. Das Wiedererkennen ist ebenfalls am Werk, wenn wir nach Jahren einem Freund wiederbegegnen und ihn erkennen, obwohl die Zeit ihre

Spuren hinterlassen hat. Und ebenso handelt es sich um Wiedererkennen, wenn wir nach vielen Jahren an einen vergessenen Ort unserer Kindheit zurückkehren und die Erinnerungen wieder hochkommen, als sei es gestern geschehen. So sind es in der Madeleine-Episode Prousts sicherlich eher die visuellen Aspekte als der Geschmack, die seine Erinnerungen auslösen. Ein Therapeut erzählte mir einmal von einem Patienten, der infolge eines Fahrradunfalls an einer Amnesie litt und versuchte, sein Gedächtnis (teilweise mit Erfolg) wiederzuerlangen, indem er seine üblichen Wege wieder abradelte. Hier sehen wir eine Loci-Methode, in der die – realen und nicht erdachten – Gedächtnisorte die Funktion von Hinweisen haben, wie bei einer großen Schnitzeljagd im Inneren des Gedächtnisses.

Im Übrigen nutzt die Werbung diese Entdeckung der Psychologie weidlich aus: Wenn Sie während eines Fernsehabends 20 oder 30 Werbespots sehen, werden Sie sich nur an einige erinnern und glauben, dass das Fernsehen Sie nicht besonders beeinflusse. Das Gegenteil ist der Fall! Einschlägige Untersuchungen ergaben beispielsweise eine Gedächtnisleistung (freie Wiedergabe ohne Abrufhilfen) von bestenfalls etwa 40 Prozent der Produkte, während 80 Prozent davon wiedererkannt wurden (Lacoste-Badie, 2009). Wenn Sie einkaufen gehen, werden Sie eher Ihnen vertraute Produkte wählen, ohne dass Ihnen bewusst wird, dass Sie sich diese gemerkt haben. Das funktioniert tatsächlich besser als die sogenannten unterschwelligen Botschaften!

Da das Wiedererkennen so leistungsfähig und zuverlässig ist, sollte man es in praktischen Anwendungen nutzen.

Die Checkliste

Die Checkliste (wörtlich Kontroll- oder Prüfliste) wird beispielsweise in der Luftfahrt benutzt, um alle Instrumente und Kontrolllampen zu überprüfen. In einem banaleren Zusammenhang kann ein zerstreuter Mensch, der regelmäßig Aufträge verbummelt oder auf Reisen immer etwas vergisst, sich mit einem guten Trick behelfen: Er macht sich eine Liste und hakt sie Punkt für Punkt ab. Dasselbe tut man, wenn man einen Einkaufszettel schreibt. Manche haben in ihrer Küche eine Tafel hängen und notieren darauf, was sie einkaufen müssen, damit sie es nicht vergessen.

Der Multiple-Choice-Fragebogen

Der Multiple-Choice- oder Mehrfachwahlaufgaben-Fragebogen ist ein Bewertungsinstrument, das auf der Grundlage des Wiedererkennens arbeitet. An jede Frage schließen sich mehrere Antworten an, aus denen es die richtige auszuwählen gilt. Dieses Verfahren lotet bestenfalls aus, was gespeichert wurde, und ergibt positivere Resultate als die einfache freie Wiedergabe (etwa ein Aufsatz auf einem leeren Blatt). Dementsprechend wurden im Fall eines niedrigen Punktwerts im Fragebogen möglicherweise die Informationen gar nicht gespeichert. Man kann nur dann etwas abrufen, wenn es etwas abzurufen gibt. Das ist, als wolle man in einer Bibliothek ein Buch ausleihen, das dort gar nicht vorhanden ist.

Der Terminkalender

Ein Terminkalender oder Notizbuch stellt ebenfalls eine Wiedererkennensliste dar (manchmal eine Liste von Abrufhilfen, wenn Abkürzungen eingetragen wurden). Anhand der Eintragungen können wir Termine oder Treffen „wiedererkennen". Achtung! Die Zerstreuten unter uns müssen allerdings daran denken hineinzuschauen. Sie können sogar ein entsprechendes Klingeln im elektronischen Terminkalender oder auf dem Smartphone programmieren ... Wann wird es Gedächtnisimplantate geben?

11

Die Leistungsfähigkeit von Abrufschemata

Inhaltsübersicht

Abrufhilfen erlauben den Zugriff auf nützliche Informationen. Doch wie erinnert man sich an sie, wenn das Kurzzeitgedächtnis sie nicht alle behalten kann? Ein sehr hilfreiches Prinzip besteht darin, die Abrufhinweise durch eine Organisationsstruktur miteinander zu verbinden: mit einem Abrufschema. Das Abruf- oder Erinnerungsschema besteht aus organisierten Abrufhilfen. Diese Hinweisreize haben jedoch immer denselben Charakter – bildhaft, lexikalisch, semantisch –, aber sie beruhen auch auf eigens als mnemotechnische Verfahren erfundenen Codes, insbesondere dem Buchstaben-Zahlencode.

1   Bildbasierte Schemata

Die Loci-Methode, das älteste, schon seit der Antike bekannte Verfahren, ist ein Bilder nutzendes Abrufschema.

Die Loci-Methode

Wendet man die Loci-Methode als Technik an, dann lernt man eine Liste von bildhaften Abrufhilfen auswendig und verwendet sie dann für alles. In der Antike bestand diese Bilderliste aus den Teilen eines Palasts oder einer Villa, aus Räumen, Säulen, Statuen und so fort. Amerikanische Forscher wollten wissen, ob sich die Loci-Methode auch als Hilfsmittel für Hirnverletzte eignet.

Herbert Crovitz (1969) verwendete eine fiktive Route mit 16 auf eine Schultafel gezeichneten Orten: eine Tankstelle, einen Blumenladen, ein Gefängnis, einen Zeitungskiosk und so weiter. Die Liste der zu lernenden Wörter bestand aus 32 konkreten Wörtern wie „Sonnenschirm" und „Matrose", diktiert in der Geschwindigkeit von einem Wort alle acht Sekunden. Die Probanden sollten sich entsprechend dem Prinzip der Loci-Methode die Wörter bildlich vorstellen und sie im Geiste an den durch die Route vorgegebenen Orten ablegen. Der Anteil der in der richtigen Reihenfolge erinnerten Wörter betrug durchschnittlich 85 Prozent, in einer Kontrollgruppe, die sich die Wörter ohne Hilfe in der richtigen Abfolge einprägen sollte, dagegen nur etwa 20 Prozent. Andere Experimente bestätigten die Wirksamkeit dieser Methode (Belleza & Reddy, 1978) mit vertrauten Gedächtnisorten, welche die Versuchspersonen in einem Vortest selbst festgelegt hatten (Treppenstufe, Wohnzimmer, Weg zur Universität etc.). Die Experimentalgruppe erinnerte 83 Prozent der mit den Orten verknüpften Wörter gegenüber 47 Prozent in der Kontrollgruppe. Die Methode von Simonides funktioniert tatsächlich.

Ich habe mich dieses Verfahrens in Schulungen häufig bedient. Ich malte Symbole für alltägliche Waren (die sind leichter zu zeichnen), ein Hörnchen, ein Buch und so weiter auf eine Tafel. Die Methode ist immer noch sehr hilfreich, und die Teilnehmer waren sehr beeindruckt von ihren unerwarteten Meisterleistungen!

In Abb. 11.1 folgen einige Beispiele für Gedächtnisorte.

Darüber hinaus zeigte Crovitz, dass die Loci-Methode wirksamer ist, wenn ebenso viele Orte wie zu behaltende Wörter vorhanden sind. Dann werden mehr als 80 Prozent der Wörter in richtiger Reihenfolge erinnert, das entspricht bei einer Liste von 32 Wörtern 28 – ein sehr beachtlicher Anteil. Stehen dagegen nur wenige Orte zur Verfügung, sodass man jedem Ort mehrere Wörter zuordnen muss, leistet die Methode erheblich weniger.

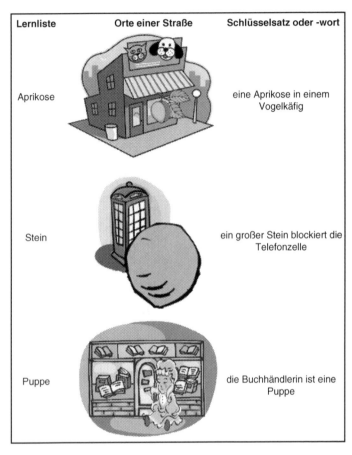

Lernliste	Orte einer Straße	Schlüsselsatz oder -wort
Aprikose		eine Aprikose in einem Vogelkäfig
Stein		ein großer Stein blockiert die Telefonzelle
Puppe		die Buchhändlerin ist eine Puppe

Abb. 11.1:   Anwendungsbeispiel für die Loci-Methode.

Wenn die Loci-Methode als Abrufschema fungiert, weil sie Abrufhilfen bereitstellt, dann dürften diese im Vergleich zu einem Wiedererkennenstest, bei dem die Ziele (ursprüngliche Wörter) vorgegeben werden, nichts mehr nützen. Tatsächlich haben Abrufhilfen die Funktion, den Speicherort von Episoden wiederzufinden, doch beim Wiedererkennen erfolgt der Zugriff direkt, weil die Zielwörter selbst verwendet werden.

Lowell Groninger von der Universität Maryland (1971) bestätigte diese aus der Abruftheorie abgeleitete Vermutung. Seine Probanden lernten eine Liste von 25 Wörtern auswendig (dazu waren mehrere Durchgänge nötig). Die Kontrollgruppe musste diese Aufgabe ohne Hilfe bewältigen, die Probanden der Experimentalgruppe hatten sich zuvor eine persönliche Route mit 25 Orten eingeprägt. Fünf Wochen später prüfte Groninger die Gedächtnisleistung beider Gruppen mit verschiedenen Tests. Bei der Wiedergabe in der richtigen Reihenfolge erwies sich die Loci-Methode erneut als weit überlegen (79 Prozent Behaltensleistung gegenüber 38 Prozent in der Kontrollgruppe). Doch bei der freien Reproduktion, das heißt ohne Beachtung der Reihenfolge, zeigte die Loci-Methode eine geringere Überlegenheit (91 gegenüber 73 Prozent). Beim Wiedererkennen trat zwischen den beiden Gruppen kein Unterschied mehr auf (96 und 93 Prozent). Das beweist, dass die Methode immer mehr von ihrer Nützlichkeit einbüßt, je geringer die Anforderungen an das Erinnern werden. Und das Wiedererkennen ist so effizient, dass die Kontrollgruppe die Loci-Methodenanwender „einholte". Aus diesem bedeutsamen Experiment ergibt sich eine wichtige praktische Konsequenz.

Die Loci-Methode und jedes Abrufschema im Allgemeinen ist für das Erinnern nützlich, vor allem, wenn dabei die Reihenfolge eine Rolle spielt (was selten vorkommt). Doch eine derartige Technik (und jedes Abrufschema) bringt keinen Nutzen in Situationen, in denen man die nützliche Information wie in einem Terminkalender, einem Notizheft, einem Buch oder im Internet wiederfinden kann (Wiedererkennen).

Die Loci-Methode und die Gedächtniskünstler

Gedächtniskünstler haben die Loci-Methode häufig angewandt, und manchmal tun sie es immer noch. Mein Freund, der Zauber- und Gedächtniskünstler, verwendet sie beispielsweise, um je zwei Personen an 26 Orten zu platzieren und sich so die 54 Karten eines Spiels zu merken. In einem Dokumentarfilm habe ich einen „Gedächtnisgroßmeister" gesehen, der die kleinsten Ecken und Winkel seines Hauses bis hin zu den Küchenschubladen benutzte!

Einer der faszinierendsten Fälle jedoch – eingehend untersucht von dem russischen Psychologen Alexandr Lurija – ist Solomon Veniaminowitch Cherevski. Der berühmte professionelle Gedächtniskünstler lernte jeden Abend bei seinem Varietéauftritt Zahlentafeln, Listen ohne Bedeutung und eine Liste von 100 aus dem Publikum zugerufener Wörter auswendig. Dieser Fall ist dank Lurjia, der diesen außergewöhnlichen, von ihm als Veniamin bezeichneten Probanden über einen Zeitraum von 30 Jahren verfolgte (1991), sehr bekannt. Veniamin selbst war sich seiner besonderen Fähigkeiten nicht bewusst und suchte Lurija nur auf Anraten eines Varietédirektors auf. Dennoch waren Veniamins Fähigkeiten außergewöhnlich: Eine Tabelle mit 50, in vier Spalten angeordneten Zahlen vermochte er insgesamt herzusagen, dann die Zahlen der Diagonalen, die jedes Tabellenviertels (vier Zeilen der vier Spalten), die am Tabellenrahmen entlang. In Gegenwart des Mitglieds der Académie française Orbelin prägte sich Veniamin eine 25-zeilige Tabelle mit je sieben Buchstaben des Alphabets ein, insgesamt 175 zufällig angeordnete Elemente. Er konnte sich 30, 50, 70 Wörter merken und anschließend fehlerfrei in der ursprünglichen und in der umgekehrten Reihenfolge wiedergeben. Nach 15 Jahren noch konnte er ganze Wortlisten oder Aufstellungen sinnloser Silben reproduzieren.

Auf die Frage, wie er sich das einpräge, antwortete er, er „sähe" die Zahlen- oder Buchstabentafeln vor sich. So erklärt sich, mit welcher Leichtigkeit er die Elemente einer Tabelle von verschiedenen Ausgangspunkten und in verschiedenen Richtungen wiederzugeben vermochte. Diese „Fotografie" (die der Amerikaner Neisser später als „eidetisches Gedächtnis" bezeichnete) war so präzise, dass Veniamin beim „Wiederlesen" sogar Fehler reproduzierte, wenn die Zahl oder der Buchstabe falsch geschrieben war. Als Lurija Veniamin nach 15 Jahren bat, unvorbereitet eine Liste zu erinnern, erklärte dieser nach einigen Augenblicken des Überlegens: „Ja, ja […] das war bei Ihnen in der Wohnung. Sie saßen am Tisch, ich im Schaukelstuhl […] Sie trugen einen grauen Anzug und sahen mich so an […] nun […] ich sehe, was Sie damals zu mir sagten […]." (1991, S. 156).

Wenn Veniamin als professioneller Gedächtniskünstler auf der Bühne stand, bediente er sich der Loci-Methode, um seine außergewöhnlichen Fähigkeiten zu vervollkommnen. Er benutzte dabei die Straßen Moskaus, insbesondere die Gorki-Straße, die am Majakowski-Platz beginnt. Seine wenigen Aussetzer bei den 100-Wörter-Listen erklärte er so: „Ich stellte den ‚Bleistift' neben die Mauer – Sie kennen diese Mauer an der Straße, und da verschmolz der Bleistift mit dieser Mauer, und ich ging an ihm vorüber […] Dasselbe war es mit dem Wort ‚Ei'. Ich stellte es gegen eine weiße Wand, und es verschmolz mit ihr. Wie hätte ich das weiße Ei vor einer weißen Wand erkennen können? Nun das ‚Luftschiff', es war grau und verschmolz mit den grauen Pflaster […] Und die Fahne war eine rote Fahne, und Sie wissen, das Gebäude des Moskauer Sowjet ist doch rot, ich stellte es neben die Wand und ging an der ‚Fahne' vorüber […] Und ‚Putamen' – ich weiß nicht, was das ist […] Es ist ein so dunkles Wort – ich habe es nicht erkannt […] und außerdem war die Laterne so weit weg […]." (1991, S. 171).

Doch er schien unfähig zu Zusammenfassungen nach semantischen Kategorien, so wie es für uns selbstverständlich ist. Ein anderer russischer Psychologe, Lev Vygotskij, hatte ihm eine Wortliste vorgelegt, die unter anderem mehrere Vogelnamen enthielt. Einige Jahre später gab ihm ein weiterer russischer Psychologe namens Alexei Leontiev eine andere Liste, in der auch Bezeichnungen von Flüssigkeiten auftauchten. Dann sollte Veniamin nur die Vogelnamen der ersten Liste sowie die Flüssigkeitsbezeichnungen der zweiten wiedergeben. Veniamin war außerstande, diese beiden Kategorien zusammenzustellen. Demnach war sein Gedächtnis je nach den Umständen entweder über alle Maßen lückenlos oder über alle Maßen lückenhaft. Im Gegensatz zur Mehrzahl aller Menschen, die spontan kategorisieren, war Veniamin dazu nicht in der Lage. Unter Bezug auf die aktuellen Theorien könnte man die Hypothese aufstellen, dass bei Veniamin die „visuellen" Gedächtnisse, das bildhafte und das räumliche, auf Kosten des semantischen überentwickelt waren.

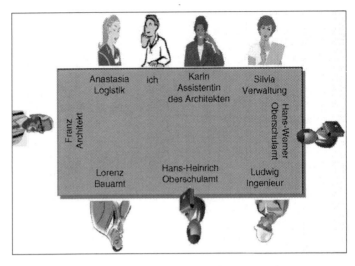

Abb. 11.2: Beispiel einer Sitzordnung in einer Besprechung.

Die Sitzordnung

Kehren wir auf die Erde zurück oder vielmehr an den Tisch. Nein, es geht nicht um die Tischordnung für das nächste Festessen. Es geht um Besprechungen. Ich habe in der Praxis eine sehr nützliche Anwendung der Loci-Methode gefunden, die „Sitzordnung". Wenn man häufig Besprechungen mit unterschiedlichen Personen (mit unterschiedlichen Aufgabenbereichen) hat, fand ich ein Schema der Sitzordnung am Tisch hilfreich, um mir die um ihn versammelten Personen mit Namen und Funktion zu merken (Abb. 11.2).

Schaut man sich so eine „Sitzordnung" vor einer weiteren Besprechung wieder an, kann man sich Gesicht und Aufgabe der Beteiligten in Erinnerung rufen. Schließlich soll doch Simonides der Legende zufolge genau so die Loci-Methode entdeckt haben!

Schemata, Diagramme, Organigramme

„Ein Schema sagt mehr als tausend Worte!" Manche Illustrationen sind vereinfacht und verschlüsselt, etwa Karten oder Diagramme. Schemata, Diagramme oder Organigramme sind ein ganz klassisches Verfahren zur Veranschaulichung von Organisationsstrukturen (Lieury, 1997, 2005).

In Bezug auf „klassische" Schemata und Diagramme, wenn ich so sagen darf, erbrachten die durchgeführten Studien unterschiedliche Ergebnisse. Für Karten sind die Resultate im Allgemeinen sehr gut. So steigerte eine mit Legenden versehene Karte in einem Text über einen fiktiven Stamm in Afrika die Gedächtnisleistung um 60 Prozent (Dean & Kulhavy, 1981, zitiert in Levie & Lentz), eine Karte mit Orientierungspunkten sogar um 200 Prozent (Schwarz & Kulhavy, 1981, zitiert in Levie & Lentz).

Im Gegensatz zu Karten, die im Grunde räumliche Beziehungen veranschaulichen, erlauben Schemata oder Diagramme die Visualisierung begrifflicher Beziehungen, indem sie zusätzlich Pfeile und andere grafische Elemente (z. B. Sprechblasen) verwenden. Die Ergebnisse sind im Allgemeinen recht gut (+30 Prozent), werden aber die Schemata mit Information überladen, können die Resultate katastrophal ausfallen (Holliday, 1976, zitiert in Levie & Lentz; Lieury, 1997).

Fasst man nur einige in dem Überblick von Levie und Lentz zitierte repräsentative Studien in einem Diagramm (Abb. 11.3) zusammen, ergibt sich als Fazit eine Abstufung der Effizienz von Illustrationen. Die Abbildung ist durchschnittlich wirksam, wenn sie zu Textabschnitten passt. Sehr wirksam ist sie zur Darstellung von räumlichen Bezügen, Karten und Montageanleitungen. Umgekehrt jedoch zeigen Illustrationen keinerlei gedächtnisstützenden Effekt, wenn sie semantisch nicht auf den Text bezogen sind und nur der Verschönerung dienen.

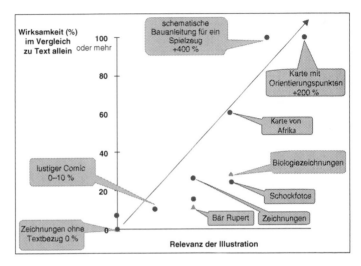

Abb. 11.3: Illustrationen sind vor allem nützlich zur Darstellung räumlicher Beziehungen (Karten, Schemata etc.); umgekehrt ist eine Illustration nutzlos, wenn sie lediglich schmückende Funktion hat (keinen Bezug zum Textinhalt).

Mind Mapping und heuristische Karten

Schematische Darstellungen haben in der Pädagogik seit jeher einen festen Platz. Es gab jedoch Versuche, diese Idee kommerziell zu nutzen. Meistens verbirgt sich aber hinter den verschiedenen Bezeichnungen wie Mind Mapping oder heuristische Karten nichts als eine simple Marketingverpackung für sehr komplizierte, informationsüberladene Diagramme, wenn es sich nicht sogar ganz schlicht um ein Sammelsurium von Ideen handelt, die man rasch auf ein Stück Papier wirft, bevor man sie strukturiert. Aus der begrenzten Kapazität des Kurzzeitgedächtnisses folgt jedoch, dass der Hauptfeind des Gedächtnisses die Überlastung ist, wie die Experimente mit den geografischen Karten (Kapitel 5, Abschnitt 2) belegen. Nun sind viele heuristische Karten aber eher überfrachtet (Abb. 11.4).

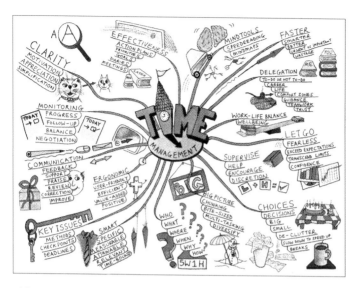

Abb. 11.4: Viele heuristische Schemata sind eher überfrachtet (mit freundlicher Genehmigung von © Mind Tool Ltd., 1996–2012, all rights reserved).

Das Schema in den Medien

Das Fernsehen als Medium unterliegt einerseits bestimmten Beschränkungen (man kann nicht „zurückspulen", außer bei einer Aufzeichnung), erlaubt aber andererseits wie das Buch, Informationen strukturiert darzustellen, beispielsweise als Schema. Ein Schema ist ein stark stilisiertes, sogar chiffriertes Bild (geografische Karte oder Straßenkarte), macht jedoch eine visuell-räumliche Organisation von Informationen möglich.

In einem dreiphasigen Experiment zum Lerneffekt eines Fernsehdokumentarfilms sahen Studenten einen zehnminütigen Zusammenschnitt einer Reportage des französischen Filmemachers Nicolas Hulot über das „Geheimnis der Nilquellen". Die Hälfte der Proban-

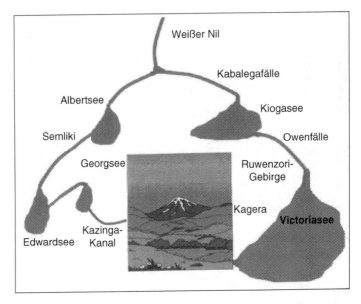

Abb. 11.5: Vereinfachtes Schema der Nilquellen (nach dem Dokumentarfilm von Nicolas Hulot aus der Reihe *Opération Okavango*).

den (Gruppe mit Karte) erblickte am Ende des Films eine schematische Darstellung der Seen und Flüsse (Abb. 11.5), die andere Hälfte, die Kontrollgruppe, nicht (Gruppe ohne Karte).

Der Film zeichnet die Geschichte der Entdeckung der Nilquellen nach, und zwar von der Antike, in der die Legenden sie in den geheimnisvollen Mondbergen ansiedelten, bis zu Stanley, der die beiden Quellflüsse des Weißen Nils entdeckte. Einer davon, der Victorianil, kommt über den Kiogasee aus dem Victoriasee, der zweite, der Albertnil, über andere, untereinander verbundene Seen aus dem Albertsee. Diese Seen werden gespeist vom ewigen Schnee des Ruwenzori-Gebirges, der legendären Mondberge.

Da das semantische Gedächtnis bekanntlich hierarchisch strukturiert ist, war der Text als Hierarchie von Sätzen angelegt. Jeder Satz bestand grob gesagt aus einem Grundgedanken und mehreren zu „Episoden" angeordneten Sätzen. Der verwendete Zusammenschnitt

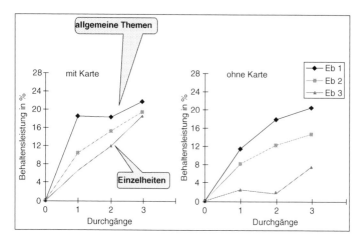

Abb. 11.6: Vergleich zweier Fernsehdokumentarfilme mit oder ohne Schema. Die Behaltensleistung ist insbesondere für die allgemeinen Themen (Ebene 1 = allgemeine Themen, Ebene 3 = Einzelheiten) höher (Lieury, Puiroux & Jamet, 1998).

enthielt 97 Sätze in nur zehn Minuten, was die Komplexität von Dokumentationen der üblichen Länge (50 bis 90 Minuten) erahnen lässt. Man versteht auch, warum der Löwenanteil der in Fernsehdokumentarfilmen vermittelten Informationen vergessen wird. Für die Zwecke der Ergebnisanalyse wurde die komplexe hierarchische Struktur auf drei Ebenen, vom Allgemeinen zu Einzelheiten, vereinfacht.

Insgesamt war die Behaltensleistung hoch, wenn die Karte gezeigt wurde. Die Karte erlaubte vor allem ein schnelleres Herausfiltern der übergreifenden Themen (Ebene 1). Die Reproduktion in der Bedingung Karte erreichte jedoch praktisch im ersten Durchgang ihr Maximum (Abb. 11.6), während in der Bedingung ohne Karte eine ansteigende Behaltensleistung zu verzeichnen war. Die mittlere Gedächtnisleistung war in der Bedingung mit Karte ebenfalls höher, doch das spektakulärste Ergebnis bezog sich auf die Einzelheiten des Films (Ebene 3), insbesondere die verschiedenen Seen und Verbindungsflüsse. Die Zuschauer der Kontrollgruppe (ohne Karte) konnten sich diese nicht merken.

Die schematische Darstellung stellt demzufolge eine ausgezeichnete Lernmethode dar, selbst in einem Dokumentarfilm, weil sie die vermittelten Informationen strukturiert und gleichzeitig deren räumliche Struktur festhält.

2   Wortbasierte Schemata

Schlüsselwort, Schlüsselsatz, Schlüsselgeschichte

Eine sehr geläufige Merkmethode besteht darin, Wörter aus den Anfangsbuchstaben oder -silben der Elemente einer Liste zu bilden. Das ist die Schlüsselwortmethode. Man kann auch mit der Schlüsselsatztechnik die Silben in einen Satz einbauen. Sind nur wenige Wörter zu memorieren, kann das Schlüsselwort zur Organisation der Abrufhilfen ausreichen: Beispielsweise schließt das Kennwort „Saturn" die Anfangssilben von drei Planeten nach ihrer Entfernung von der Sonne in sich: Sat-urn, Ur-anus, N-eptun. Sind mehr als drei bis vier Wörter zusammenzufassen, bietet sich der Schlüsselsatz an. Es kursieren zahlreiche Beispiele, denn sie sind überaus nützlich, um sich eine Reihenfolge wie die der Planeten, aber auch eine Wort- oder Namenfolge in Erinnerung zu rufen, ohne etwas auszulassen.

Literatur

Das französische Beispiel des Merksatzes für die Schriftsteller des 17. Jahrhunderts ist schon zu Beginn dieses Buches aufgetaucht: „Sur la **racine** (Racine) de **la bruyère** (la Bruyère), la **corneille** (Corneille) **boit l'eau** (Boileau) de **la fontaine** (la Fontaine) **Molière** (Molière)" (wörtlich: „Auf der Wurzel des Heidekrauts trinkt die Krähe Wasser aus der Molière-Quelle").

Grammatik

Bei „seit" geht es um die Zeit. Sei**d**, wenn sie es sin**d**.

Musik

Mit dem Satz „**G**eh, **d**u **a**lter **E**sel, **H**eu **f**ressen" kann man sich die Kreuztonarten G-, D-, A-, E-, H- und Fis-Dur (danach folgt noch Cis-Dur) merken.
  Die Wissenschaften stehen dem in nichts nach.

Geologie

„**Lie**s **do**ch **mal**" hilft beim Abruf der Serien der erdgeschichtlichen Periode des Jura: Lias oder Schwarzer Jura, Dogger oder Brauner Jura und Malm oder Weißer Jura.

Linné'sche Systematik

Art, Gattung, Familie, Ordnung, Klasse, Stamm, Reich
  Schlüsselsatz: „Die **Art** des **Gatt**en, die **Familie** in **Ordnung** zu halten, ist **klasse** und **stamm**t aus **reich**er Erfahrung."

Astronomie

„**Me**in **V**ater **er**klärt **m**ir **j**eden **S**onntag **u**nsere **n**eun **P**laneten." So merkt man sich die Reihenfolge der Planeten unseres Sonnensystems Merkur, Venus, Erde, Mars, Jupiter, Saturn, Uranus, Neptun, Pluto (Abb. 11.7). Auch wenn letzterer nicht mehr als echter Planet gilt, gehört er doch für manche Astronomen zu den „historischen" Planeten.

Mein   Vater erklärt mir   jeden Sonntag unsere   neun Planeten
Merkur Venus   Erde Mars Jupiter   Saturn   Uranus Neptun   Pluto

Abb. 11.7: Mithilfe eines Schlüsselsatzes kann man sich die richtige Reihenfolge einer Namensserie merken.

Mathematik

„Wie, o dies π macht ernstlich so vielen viele Müh', lernt immerhin, Jünglinge, leichte Verselein, wie so zum Beispiel dies dürfte zu merken sein" verschlüsselt die Zahl Pi durch die Buchstabenzahl jedes Wortes (Wie = 3, o = 1, dies = 4, π = 1, macht = 5 und so fort).

Den nach demselben Prinzip gebildeten Schüsselsatz von Pierre Hérigone: „Que j'aime à faire connaître ce nombre utile aux sages" (wörtlich: „Wie ich es liebe, diese nützliche Zahl den Weisen bekannt zu machen") zum gleichen Zweck haben wir schon kennen gelernt.

Chemie

Die Reihen und Spalten des Periodensystems der Elemente zu behalten (Abb. 11.8) ist eine echte Kopfnuss, abgesehen von der

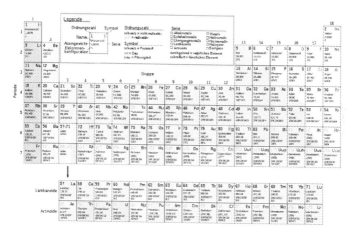

Abb. 11.8: Ohne Schlüsselsätze ist es schwierig, sich das Periodensystem der Elemente zu merken.

ersten Periode (waagerechte Reihe), die nur aus Wasserstoff (ein Proton) und Helium (zwei Protonen) besteht. Für die verschiedenen Hauptgruppen (in den senkrechten Spalten) gibt es mehr Merksätze.

Einige Beispiele: 2. Periode: „Liebe Berta, Bitte Comme Nicht Ohne Frische Nelken" für Lithium (Li), Beryllium (Be), Bor (B), Kohlenstoff (C), Stickstoff (N), Sauerstoff (O), Fluor (F), Neon (Ne).

1. Hauptgruppe: „Hallo Lieber Nachbar, Komm Rüber, Cäsar Friert" für Wasserstoff (H), Lithium (Li), Natrium (Na), Kalium (K), Rubidium (Rb), Cäsium (Cs), Francium (Fr).

3. Hauptgruppe: „Bei Aldi Gabs Indisches Thallium" für Bor (B), Aluminium (Al), Gallium (Ga), Indium (In), Thallium (Tl).

6. Hauptgruppe: „Otto Sucht Seinen Teller Pommes" für Sauerstoff (O), Schwefel (S), Selen (Se), Tellur (Te), Polonium (Po).

7. Hauptgruppe: „Fetter Claus Bricht Jeden Ast" für Fluor (F), Chlor (Cl), Brom (Br), Jod (J), Astat (As).

Die Methode funktioniert auch in den Human- und Sozialwissenschaften.

Geschichte

Die „weichen" Wissenschaften mit ihren Listen von Regenten und Epochen haben, was Merkprobleme angeht, nicht weniger zu bieten. Daran soll's also nicht liegen!

Mit dem Satz „**A**lle **e**hemaligen **K**anzler **b**ringen **s**amstags **k**leine **S**chnäpse **m**it" kann man sich die Regierungschefs der Bundesrepublik Deutschland einprägen: Adenauer, Erhard, Kiesinger, Brandt, Schmidt, Kohl, Schröder, Merkel.

Die Abfolge der deutschen Bundespräsidenten Heuss, Lübke, Heinemann, Scheel, Carstens, Weizsäcker, Herzog, Rau, Köhler, Wulff, Gauck merkt man sich mit: „**H**einrich **L**übke **h**at **s**einer **c**harmanten **W**ilhelmine **h**interm **R**ednerpult **k**eine **W**iderworte **g**egeben."

Geografie

Oma weiß nicht nur für alles Rat, sie versüßt auch das Lernen der großen nordamerikanischen Seen von West nach Ost: „**O**ma **m**acht **h**eute **e**inen **n**assen **O**bstkuchen" steht für Oberer See, Michigansee, Huronsee, Eriesee, Niagarafälle, Ontariosee.

Psychologie

Um sich an die Merkmale der klassischen Konditionierung (Pawlow'scher Hund!) zu erinnern, haben meine Studenten das Schlüsselwort „Greta" erfunden, das rückwärts zu decodieren ist: A für Akquisition (Erwerb), T für temporale Kontiguität (zeitliche Nähe), E für Extinktion (Löschung), R für *recovery* (Wiederherstellung) und G für Generalisierung.

Um diesen amüsanten Katalog abzurunden (später mehr davon), sollte man Hobbys und Sport nicht vergessen.

Reitsport

Die Reihenfolge der Buchstaben an der Bande des Dressurvierecks lautet M, B, F, A, K, E, H, dann kommt C, wo die Richter sitzen: „**M**ein **b**ester **F**reund **A**nton **k**auft **e**ine **h**albe **C**itrone" oder ohne C: „**M**ein **B**rauner **f**risst **a**lles: **K**arotten, **E**instreu, **H**afer."

Im Beispiel der französischen Schriftsteller steht jeweils das ganze Wort im Schlüsselsatz (Racine, Corneille etc.), in anderen jedoch enthält dieser phonetische Abrufhilfen, beispielsweise die Anfangsbuchstaben wie im Fall der Planeten oder die Anfangssilben beim Jura, der erdgeschichtlichen Periode des Mesozoikums.

Der Schlüsselsatz hat zuweilen eine Bedeutung wie in den obigen Beispielen, kann jedoch auch ein sinnloses Wort enthalten wie in dem in Frankreich sehr bekannten Merksatz: „Mais où est donc Ornicar? (wörtlich: „Aber wo ist denn bloß Ornicar?"), mit dem man sich die Beiordnungskonjunktionen *mais, ou, et, donc, or, ni, car* („aber", „oder", „und", „also", „nun aber/und da", „weder", „weil") merkt. Das Wort „Ornicar"[1] bedeutet nichts und ist nur deswegen so einprägsam, weil es sich gut aussprechen lässt. Dieses rein lexikalische Verfahren beruht also auf Aussprechbarkeit. Die Wahl des Satzes, ob er bedeutungshaltig oder phonetisch ist wie in der „kabbalistischen" Formel (Teil I), erfolgt empirisch und hängt einzig von den Umständen ab. So könnte die Mnemotechnik für die zweite Periode des Periodensystems

---

[1] Apropos, suchen Sie nicht mehr nach Ornicar, er existiert tatsächlich, seit der Astronom Alain Maury vom Observatorium der Côte d'Azur den Asteroiden 17 777 augenzwinkernd so benannt hat (*Ciel et Espace*, April 2005).

(Liebe Berta …) auch in dem kabbalistischen Satz „Libebe Cenofne" für die Symbole von Lithium, Beryllium, Bor, Kohlenstoff, Stickstoff, Sauerstoff, Fluor und Neon bestehen.

Wenn ein Schlüsselsatz nicht funktioniert, liegt ein möglicher Grund darin, dass die Abrufhinweise selbst schwach sind. So haben wir gesehen (Tab. 10.1), dass die Darbietung zweier Buchstaben als phonetische Abrufhilfen nicht ausreichte (Erinnerungsleistung von 28 Prozent gegenüber der Kontrollgruppe mit 24 Prozent) und dass mindestens drei Buchstaben (Silbe) für eine wirksame Abrufhilfe nötig sind. Man darf nicht aus den Augen verlieren, dass der Schlüsselsatz ein Abrufschema, also eine strukturierte Anordnung von Hinweisreizen bildet: Das Schema als solches weist demnach zwei Schwachpunkte auf: die Ineffizienz der Abrufhinweise (beispielsweise Initialen) und deren Organisation als solche (wenig bedeutungshaltiger Satz). Zusätzlich fragten sich einige Wissenschaftler, ob es effektiver wäre, wenn die Teilnehmer selbst die Schlüsselhinweise (Schlüsselwort, -satz) erfinden oder wenn die Versuchsleiter sie vorgeben. Die Ergebnisse sind nicht schlüssig. Manche Studien ergaben, dass die Eigenproduktion (durch die Versuchsperson) wirksamer ist (Bobrow & Bower, 1969), manche das Gegenteil (Pines & Blick, 1974). Dabei spielt zweifelsohne das Ausmaß der semantischen Verbindung zwischen den zu lernenden Wörtern eine Rolle. Ist die Assoziation stark (Beispiel Kuh – Ball), funktioniert die Eigenproduktion, ist der Zusammenhang jedoch schwach (etwa bei Ewigkeit – Kobalt), findet der Proband nicht immer einen. Man muss sich diesbezüglich vor Augen halten, dass die Organisationsprozesse (Satz, Bild etc.) Zeit benötigen, für die Wortpaarbildung mindestens fünf bis zehn Sekunden; unter diesen Umständen dauert es bei einer schwachen semantischen Assoziation länger, eine mögliche Organisation zu finden. In diesem letzteren Fall eignen sich vom Versuchsleiter vorgegebene Schlüsselsätze am besten. Man muss vom Versuchsleiter auf der

Grundlage von Wortlisten gebildete Schlüsselsätze genau untersuchen, damit man bestimmte Faktoren manipulieren kann, beispielsweise die Buchstabenanzahl der Abrufhilfe, die Stärke der semantischen Assoziation und so weiter.

Gemeinsam mit Élisabeth Leblanc habe ich (Lieury, 1980) einige bekannte Schlüsselsätze von (französischen) Studenten verschiedener Fächer getestet. Der erste Satz hilft, sich die Reihenfolge der geologischen Serien des Jura (mittlere Periode des Mesozoikums) einzuprägen, der zweite bezieht sich auf die sieben Weltwunder der Antike. Der dritte enthält die Minerale der Mohs'schen Härteskala. Und der vierte schließlich ist unter Medizinstudenten sehr bekannt, um sich die Hirn- oder Schädelnerven zu merken.

Geologische Perioden des Paläozoikums

Kambrium (**Cambr**ien), Silur (**Silu**rien), Devon (**Dévo**nien), Karbon (**Carboni**fère), Perm (**Per**mien).

Schlüsselsatz: „**Cambr**onne **s'il eût** (gesprochen *silü*) été **dévot**, n'eût pas **carboni**sé son **père**" (wörtlich: „Cambronne [französischer General unter Napoleon], wäre er fromm gewesen, hätte seinen Vater nicht eingeäschert").

Eine deutsche Entsprechung, die auch das Ordovizium berücksichtigt, lautet: „Kambrinsky und Ordovinsky fordern Silenzium und Devotion von den Karbonaro und geben ihnen Permission."

Weltwunder

Die **P**yramiden von Gizeh in Ägypten (**É**gypte), der Leuchtturm auf der Insel **P**haros vor **A**lexandria, die hängenden Gärten (**j**ardins) der Semiramis zu **B**abylon, der **T**empel der Artemis in **E**phesos, das Grab des Königs **M**ausolos II. zu Halikarnassos, die Zeusstatue des Phidias von Olympia, der Koloss (colosse) von Rhodos.

Schüsselsatz: „Pour étendre la popularité, avec génie et brio, du théâtre de son époque, Molière satura de pièces la cour du roi" (wörtlich: „Um die Popularität des Theaters seiner Zeit mit Genie und Bravour zu vergrößern, überschwemmte Molière den Königshof mit Stücken").

Ein deutsches (semantisches) Pendant für eine andere Reihenfolge lautet: „In einem Garten hängen Rhodos und Mausolos auf einem Leuchtturm rum und schauen auf die Pyramiden, welche gleichzeitig als Tempel dienen und von einer Zeusstatue bewacht werden."

Mohs'sche Härteskala

Talk (talc), Gips (gypse), Kalkspat (calcite), Flusspat (fluorine), Apatit (apatite), Orthoklas (orthose), Quarz (quartz), Topas (topaze), Korund (corindon), Diamant (diamant).

Schlüsselsatz: „Ta grande cousine follement amoureuse ose quémander tes caresses divines" (wörtlich: „Deine große, unsterblich verliebte Cousine wagt um deine himmlischen Liebkosungen zu betteln").

Hirnnerven

N. olfactorius, opticus, oculomotorius, trochlearis, trigeminus, abducens, facialis, vestibulocochlearis, glossopharyngeus, vagus, accessorius, hypoglossus.

Schlüsselsatz (deutsches Gegenstück): „Onkel Otto orgelt tagtäglich, aber freitags verspeist er gerne viele alte Hamburger."

Die „Schlüsselsatz"-Gruppe erhielt die Sätze zusammen mit der jeweils zu lernenden Wortliste, während den Probanden der Kontrollgruppe kein Hilfsmittel zur Verfügung stand, um sich die vier Listen einzuprägen. Wir gaben den Versuchspersonen die Anweisung, die Listen so lange zu memorieren, bis sie sie fehlerfrei hersagen konnten, und registrierten die Gesamtdauer der Lernphase. Bei den „geologischen Perioden" und den „Hirnnerven" trat kein Zeitunterschied zwischen der „Schlüsselwort"- und der Kontrollgruppe auf. Dagegen erwies sich die „Schlüsselwort"-Gruppe bei den „sieben Weltwundern" und der „Mohs'schen Härteskala" als viel langsamer als die Kontrollgruppe (sie brauchte doppelt so lange). Anschließend prüften wir nach einer Woche die Behaltensleistung mit freier Wiedergabe und ohne Schlüsselsatz.

Wie die Ergebnisse zeigen, sind die Schlüsselsätze für die geologischen Perioden und die Schädelnerven hilfreich. Dagegen erwiesen sich die beiden anderen Schlüsselsätze für die sieben Weltwunder und die Härteskala als weniger effektiv. Überdies dauerte es doppelt so lange, diese letzteren Listen zu lernen.

Der Schlüsselsatz für die Weltwunder ist aus verschiedenen Gründen ein schlechtes Abrufschema. Der Satz ist zu lang, die Abrufhilfen zu kurz (ein einziger Buchstabe); überdies enthält er schlechte Abrufhilfen wie „satura" für „Zeus", was nicht gleich ausgesprochen wird. Was die Mohs-Skala anbelangt, so sorgt die Schwierigkeit der Wörter selbst für Erschwernis; Mineralienbezeichnungen wie „Korund", „Orthoklas", „Apatit" sind (Psychologie-)Studenten, die sich als Versuchspersonen zur Verfügung stellten, kaum bekannt. In diesem Beispiel stoßen wir wieder auf eine wichtige Grundregel für Abrufhilfen: Sie erleichtern den Zugriff auf die gespeicherte Episode. Ist nichts gespeichert (oder unzureichend), gibt es auch nichts abzurufen.

Viele Methoden funktionieren wie Abrufhilfen oder -schemata, weil sie nur funktionieren können, wenn die zu erinnernden Informationen schon bekannt (früher gespeichert) sind. Das trifft für die Planeten und die Schriftsteller des 17. Jahrhunderts zu. Selbst der leichteste oder lustigste Schlüsselsatz wird nicht dafür sorgen, dass man unbekannte Elemente aus seinem Gedächtnis hervorzuzaubern könnte. Wenn ein Student beispielsweise nicht gelernt hat, dass im Periodensystem das Elementsymbol „Ar" für Argon und nicht für Silber (Argentum, Ag) steht, wird ihm auch ein noch so lustiger Merksatz zur dritten Periode (Na, Mg, Al, Si, P, S, Cl, Ar) nichts nützen.

In der Praxis lassen sich die Effizienzregeln wie folgt zusammenfassen:

* *Man benötigt geeignete Informationen:* Die zu erinnernde Information muss vorher bekannt (gespeichert worden) sein.
* *Man benötigt gute Abrufhilfen:* Im Fall des Schlüsselsatzes sind das phonetische Hinweise, die so gehaltvoll sein müssen wie möglich. So ist die Anfangssilbe dem Anfangsbuchstaben überlegen.
* *Man benötigt ein gutes Schema:* Der Schlüsselsatz darf nicht zu viele Füllwörter enthalten, sonst überlastet er das Gedächtnis.

Die kabbalistische Formel von Guyot-Daubès (etwa „Vibujor" für die Regenbogenfarben oder „Auticacla…" für die römischen Kaiser; Kapitel 4, Abschnitt 3), die sich zweifelsohne an die Praktiken der alten Priester und Alchimisten anlehnte, hat sich für den Laien sicherlich aus Unkenntnis der chemischen Elemente, die sie in Erinnerung rufen sollte, auf das berühmte „Abrakadabra" des Zauberers oder der Hexe reduziert (Abb. 11.9).

Die Zusammenfassung

Gelingt es, den beiden letzten Bedingungen (gute Abrufhilfen und minimales Füllmaterial) zu genügen, müsste man das ideale Abrufschema erhalten. Zunächst einmal muss man als gehaltvollste Hilfen die wichtigen Wörter selbst nehmen. Im nächsten

Abb. 11.9: Sicherlich wurde aus den kabbalistischen Formeln das „Abrakadabra" der Zauberer, weil sie unverständlich waren.

Schritt heißt es, Überlastung zu vermeiden, das Nebensächliche wegzulassen und nichts hinzuzufügen. Dieses perfekte Schema existiert tatsächlich: die Zusammenfassung.

Die experimentelle Untersuchung der Zusammenfassung führt zu aufschlussreichen Resultaten.

Jean-François Vezin, Odile Berge und Panicos Mavrellis (1973) untersuchten mit elfjährigen Schülern die Rolle der Zusammenfassung und der Wiederholung in Abhängigkeit von ihrer Platzierung relativ zu einem Text. In diesem Text ging es um die Anpassung bei Tieren, und er bestand aus acht allgemeinen Aussagen und 16 Beispielen. Die Zusammenfassung enthielt alle allgemeinen Aussagen ohne die Beispiele und wurde entweder vor der Lektüre des Langtextes vorgelegt oder danach. Die besten Ergebnisse erzielten die Probanden im letzteren Fall. Die Resultate im Vergleich zur einfachen Wiederholung des Textes waren komplexer. Betrachtet man die Anzahl der erinnerten

Wörter, ist die Wiederholung des Gesamttextes besser als die Zusammenfassung. Betrachtet man aber den Allgemeinheitsgrad der erinnerten Aussagen, führt die Zusammenfassung zu besseren Ergebnissen. Letzten Endes haben Text und Zusammenfassung wahrscheinlich unterschiedliche Funktionen.

Die Zusammenfassung fungiert als Abrufschema; sie organisiert die wichtigen Schlüsselwörter unter der Voraussetzung, dass diese bereits abgespeichert sind. Das erklärt, warum die Zusammenfassung nach der Lektüre des Textes wirksamer ist. Der Text hat die Funktion, dass die Wörter selbst gelernt werden, daher sind Wiederholung und Beispiele notwendig (Kapitel 6, multiepisodisches Lernen).

Geschichten als Abrufschemata

In einem der spektakulärsten Experimente zeigten Bower und Clark (1969), dass eine Schlüsselgeschichte eine sehr wirksame Technik sein kann. Zwölf Listen mit je zehn konkreten Wörtern waren nacheinander zu lernen. Die Probanden der experimentellen Bedingung sollten sich eine Geschichte ausdenken, welche die Wörter der Liste verband; die Kontrollgruppe sollte genauso lange lernen, jedoch ohne Anweisung. Bei der Prüfung der Behaltensleistung sollten die Versuchspersonen alle Listen wiedergeben. Die Gruppe „Geschichte" erhielt dabei jedoch Hilfestellung durch Nennung des ersten Wortes jeder Liste als Abrufhinweis. Unter dieser Bedingung war die Gedächtnisleistung Aufsehen erregend; sie betrug im Mittel 93 Prozent, was (bei Nichtberücksichtigung des jeweils ersten Wortes der zwölf Listen) insgesamt 100 Wörtern entspricht. Das ist fast eines professionellen Gedächtniskünstlers würdig! Im Vergleich dazu lag die Behaltensleistung der Kontrollgruppe bei nur 13 Prozent, also etwa 15 Wörtern.

Analysiert man ein repräsentatives Beispiel einer von den Probanden erfundenen Geschichte, fällt auf, dass diese in drei Sätze mit je ungefähr drei Wörtern gegliedert ist, etwa (Listenwörter in

Großbuchstaben): „Eine PFLANZE kann ein nützliches INST-RUMENT für ein COLLEGE sein. Eine KAROTTE kann ein GAG für Ihren ZAUN oder TEICH sein. Aber ein HÄNDLER der KÖNIGIN will diesen Zaun messen und die Karotte der ZIEGE geben" für die Liste „Pflanze, Instrument, College, Gag, Zaun, Teich, Händler, Königin, Ziege".

Ist diese Struktur Zufall oder im Hinblick auf die Mechanismen des Gedächtnisses optimal?

Untersuchungen zu den kategorialen Abrufhilfen (Kapitel 8, Abschnitt 2) ergaben, dass das Kurzzeitgedächtnis nicht nur an der Speicherung, sondern auch am Abruf beteiligt ist. Nun muss aber die Kapazität des Kurzzeitgedächtnisses (etwa sieben Elemente) für den Abruf geteilt werden; ein Teil wird für die Speicherung der Abrufhilfen (z. B. Kategorienbezeichnungen) benötigt, der andere für die zu erinnernden Wörter (die Elemente jeder Kategorie). Also beträgt die Abrufkapazität nur die Hälfte von 7, in der Praxis demnach 3 oder 4. Das ist der Grund, weshalb das Optimum für den Abruf bei vier Abrufhilfen liegt (Abb. 11.10). Mithilfe gewöhnlicher Kategorien (Tiere, Pflanzen etc.) kann man sich daher eine Liste von 24 Wörtern, unterteilt in vier Kategorien zu je sechs Elementen, sehr gut einprägen, besser als wenn sie in zwei Kategorien zu zwölf Wörtern oder umgekehrt in zwölf Kategorien zu je zwei unterteilt ist (Lieury & Clevede, zitiert in Lieury, 1997).

Funktioniert dieser Mechanismus auch mit Sätzen?

Gemeinsam mit Marie-Françoise Le Coroller und Ouali Athmane ging ich in zwei Experimenten dieser Frage nach. Einer Gruppe – Bedingung „Sätze" – legten wir fünf aufeinanderfolgende Listen mit je 20 Wörtern sowie einer zunehmenden Anzahl von Sätzen vor: null Sätze (herkömmliche 20-Wörter-Liste), zwei Sätze zu je zehn Wörtern, vier Sätze zu je fünf Wörtern, zehn Zwei-Wort-Sätze und schließlich 20 kurze „Sätze" von je einem Wort. Der zweiten Gruppe – Bedingung „Geschichte" – präsentierten wir die Listen mit zehn oder 20 Sätzen, eingebunden in eine oder zwei Geschichten.

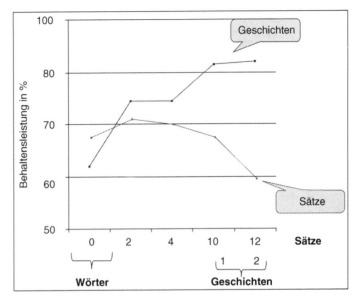

Abb. 11.10: Die Verkettung von Wörtern zu Sätzen ist effektiv bis zu vier Sätzen; darüber hinaus aber muss man die Sätze zu Geschichten zusammenstellen (nach Lieury, Athmane & Le Coroller, unveröffentlichte Studie).

Falls die Sätze als thematische Abrufhilfen wirken, mit deren Hilfe man sich an mehrere Wörter erinnern kann, würde die Geschichte als Abrufschema fungieren, da sie die thematischen Hinweise selbst organisiert.

In der ersten Gruppe, Bedingung „Sätze", erreichte die Behaltenskurve (Abb. 11.10) annähernd die Kuppelform einer Optimalkurve, wobei mit der Bedingung „null Sätze" (20 als Liste dargebotene Wörter) und vor allem mit den Bedingungen „zehn Sätze" oder „20 Sätze" eine schwächere Behaltensleistung verbunden war. Da das Kurzzeitgedächtnis eine (auf vier Themen) begrenzte Abrufkapazität besitzt, tritt bei 20 Wörtern Überlastung ein, ob nun zehn oder 20 Sätze dargeboten werden.

Die Bedingung „Geschichte" jedoch ergibt dank der Organisation zu Geschichten einer sehr gute Behaltensleistung (80 Prozent) für zehn oder 20 Kurzsätze. Die Schlüsselgeschichte oder das Szenarium bildet demnach ein echtes Abrufschema, da sie verschiedene thematische Abrufhinweise zu Sätzen zusammenfügt, die ihrerseits wiederum mehrere Wörter ins Gedächtnis rufen.

Nebenbei bemerkt weisen diese fast zwangsläufig absurden Geschichten, die lediglich einen Zusammenhang zwischen zufällig ausgewählten Wörtern stiften sollen, Ähnlichkeit mit unseren Träumen auf. Es ist, als wollte das Gehirn nachts die bunt zusammengewürfelten Episoden unseres Tages ordnen und eine gute Geschichte daraus stricken!

3 Semantikbasierte Schemata

Baumstrukturen

Das bei Weitem wirksamste Verfahren jedoch ist die semantische Hierarchisierung. Sie beruht auf einer zunehmend abstrakteren Kategorisierung, denn sie verbindet den Organisationsprozess (Paketbildung im Kurzzeitgedächtnis) mit der ausgefeiltesten Organisationsstruktur des Kurzzeitgedächtnisses, der kategorialen Hierarchie.

Diese herausragende Effizienz zeichnete sich schon bei dem in Kapitel 9 dargestellten Experiment von Gordon Bower und Mitarbeitern zu den Abrufschemata ab, soll jedoch im Einzelnen erörtert werden, denn es führt kein Weg an ihr vorbei.

In diesem berühmten Experiment legten die Forscher den Versuchspersonen eine beeindruckende Liste von 112 Wörtern vor; diese waren auf vier Tafeln mit je etwa 40 Wörtern verteilt und hierarchisch angeordnet. Der Kontrollgruppe boten sie die 112 Wörter willkürlich gemischt und in Spalten angeordnet ebenfalls auf vier Tafeln dar.

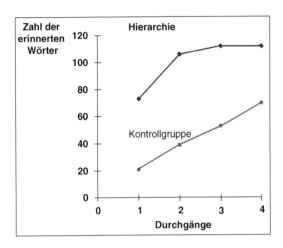

Abb. 11.11: Die hierarchisch geordnete Darbietung ist die wirksamste Methode (nach Bower et al., 1969).

Die Erinnerungsleistung war bereits ab dem ersten Durchgang (Abb. 11.11) außerordentlich hoch, denn sie entspricht 70 Wörtern, also dem Zehnfachen der gewöhnlichen Kurzzeitgedächtniskapazität von sieben Informationseinheiten. Ab dem dritten Durchgang wurden sämtliche 112 Wörter der Liste erinnert – eine spektakuläre Leistung. Dieses Experiment vermied jede Überlastung mithilfe von Oberkategorien, welche die Kategorien und die Resultate zusammenfassen. So schließt etwa die Oberkategorie „Mineralien" andere Kategorien (Edelsteine, Metalle etc.) ein, die ihrerseits bereits mehrere Wörter in sich vereinigen.

Zudem bewiesen auch die Probanden der Kontrollgruppe ein sehr gutes Gedächtnis, was für eine spontane Organisierungsaktivität spricht.

Das ist bei Weitem die beste Methode, und sie stellt außerdem ein Abrufschema dar. Schon Petrus Ramus (Kapitel 2) hatte sie vorweggenommen. Jedoch ist sie nur brauchbar, wenn die Wörter und Kategorien bereits im semantischen Gedächtnis verankert sind. Bei Kindern, welche die Kategorien noch nicht oder noch nicht gut genug gelernt haben, funktioniert diese Methode also nicht (Lieury, 1997).

Zur Optimierung dieser Organisation muss jedoch die Abrufkapazität des Kurzzeitgedächtnisses beachtet werden. Im Experiment von Bower enthält jede kategoriale Ebene nicht mehr als vier Einheiten: Es gibt vier allgemeine Kategorien – Pflanzen, Tiere, Mineralien und Instrumente. In einer allgemeinen Kategorie gibt es nur zwei Oberkategorien (z. B. Metalle und Stein; Nahrungs- und Zierpflanzen), in jeder Oberkategorie zwei oder drei Kategorien (z. B. gewöhnliche Metalle, Edelmetalle und Legierungen; Gemüse, Obst, Gewürzpflanzen), und schließlich enthält jede Basiskategorie nur drei oder vier Wörter. Jede Baumstruktur muss sich an dieses Prinzip halten, um maximale Effizienz zu erreichen und um zu vermeiden, dass bei dem Hin und Her zwischen Kurzzeitgedächtnis und semantischem Gedächtnis (Langzeitgedächtnis) auf irgendeiner kategorialen Ebene eine Überlastung auftritt. Rufen wir uns nochmals in Erinnerung, dass das Kurzzeitgedächtnis in der Abrufsituation nur noch über die Hälfte seiner Kapazität verfügt; enthält es beispielsweise vier Abrufhilfen, hat es nur noch drei „Plätze" für abzurufende Informationen frei. In der Praxis beträgt denn auch die Abrufkapazität drei bis vier Elemente (was das obige Experiment berücksichtigte).

Immer wenn die Methode der kategorialen Hierarchie anwendbar ist, ist sie demnach auch die beste. Eben diese Methode findet sich übrigens latent in zahlreichen lernbezogenen Strukturen, in der Gliederung eines Buches, den Einteilungen der allgemeinen Dokumentation, in wissenschaftlichen Klassifikationssystemen, vor allem der Zoologie, der Botanik und anderen. Diese semantisch-logische Organisation entspricht der „Gliederung und Wortfügung" Quintilians und den Baumstrukturen des Petrus Ramus.

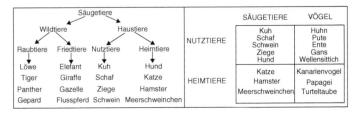

Abb. 11.12: Vergleich von hierarchischer und tabellarischer Darbietung (Broadbent, Cooper & Broadbent, 1978).

Die Tabelle

Ein anderes effektives und daher häufig benutztes Schema ist die Tabelle mit Reihen und Spalten. Das ist die klassische Darstellungsform von Ergebnissen, die uns in diesem Buch immer wieder begegnet und die Wissenschaftlern so sehr nützt.

Donald Broadbent und Mitarbeiter (1978) untersuchten, ob eine Darbietung in Tabellenform oder in hierarchischer Ordnung (Baumstruktur) einprägsamer ist. Die Bedingung „hierarchische Liste" sah eine Liste von 16 Tiernamen vor. Die Probanden der anderen Bedingung sollten sich 16 gleichwertige Tiernamen einprägen, aber anhand einer zweidimensionalen Tabelle (Abb. 11.12).

Beim Vergleich der beiden Darbietungsformen fällt auf, dass die Tabelle nur vier Abrufhilfen erfordert (zwei für die Spalten und zwei für die Reihen der Tabelle), während das Baumdiagramm für dieselbe Anzahl Wörter unökonomischer ist, da es sieben Abrufhinweise benötigt (die vier Basiskategorienbezeichnungen, zwei Oberkategorien und die allgemeine Kategorie). Tatsächlich deckt sich die Logik der Baumstruktur nicht mit der Logik der Tabelle, und man könnte die eine nicht in der anderen codieren. In der Tabelle ist die Information doppelt eingebunden, ein Wort findet sich zugleich in einer Reihe (z. B. Heimtier) und in einer Spalte (z. B. Vogel). Im Baumdiagramm gehö-

Tab. 11.1: Vergleich der Wirksamkeit (in Prozent) von hierarchischer und tabellarischer Darbietung (Broadbent, Cooper & Broadbent, 1978)

	Tabelle	Hierarchie	Kontrollgruppe
Wiedergabe von Kategoriennamen	86	82	51
Wiedergabe von Wörtern	65	64	29

ren die Wörter dagegen immer nur einer einzigen Kategorie an. So ist der Löwe ein Tier, ein Wildtier und ein Raubtier; er kann nicht zugleich Wild- und Haustier sein; diese Kategorien schließen einander aus.

Um festzustellen, ob die Baumstruktur möglicherweise eher zu Lasten der Abrufhinweise (Kategoriennamen) geht, unterschieden die Autoren bei der Wiedergabe zwischen der Reproduktion von Abrufhilfen und der von Wörtern. Doch gleich, ob in Bezug auf die Wörter oder auf ihre Abrufhinweise (Kategoriennamen), die Ergebnisse sprechen unterschiedslos für eine hohe Effizienz sowohl der Baumstruktur als auch der Tabelle im Vergleich zur Kontrollgruppe (Tab. 11.1).

Bei den zahlreicheren Abrufhilfen in der Baumstruktur tritt demnach keine Überlastung auf. Das lässt sich durch die Mechanismen des Hin und Her zwischen Kurz- und Langzeitgedächtnis erklären. Beispielsweise speichert das Kurzzeitgedächtnis „Säugetier", womit „Wildtier" abzurufen ist; „Wildtier" wiederum ruft „Raubtier" ab und so fort. Überdies ist zu beachten, dass der prozentuale Anteil erinnerter Abrufhilfen den der Basiswörter übertrifft, was klar belegt, dass die Wiedergabe der Wörter durch die Abrufhilfen vermittelt wird und nicht umgekehrt.

Eine Tabelle ist daher sehr nützlich, um sich die neun Musen zu merken. Es gibt zwar einen Schlüsselsatz, eher eine Formel, doch der ist nicht einfach und ordnet die Musen zudem anders an: EuEr UrPoKal, Klio MeTer Thal: Euterpe, Erato, Urania, Polyhymnia, Kaliope, Klio, Melpomene, Terpsichore, Thalia.

Literatur	Erato: Liebesdichtung Kalliope: epische Dichtung
Theater	Melpomene: Tragödie Thalia: Komödie
Musik	Euterpe: Musik Polyhymnia: Gesang Terpsichore: Tanz
Wissenschaften	Klio: Geschichtsschreibung Urania: Sternkunde

Abb. 11.13:   Um sich die neun Musen zu merken, scheint eine Tabelle geeigneter zu sein als ein komplizierter Schlüsselsatz.

Hingegen bieten drei oder wie hier vier semantische Kategorien eine für die begrenzte Kapazität des Kurzzeitgedächtnisses ideale Klassifikation.

12

Der Buchstaben-Zahlencode: Täuschung oder Wirklichkeit?

Inhaltsübersicht

Richard Grey und dann Gregor von Feinaigle machten den Gebrauch des Buchstaben-Zahlencodes in verschiedenen Anwendungen populär, insbesondere in Schlüsselsätzen oder Formeln sowie in der berühmten Gedächtnistafel, mit deren Hilfe wir, der Reklame zufolge, zu einem wahren Gedächtniskünstler werden können.

1   Die Formel

Wie man sich die Dezimalstellen der Zahl Pi merkt

Abbé Moigno (1879), dem manche (Saint-Laurent, 1968) − zu Unrecht − die Erfindung des Buchstaben-Zahlencodes zuschreiben, nutzte indessen das Formelverfahren in einer zumindest außergewöhnlichen Anwendung, denn er wusste die Zahl Pi auf 127 Stellen auswendig.

> Ich wollte die Zweckdienlichkeit dieser Formel prüfen, nicht weil das Verfahren nützlich wäre (ein Taschenrechner oder das Internet tut es auch), sondern weil ich eine raffinierte Technik testen wollte. Um jedoch meine Freiwilligen nicht zu quälen, begrenzte ich Pi auf 19 Stellen. Das heißt, es kamen nur die beiden ersten Schlüsselsätze von

Abb. 12.1: Die Formel des Abbé Moigno zur Memorierung der Nach-kommastellen der Zahl Pi (wörtlich: „Manch Kaninchenbau gefriert nicht, mein Gesetz will wohl: bessere Kämpfe, nicht Missetaten").

Moignos Formel zur Anwendung (der Code entspricht dem von Aimé Paris) (Abb. 12.1).

Die Schwierigkeit des Buchstaben-Zahlencodes besteht darin, dass man ihn auswendig lernen muss, um die Zahlen in Wörter verschlüsseln oder umgekehrt (wie in diesem Experiment) die Wörter zu Zahlen entschlüsseln zu können. Die Gruppe „Formel" bestand demnach aus Studenten im dritten Studienjahr, die den Buchstaben-Zahlencode gelernt und ihn eine Woche lang anhand von Telefonnummern geübt hatten. Am Ende der Woche prüfte ich ihre Versiertheit mittels zehn zweisilbiger, jeweils alle fünf Sekunden dargebotener Wörter: Sie sollten jedes Wort in die entsprechende Zahl umwandeln. Von 20 Studenten blieben nur zehn übrig, die das Kriterium von acht richtig entschlüsselten Wörtern erreicht hatten. Diese Studenten bildeten die Experimentalgruppe; sie bekamen zwei Minuten (etwa sechs Sekun-

Tab. 12.1: Wirksamkeit (in Prozent) der Formel Moignos für die Wiedergabe von 19 Stellen der Zahl Pi (Lieury, 1980).

| | Wiedergabeverzögerung | | | |
	sofort	1 Stunde	2 Wochen	6 Wochen
Formel	97	86	64	78
Kontrollgruppe	86	80	50	42

den pro Ziffer), um sich die 19 Ziffern von Pi mithilfe der Formel von Moigno in der richtigen Reihenfolge einzuprägen. Für die Kontrollgruppe war das Verfahren einfacher; diese Studenten hatten nie etwas vom Buchstaben-Zahlencode gehört und sollten sich im selben Zeitraum wie die Experimentalgruppe dieselben 19 Ziffern in der richtigen Reihenfolge merken. Zur Prüfung der Behaltensleistung sollten die Probanden die richtige Zahlenfolge in einer zweizeiligen Tabelle mit zehn Feldern wiedererkennen.

Wie die Ergebnisse zeigen (Tab. 12.1), ist die Formel tatsächlich hilfreich. Dieser Nutzeffekt trat jedoch vor allem nach einer Verzögerung von mehreren Wochen zutage. Nach sechs Wochen übertraf die formelgestützte Wiedergabeleistung mit 78 Prozent die der anderen Gruppe mit 42 Prozent um fast das Doppelte.

Diese positiven Ergebnisse belegen, dass die Anwendung des Buchstaben-Zahlencodes einen gewissen Nutzen als Gedächtnisstütze bieten kann, und zwar unter dem (glücklicherweise seltenen) Umstand, dass man bestimmte Zahlen wie Telefonnummern oder PINs auswendig wissen muss. Trotzdem muss man feststellen, dass das Verfahren im Gegensatz zu den meisten Werbeversprechungen kein 100-prozentiges Erinnern gewährleistet. Ebenso wenig darf man unseren Studenten (kurz vor dem Bachelor) kein schlechtes Gedächtnis unterstellen, da sie doch auch ohne Hilfe der Formel 86 Prozent der Ziffern in der richtigen Position erinnerten.

Abrufschemata unterstützen demnach das Gedächtnis optimal, doch sie unterliegen deshalb nicht weniger den Gesetzen des Vergessens. Schließlich muss man sich vor Augen halten, dass man intensiv üben muss, bis man den Code beherrscht. Von 20 freiwilligen Versuchspersonen erreichten nur zehn einen ausreichenden Trainingsstand (und erzielten dennoch keine 100 Prozent). Dieser kleine Versuch macht deutlich, dass wahrscheinlich viele Leute mnemotechnische Anleitungen kaufen, die dann in einer Schublade verstauben, so wie das Krafttrainingsgerät nur noch als Garderobe dient. In der Tat bergen diese Methoden in einem gewissen Sinn ein Paradox: Jemand möchte sein Gedächtnis verbessern und muss dazu eine Methode üben, die selbst eine sehr schwierige Lernaufgabe darstellt. Wie wir noch sehen werden, löst sich dieses Paradox nicht in dem vermuteten Sinn; nicht derjenige, der ein Gedächtnis wie ein Sieb hat, profitiert von Mnemotechniken, sondern ganz im Gegenteil derjenige, der von vornherein schon gut lernen kann.

Ist's doch, o jerum, schwierig zu wissen …

Da ich selbst trainiert hatte, wollte ich die Wirksamkeit des Buchstaben-Zahlencodes mit der einer anderen Methode vergleichen, und zwar dem schon erwähnten Merksatz für die Zahl Pi: „Que j'aime à faire connaître ce nombre utile aux sages." Als deutsches Pendant kann dienen: „Ist's doch, o jerum, schwierig zu wissen, wofür sie steht." Bekanntlich zählt man die Buchstaben jedes Wortes und erhält: que = 3, j' = 1, aime = 4 usw. beziehungsweise ist = 3, 's = 1, doch = 4, o = 1, jerum = 5, schwierig = 9 usw. Bei dieser Methode ergeben sich zwei Schwierigkeiten. Zum einen dauert das Verfahren recht lange, weil man die Buchstaben an den Fingern abzählen muss, wenn die Wörter lang sind. Zum anderen lassen sich im Französischen Singular und Plural phonetisch oft nicht unterscheiden, sodass man sich den Numerus merken muss. Beispielsweise ergibt „au sage" („dem Weisen") 2 und 4, „aux sages" („den Weisen") hingegen 3 und 5. Nachdem ich also mit

den ersten drei Sätzen der Moigno-Formel geübt hatte, brauchte ich
für die Entschlüsselung in die Zahl 48 Sekunden für 29 Nachkommastellen, im Mittel also 1,65 Sekunden pro Ziffer. Mit dem Buchstaben-
anzahlverfahren betrug mein Decodierungstempo 55 Sekunden für elf
Ziffern, durchschnittlich also fünf Sekunden pro Ziffer, was deutlich
länger ist. Andererseits kann man sich mit der Moigno-Formel neun
(erster Satz) bis zehn Ziffern pro Satz einprägen, hier also 29, während
der übliche Merksatz elf Ziffern codiert. Der Buchstaben-Zahlencode
ist also effektiver, dagegen erfordert die Schlüsselsatzmethode kein
vorgeschaltetes Erlernen eines Codes, weshalb sie so beliebt ist.

Die Methoden der Zauberkünstler

Wenn Vincent Delourmel „Kunststücke" empfiehlt, um Freunde
zu verblüffen, rät er unter anderem zu der einfachen Technik des
Buchstabenzählens („Ist's doch …"), um schon gelernte Texte
zu decodieren, etwa eine Fabel: „Meister Rabe sitzt hoch auf
einem Baum" ergibt 7454354, oder den Buchstaben-Zahlencode
zu benutzen. Man braucht jedoch ein gutes Gedächtnis (stellen
Sie sich mal vor, Sie müssten vor Ihren Freunden die Finger zum
Zählen benutzen) und viel Zeit zum Üben. Solche Kunststück-
chen bleiben also eher den Profis vorbehalten.

Im 19. Jahrhundert war das anders, und manch einer machte diese Spielereien zum Beruf. In den Varietés traten Gedächtniskünstler auf, die sich lange Reihen von aus dem Publikum
zugerufenen Zahlen merkten. Ich vermute übrigens, dass der
Buchstaben-Zahlencode auch hinter den telepathischen Vorfüh-
rungen von Zauberkünstlern wie dem berühmten Gedanken-
leserpaar Mir und Miroska steckt. In ihrer durch Hergé in *Die
sieben Kristallkugeln* zu Ruhm gelangten Nummer betrat ein weib-
liches, hinduähnlich gekleidetes Medium die Bühne und erriet die
Daten in den Ausweisen beliebig herausgegriffener Zuschauer.
Wahrscheinlich übermittelte der Magier, der das Dokument in

der Hand hielt, in seiner sehr rasch gesprochenen Conference Schlüsselwörter, die das Geburtsdatum oder die Ausweisnummer codierten. Beispielsweise enthält der Satz: „Ich halte in meiner **H**and **d**iesen **l**edernen **G**eldbeutel, Miroska" den Code für das Geburtsdatum 6.1.57. Madame Miroska, empfangen Sie mich?

2   Sind Gedächtnistafeln hilfreich?

Die Wiedergabe von Wörtern in der richtigen Abfolge ist nicht einfach, denn bei der Memorierung geht diese Ordnung „kaputt". Dafür sorgen zwei wichtige Mechanismen: Der erste ist die Trennung zwischen den beiden Gedächtnisarten Kurzzeitgedächtnis und Langzeitgedächtnis; sie führt dazu, dass Anfang und Ende einer Sequenz besser gespeichert werden (serieller Positionseffekt). Der zweite Mechanismus ist der Organisationsprozess, welcher Wörter auf Kosten ihrer Reihenfolge zu semantischen Kategorien oder Assoziationen zusammenfasst. Unter diesen Bedingungen wäre es sehr erstaunlich, wäre eine Methode erfunden worden, mit der man sich theoretisch bis zu 100 Wörter einschließlich ihrer numerischen Position merken kann. Dennoch gibt es diese Methode. Es ist die von Gregor von Feinaigle erfundene Gedächtnistafel (Teil I).

Im Prinzip nutzt diese Tafel einen Buchstaben-Zahlencode zur Bildung von Schlüsselwörtern, welche die Zahlen von 1 bis 100 codieren (die Amerikaner sagen *pegs* oder *hooks*, „Pflöcke" oder „Haken", oder *keywords*, „Schlüsselwörter"). Diese Kennwörter dienen demnach als numerische Abrufhilfen, mit denen sich nicht nur die Wörter mit Hinweisreizen verknüpfen lassen – was bereits an sich effektiv ist –, sondern überdies ihre Position in der Reihe entschlüsselbar macht. Im 19. Jahrhundert sprach man von „Erinnerungspunkten". Es folgen einige Beispiele, immer noch auf der Grundlage des Buchstaben-Zahlencodes von

Aimé Paris, in dem der Buchstabe d (oder t) die Zahl 1 und das m die 3 verschlüsselt:

 1 = Dieb oder Tee
 3 = Mann, Maus, Malz
11 = Datum, Tutu, Dada
13 = Dame, damals, Tambour
31 = Motte, Matte, Mitte

Auch wenn Feinaigle der Erfinder der auf dem Buchstaben-Zahlencode beruhenden Gedächtnistafel ist, so haben wir doch im geschichtlichen Überblick gesehen, dass es schon 200 Jahre früher einfachere, bildbasierte Tafeln gab: Deren Prinzip bestand darin, die Zahlen mit Bildern von ähnlicher Form zu verschlüsseln, beispielsweise die 1 durch eine Kerze, die 2 durch einen Schwan und so fort. Doch diese Tafel hat offensichtlich ihre Grenzen, denn für viele Zahlen lassen sich nur schwer Bilder finden und Bilder lassen sich nicht so leicht miteinander verknüpfen wie Buchstaben. Es gibt noch mehr Gedächtnistafeln mit phonetischen Assoziationen wie 1 = meins, 2 = Ei, 3 = Brei, doch Abrufhilfen für mehrstellige Zahlen zu finden, ist genauso schwierig. Nachdem das Prinzip der Verschlüsselung von Zahlen in Kennwörter einmal entdeckt war, entstanden weitere trickreiche Verfahren – daher die selbsternannten Erfinder auf diesem Gebiet. Wir kommen noch auf das sonderbare Beispiel eines Amerikaners, der die Teile eines Autos zur Codierung von Zahlen benutzt: 1 = Lenkrad, 2 = Scheinwerfer, 3 = Stoßstange und so weiter.

In den Jahren nach 1965 nahmen mehrere amerikanische Forscher einige Gedächtnistafeln amerikanischer Mnemoniker unter die Lupe. Im Prinzip waren dies alles Abkömmlinge der Erfindungen Feinaigles (um 1800).

Richard Smith von der Universität von Montana und Clyde Noble von der Universität von Georgia untersuchten offenbar als Erste eine Gedächtnistafel experimentell. Die verwendete Tafel ging auf den amerikanischen Gedächtniskünstler Furst zurück (1957, zitiert in Smith & Noble, 1965). Sie lehnte sich wahrscheinlich an eine Tafel des Typs Feinaigle-Paris an, da die Initialen der numerischen Abrufhinweise den Konsonanten des Codes von Aimé Paris entsprechen („tea Noah May ray law jaw key fee bay toes"). Ins Deutsche übertragen sähe sie etwa so aus:

1	2	3	4	5	6	7	8	9	10
Tee	Noah	Mai	Reh	Luft	Jod	Kuh	Fach	Buch	Tod

Die Experimentalgruppe sollte mithilfe der Tafel in 20 Durchgängen eine Liste von Wörtern in der richtigen Reihenfolge auswendig lernen, während sich die Probanden der Kontrollgruppe dieselbe Liste durch Verknüpfung jedes Wortes mit dem vorhergehenden einprägen sollten. Die „Tafel"-Gruppe zeigte nach 24 Stunden eine bessere Behaltensleistung.

Eine andersartige Tafel beruht auf den phonetischen Assoziationen zwischen bestimmten Wörtern und den Zahlen von 1 bis 10. Laut Middleton (1888) wurde dieses Verfahren von John Sambrook eingeführt und war in den Vereinigten Staaten sehr populär, weil es in der berühmten Carnegie-Methode, die das Reden vor Publikum lehrte, wieder aufgegriffen wurde. Sein Prinzip der phonetischen Ähnlichkeit macht es unübersetzbar; es folgt daher ein Eigenbau nach demselben Prinzip:

1 = meins
2 = Ei
3 = Brei
4 = Tier
5 = Strümpf'
6 = Hex'

7	= Rüben
8	= Nacht
9	= Kain (fein)
10	= steh'n (geh'n)

Bugelski, Kidd und Segmen (1968) von der Universität von New York in Buffalo führten ein sorgfältig geplantes Experiment mit diesem Verfahren durch. Ihre Tafel enthielt zehn numerische Abrufhilfen. Die Probanden der „Tafel"-Gruppe lernten diese zehn Hinweise auswendig und erhielten dann eine Liste mit zehn neuen Wörtern sowie die Anweisung, diese mit den Hinweisreizen zu verknüpfen. Lautet das erste Wort beispielsweise „Kuli", kann man sich den Kuli im Mäppchen vorstellen und denken: „Das ist meins" (meins = Nr. 1) und so fort.

Die Probanden der Kontrollgruppe hatten keinerlei Hilfsmittel. Das Experiment ist sehr aufschlussreich, da jede Gruppe in drei Untergruppen aufgeteilt wurde, um drei Darbietungsgeschwindigkeiten zu testen. Dieser Faktor ist tatsächlich sehr bedeutsam, denn die Organisationsprozesse sind zwar sehr effektiv, erfordern aber Zeit: Man benötigt einige Sekunden, um sich ein Bild oder einen Satz auszudenken, der zwei Wörter verbindet.

Die Reproduktion ist ein Zahlentest, mit dem sich die Spezifität der Gedächtnistafel ermitteln lässt: Der Versuchsleiter nennt eine zufällig ausgewählte Zahl zwischen 1 und 10, und die Versuchsperson soll das dieser Zahl entsprechende Wort nennen (ein Wort an der falschen Stelle wird nur mit einem halben Punkt gewertet). Die Ergebnisse (Tab. 12.2) zeigen deutlich, dass die reimbasierte Tafel wirksam ist, jedoch unter der Bedingung, dass hinreichend Zeit zur Verfügung steht, im vorliegenden Fall mindestens vier Sekunden pro Wort. Die Tafel ist demnach ein effektives Verfahren; sie beruht nicht auf Zauberei, sondern auf natürlichen Mechanismen des Gedächtnisses (Organisation und Abrufhinweise), und diese benötigen Zeit.

Tab. 12.2: Darbietungszeit und Wirksamkeit (in Prozent) einer reimbasierten Gedächtnistafel (nach Bugelski et al., 1968).

	Darbietungszeit (pro Wort)		
	2 Sekunden	**4 Sekunden**	**8 Sekunden**
Tafel	44	79	97
Kontrollgruppe	43	62	73

Dennis Foth von der Universität von British Columbia im kanadischen Vancouver verglich die Effektivität verschiedener Gedächtnistafeln. Diese waren konstruiert nach dem Buchstaben-Zahlencode (1 = Tee, 2 = Noah etc.), der Reimmethode (1 = meins) und der sonderbaren Methode des amerikanischen Gedächtniskünstlers Hayes, der Autoteile als numerische Abrufhilfen verwendet: 1 = Lenkrad, 2 = Scheinwerfer, 3 = Stoßstange, 4 = Räder, 5 = Türen, 6 = Fenster, 7 = Hupe, 8 = Bremse, 9 = Windschutzscheibe und 10 = Spiegel. Dieses System ist völlig aus der Luft gegriffen, da keinerlei Bezug zwischen bestimmten Zahlen und dem entsprechenden Teil besteht (8 Bremsen?). Außerdem verglich Foth zwei Arten der Vermittlung (zwischen dem zu lernenden Wort und dem Wort der Gedächtnistafel) für die Reimmethode, Bild oder Schlüsselsatz. Wie die Resultate zeigten, waren gemessen an einer Kontrollgruppe alle Methoden gleich hilfreich, mit Ausnahme der merkwürdigen Automethode. Schließlich testete der Autor die Methoden noch für Listen abstrakter Wörter, diesmal jedoch ohne Erfolg; die Kontrollgruppe lag gleichauf.

2000 Jahre zuvor hatte schon Quintilian darauf hingewiesen, dass die Loci-Methode bei abstrakten Wörtern keine Hilfe ist. Diese generelle Kritik trifft offenbar auf alle diese Methoden zu, wenn man bedenkt, dass zahlreiche Informationen abstrakten Charakter haben.

In den vorigen Beispielen ging der Umfang der Tafeln nicht über zehn Elemente hinaus, so dass Persensky und Senter (1969) den Schwierigkeitsgrad erhöhten und die Effektivität einer Gedächtnistafel an Listen von 20 einzuprägenden Wörtern prüften. Die Versuchspersonen, Piloten der Luftwaffe, trugen sie in 20 Felder eines Antworthefts ein, und es wurden nur Wörter an der richtigen Position gewertet. Wiederum erleichterte der Gebrauch der Gedächtnistafel die Wiedergabe in der richtigen Reihenfolge: 93 Prozent Treffer gegenüber nur 34 Prozent in der Kontrollgruppe. Die Autoren hatten zudem eine interessante Bedingung vorgesehen, in der die Probanden die Liste der numerischen Abrufhilfen während der gesamten Dauer des Experiments vor Augen hatten. Nun zeigten aber die dieser letzten Bedingung zugeordneten Versuchspersonen keine bessere Gedächtnisleistung als diejenigen, welche die Tafel auswendig gelernt hatten. Die Ergebnisse deuten also darauf hin, dass eine vollkommen gelernte Liste von Abrufhinweisen das Gedächtnis nicht überlastet und genauso effektiv ist wie eine sichtbare. Scheint dementsprechend eine Gedächtnistafel zu schwierig zu lernen, kann man das Experiment auch mit der offen vorliegenden Tafel durchführen.

3   Gedächtnistafeln und Vergessen

Laborexperimente haben gezeigt, dass die Memorierung von aufeinanderfolgenden Listen Vergessen nach sich zog, und zwar aufgrund von Interferenzen zwischen den Wörtern der Listen (Lieury, 2005). Insbesondere entstand dann eine bedeutende Interferenzquelle, wenn man verschiedene Informationen (Silben, Wörter etc.) mit denselben Abrufhilfen verknüpfte. Jeder weiß, dass der Knoten im Taschentuch seine Grenzen hat. Nun entspricht aber das Lernen verschiedener Listen mit derselben Tafel genau dem besonderen Fall, in dem die Gefahr besonders starker Interferenzen besteht, weil immer dieselben Hinweisreize derselben Tafel zum Einsatz kommen. Wieder bestätigte Bugelski (1968) mit seinen systematischen Experimenten dieses Risiko, und wieder verwendete er die reimbasierte Gedächtnistafel (1 = meins, 2 = Ei etc.). Diesmal lernte sowohl die „Tafel"-Gruppe als auch die Kontrollgruppe sechs verschiedene aufeinanderfolgende Wortlisten.

Aus den Ergebnissen (Abb. 12.2) geht hervor, dass die Gedächtnistafel im Vergleich mit der Kontrollgruppe immer überlegen ist (Wiedergabe in Form eines Zahlentests). Doch im Gegensatz zu den

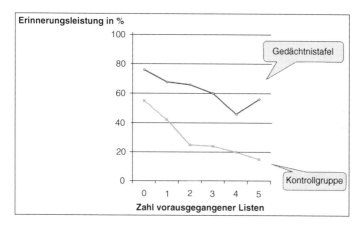

Abb. 12.2: Die Gedächtnistafel nützt bei einer Liste; sollen jedoch vorausgegangene Listen wiedergegeben werden, tritt Vergessen auf (nach Bugelski, 1968).

Verheißungen der Gedächtnistrainer ist die Methode nicht unfehlbar und macht das von den Interferenzen ausgelöste Vergessen nicht wett. Die Trefferquote bei der allerletzten Liste betrug in der „Tafel"-Gruppe um 80 Prozent, bei der zuerst gelernten, der dann noch fünf weitere Listen folgten, nur noch 55 Prozent. Bedenkt man, dass die Liste lediglich zehn Wörter umfasste, entspricht das einer Behaltensleistung von gerade einmal fünf Wörtern in der richtigen Reihenfolge. Sicherlich, die Leistung der Kontrollgruppe lag mit etwa zehn Prozent noch weit darunter, was die klassischen Befunde zu den Interferenzen ein weiteres Mal erhärtet. Die Gedächtnistafeln (wenn sie „funktionieren") wurden von einfallsreichen Mnemonikern ersonnen, die allerdings wahrscheinlich ein sehr gutes Gedächtnis besaßen und trainiert waren wie Profis.

Kein nachahmenswertes Beispiel: Die Tafel von Moigno

Im goldenen Zeitalter der Mnemotechnik gaben sich die Gedächtniskünstler nicht mit Tafeln von zehn oder 20 numerischen Abrufhinweisen zufrieden, sondern erstellten solche mit 100. Um solche Tafeln zu konstruieren, genügten Bilder oder Reime nicht mehr; man musste eher den Buchstaben-Zahlencode zugrunde legen. Hielt man sich an Feinaigle oder Paris, konnte man Wörter wählen, die einen oder zwei aussprechbare Konsonanten enthielten, und mit diesen verschlüsselte man die Zahlen. Es folgen einige Beispiele für Abrufhinweise aus der Tafel von Feinaigle (Kapitel 4, Abschnitt 1).

Der findige Abbé Moigno wollte nach eigenem Bekunden den Schwierigkeitsgrad einer Liste mit 100 numerischen Abrufhilfen verringern und befand es für klug, eine Tafel aus Kombinationen von zehn Substantiven und zehn Adjektiven zu erfinden:

Jede Abrufhilfe (jedes Schlüsselwort) codiert eine Zahl einzig und allein durch ihren Anfangsbuchstaben, kombiniert aber Substantive und Adjektive; man erhält Zahlen von 1 bis 100. Um beispielsweise die Zahl 10 zu verschlüsseln, muss man „demeure" („Wohnsitz", „Wohnstätte") für die 1 mit „céleste" („himmlisch") für die 0 kombinieren. Man beachte, dass in diesem System nur der erste Konsonant von Nutzen ist, im Gegensatz zum „Steno"-System von Paris. Fährt man in dieser Weise fort, erhält man etwa „nation lente" („langsames Volk") für die Zahl 25, „école ridicule" („lächerliche Schule") für die Zahl 74 und so weiter. Das Verfahren ist kompliziert, weil es letztlich eine Zahl mit zwei Wörtern verschlüsselt. Obendrein empfiehlt Moigno, aus diesem Hinweispaar ein drittes Schlüsselwort abzuleiten. Beispielsweise wird „demeure céleste" zu „paradis", „demeure noire" („schwarzer Wohnsitz") zu „tombeau" („Grab"), „nation mauvaise" („schlechtes Volk") zu „anthropophages" („Kanni-

balen") oder „arme gaie" („fröhliche Waffe") zu „épigramme"
(„Spottgedicht").

Das System erschien mir so schwierig, dass der Test in einem gemeinsam mit Joëlle Haziza und Dominique Prieuret (Lieury, 1980) durchgeführten Experiment nur Substantiv-Adjektiv-Kombinationen für die
Stellen 1 bis 40 berücksichtigte. Da wir uns zudem kaum Hoffnung
machten, Freiwillige zu finden, die diese komplizierte Tafel auswendig
lernen mochten, stellten wir sie während des gesamten Experiments
als Ausdruck zur Verfügung. Dennoch sollten sich die Probanden der
„Tafel"-Gruppe zuvor mit dem Buchstaben-Zahlencode und dem
Konstruktionsprinzip der 40 numerischen Abrufhilfen der Moigno'schen Tafel vertraut machen. Die Kontrollgruppe sollte die Liste
der 40 Wörter einschließlich ihrer zugehörigen Position ohne Hilfe
auswendig lernen. Im Behaltenstest gab der Versuchsleiter immer eine
zufällig ausgewählte Zahl vor, und der Proband sollte das richtige Wort
dazu nennen.

Aus den Ergebnissen ging klar hervor, dass die Tafel von Moigno,
gemessen an der Kontrollgruppe, völlig ineffektiv ist. So betrug die
Trefferquote im numerischen Gedächtnistest (Erinnern des Wortes
mit der richtigen Position) nur elf Prozent, in der Kontrollgruppe
dagegen 15 Prozent. Ganz offensichtlich gelang es den Versuchspersonen nicht, die (einzuprägenden) Zielwörter mit diesen komplexen
(aus zwei Wörtern gebildeten), überwiegend abstrakten Abrufhilfen
wie „himmlische Waffe" oder „wankelmütiges Volk" zu verknüpfen.
Bevor etwas eine gute numerische Abrufhilfe ist, muss es zunächst
einmal eine gute Abrufhilfe *sein*.

Merkwürdigerweise wird gerade diese Tafel, die am wenigsten
hilfreiche von allen hier beschriebenen, bei der Aubanel-Me-
thode bevorzugt, die sich zumindest in Frankreich einer gewissen Publizität erfreut (Saint-Laurent, 1968). Saint-Laurent und
Chauchard (1968) führen auch eine andere Tafel von Moigno
an, die um den Laut „on" wie in „limon", „renom", „coupon"
(„Schlamm", „Renommee", „Kupon") herum konstruiert ist.
Den Gipfel der Lächerlichkeit erreicht Saint-Laurent, wenn er

völlig kritiklos den Größenwahn Moignos verteidigt und rät, die Gedächtnistafel mit 100 weiteren Begriffen zu verbinden, um so zu einer riesigen Tafel mit 10 000 Begriffen (100 × 100) zu gelangen: „Verbinden Sie mit der Tafel ‚Wohnsitz – Volk' nur die Begriffe, die Sie beibehalten möchten. Sie können diese Tafel in waagrechter Richtung erweitern, um 10 000 Begriffe einzuordnen; mehr brauchen Sie nicht" (1968, S. 181).

4   Die Tafel vom Typ Feinaigle-Paris

Vor der „Entgleisung" Moignos hatten Feinaigle und Paris „vernünftige" Tafeln aus konkreten, einfachen Wörtern vorgeschlagen. Es wäre daher interessant, eine solche Tafel zu testen. Da Feinaigles Tafel immer noch einige abstrakte Wörter enthält, habe ich diese durch einprägsamere Abrufhilfen ersetzt. Beispielsweise erleichtert es die Entschlüsselung, wenn jedes Wort mit einem Konsonanten beginnt. So codiert „Mund" die Zahl 3 besser als „Arm", „Rad" die Zahl 4 besser als „Ohr", weil der Wortanfang einen besseren Abrufhinweis darstellt als das Wortende. Meistens sind Abrufhilfen besser, wenn sie konkret und leicht vorzustellen sind (Tab. 12.3).

Aus der Erfahrung heraus, dass von 20 Studenten nur zehn sich den einfachen Buchstaben-Zahlencode wirklich angeeignet hatten, verzichtete ich darauf, Freiwillige zu suchen, die diese Tafel mit 100 Abrufhilfen auswendig lernen mochten (und überdies zunächst einmal den Buchstaben-Zahlencode beherrschen mussten).

In der Tradition des Pioniers der experimentellen Psychologie, Hermann Ebbinghaus (1850–1909), der seine Experimente an sich selbst (und anderen; Lieury, 2005) durchführte, prüfte ich die tafelgestützte

Tab. 12.3: Auszug aus einer Tafel nach den Prinzipien von Feinaigle und Paris (Lieury, 1980; deutsche Fassung).

1 = Dach	11 = Datum	21 = Natur	...	91 = Patent
2 = Nest	12 = Düne	22 = Nonne		92 = Panne
3 = Mund	13 = Dame	23 = Name		93 = Pommes
4 = Rad	14 = Tara	...		...
5 = Löwe	15 = Delle			
6 = China	...			
7 = Gans				
8 = Feld				
9 = Post				99 = Papst
10 = Tasse	20 = Nässe	30 = Masse		100 = Zeh

Behaltensleistung an mir selbst. Der erste Durchgang dauerte 45 Minuten, und ich irrte mich 44-mal (zu 44 Prozent). Eine Woche lang absolvierte ich täglich einen Durchgang. Meinen besten Wert erreichte ich am siebten Tag; ich entschlüsselte alle Zahlen von 1 bis 100 in 13 Minuten, also ein Wort alle acht Sekunden; dabei unterliefen mir zwei Fehler. Als ich mir jedoch dieselbe Tafel nach drei Monaten wieder vornahm, vergaß oder verwechselte ich 18 Wörter, und die Wortentschlüsselung dauerte im Mittel neun Sekunden. Als erste Schlussfolgerung lässt sich aus diesem Experiment „am eigenen Leib" ziehen, dass die Tafel zwar funktioniert, aber nur einem berufsmäßigen, regelmäßig übenden Gedächtniskünstler wirklich nützen kann.

Schließlich prüfte ich noch die Wirksamkeit der Tafel, aber nur anhand kurzer Listen; mehrere Jahre zuvor hatte ich zu experimentellen Zwecken zwölf Listen mit 15 gebräuchlichen Wörtern erstellt und diese in jeder Liste mit 1 bis 15 durchnummeriert. Ich prägte mir also sechs Listen mithilfe meiner Gedächtnistafel (von „Dach" bis „Delle"; Tab. 12.3) ein und sechs Listen ohne (Kontrollbedingung). Hier einige Assoziationsbeispiele: „2 = Wiege" ergibt „Nest = Wiege" (eine Wiege in Form eines Nestes); für „13 = Schleuse" stellte ich mir eine

Tab. 12.4:   Numerische Reproduktion (in Prozent) einer Tafel vom Typ Feinaigle-Paris.

	Wiedergabeverzögerung		
	sofort	abschließend	8 Stunden
Tafel	97	89	71
Kontrollbedingung	61	30	20

Dame (= 13) vor, die an einer Schleuse steht wie in einem Roman von Simenon.

Ich prüfte die Gedächtnisleistung einmal unmittelbar nach dem Lernen jeder Liste und dann noch einmal abschließend nach dem Erlernen aller zwölf Listen. Schließlich versuchte ich acht Stunden später, mich an möglichst viele Wörter an der richtigen Position zu erinnern. Die Wiedergabe erfolgte nach Ziffern, das heißt, ich versuchte das richtige Wort zu der entsprechenden Position zu erinnern, also das 1., 13. und so weiter.

Diesmal – mithilfe einer Tafel aus einfachen und konkreten Abrufhilfen, wie sie ursprünglich Feinaigle und Paris propagiert hatten –, funktionierte der Abruf nach Zahlen außerordentlich gut, denn die Wiedergabe der Wörter mit ihrer zugehörigen Position, beispielsweise „Schleuse" an 13. Stelle, erfolgte mithilfe der Tafel nahezu vollständig korrekt (97 Prozent); ohne die Tafel jedoch betrug die Leistung nur 61 Prozent (Tab. 12.4). Da für jede Bedingung sechs Listen zu je 15 Wörtern auswendig zu lernen waren, ergab dies fast 90 an der richtigen Position erinnerte Wörter. Die Überlegenheit der Methode trat nach einem Aufschub von acht Stunden noch klarer zutage. 71 Prozent der Wörter, also etwa 70, wurden korrekt erinnert, dagegen nur 20 Prozent (18 Wörter) unter der Kontrollbedingung. Die Verwendung konkreter (vorstellbarer) Wörter als Abrufhilfen steigert demnach die Effektivität und begünstigt die Organisationsmöglichkeiten mit den numerischen Abrufhinweisen.

Alles in allem ist die Tafelmethode von ihrem Prinzip numerischer Abrufhilfen her sehr wirksam, jedoch unter der Bedingung, dass die Wirksamkeitsregeln für Abrufhinweise beachtet werden. So sind die Hayes-Tafel mit den Autoteilen und vor allem die Moigno-Tafel ineffektiv, da die Schlüsselwörter abstrakt und ohne Bezug zu den Zahlen sind. Weisen die Hilfen einen einfachen Zusammenhang mit den Zahlen auf, etwa phonetische Ähnlichkeit (1 = meins), und erscheinen die Abrufhilfen als einfache, konkrete (leicht vorstellbare) Schlüsselwörter, dann ist die Tafel sehr effektiv. Effizienz bedeutet jedoch nicht das sprichwörtliche Elefantengedächtnis oder ein Gedächtnis, das nie versagt. Das Verfahren schafft das Vergessen nicht etwa ab, und überdies ist es sehr mühsam. Tatsächlich wurden diese Tafeln nur mit Listen von zehn, 15 oder 20 Wörtern geprüft, weil man bei den freiwilligen Versuchspersonen kein Überlernen provozieren sollte. Zudem ist zweifelhaft, ob Probanden mit durchschnittlichem oder sogar gutem Gedächtnis (meistens sind es Universitätsstudenten) einen solchen Trainingsstand erreichen, dass sie eine Tafel mit 100 Abrufhilfen auswendig können und sich ihrer zu bedienen wissen.

Fazit: Die Gedächtnistafel mag im Licht der Abrufmechanismen des Gedächtnisses sehr raffiniert und interessant erscheinen, doch im Rahmen der modernen Erkenntnisse ist sie nahezu nutzlos und stellt nur noch ein historisches Kuriosum dar.

5   Funktionieren Mnemotechniken wirklich?

Ein gutes Gedächtnis: Methode oder Gabe?

Seit der Antike sind die Methoden, die uns ein Elefantengedächtnis versprechen, Legion. Das Informationszeitalter hat die Gedächtnistafelverfahren obsolet gemacht, doch noch in den 1980er Jahren konnte man in manchen Werbeanzeigen die Argumentation des Abbé Moigno lesen – Mnemotechniker aufgrund einer Zufallsbegegnung mit einem der Brüder Castilho. Das Argument geht so: Bevor ich Herrn X begegnete, hatte ich überhaupt kein Gedächtnis, doch er hat mir gezeigt, wie er sich mithilfe seiner

Methode eine Liste mit 100 Namen und zugehörigen Daten in der richtigen Abfolge einprägen kann. Ich habe die Methode von Herrn X ausprobiert und dieselbe Kunstfertigkeit erlangt. Dieses Marketingargument reicht seinerseits zurück bis in die Antike, ebenso die Kritik daran. Schon Quintilian wandte dagegen ein, Metrodorus und Charmadas (Teil I dieses Buches) schuldeten wohl eher der Natur als ihrer Methode Dank für ihr gutes Gedächtnis. Übrigens arbeitet auch ein Großteil der Werbung für Schönheitsprodukte mit dieser Vermengung; Stars und Models preisen diese oder jene Kosmetik, als ob sie ihre makellose Haut und ihr üppiges Haar nicht schon vorher gehabt hätten! Falls die Methode eine Rolle spielt, dann sind die individuellen Begabungen offensichtlich auch nicht zu vernachlässigen. Hätte Einstein eine mathematische Methode veröffentlicht, wäre sie ein Bestseller geworden! Andere lassen sich diese Chance nicht entgehen, etwa der französische Filmschauspieler Olivier Lejeune, der ein phänomenales Gedächtnis besitzt und dessen Buch verkündet: „Sein Geheimnis? Eine sehr einfache und leicht anzuwendende Methode, die er in seiner Schauspielschule lehrt und selbst täglich benutzt. Zu einer Zeit, in der die Alzheimer-Krankheit in aller Munde ist, bietet das ‚Geheimrezept' von Olivier Lejeune eine ausgezeichnete Übung zur Vorbeugung und zur Anregung des Gehirns." Ich kenne keine Studie, die bewiesen hätte, dass die Methode von Olivier Lejeune die Alzheimer-Krankheit aufhalten kann.

Die meisten (psychologischen) Experimente rekrutieren ihre Teilnehmer unter Universitätsstudenten; die Probanden zählen also zu den jüngsten und begabtesten Personen der Bevölkerung. Douglas Griffith und Tomme Atckinson (1978) vom Army Research Institute in Fort Hood in Texas untersuchten, ob eine Mnemotechnik bei Personen mit unterschiedlichen intellektuellen Fähigkeiten (Intelligenztests) immer gleich wirksam ist. Die verwendete Methode war die reimbasierte Gedächtnistafel (1 = meins, 2 = Ei etc.). Die Forscher wiesen Armeeangehörige nach ihren Testergebnissen drei Gruppen zu: einer

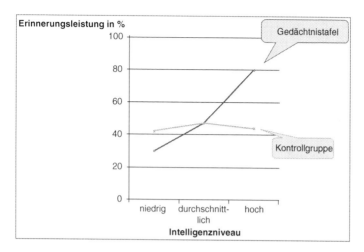

Abb. 12.3: Die Gedächtnistafel funktioniert nur bei Menschen, die eine überdurchschnittliche Intelligenz haben (nach: Griffith und Atckinson 1978)

mit geringer Intelligenz (IQ unter 90), einer mit durchschnittlichen geistigen Fähigkeiten (IQ zwischen 91 und 109) und einer mit hoher Begabung (IQ über 110). Jede Gruppe wurde wiederum in eine Kontroll- und eine „Tafel"-Gruppe unterteilt. Diese Probanden erlernten den Gebrauch der Gedächtnistafel.

Die Ergebnisse sind in sozialer Hinsicht bemerkenswert, denn sie sprechen dafür (Abb. 12.3), dass die Methode nur Probanden mit hoher intellektueller Begabung nützt. Darüber hinaus fällt auf, dass die Probanden der Kontrollgruppen unabhängig von ihrem geistigen Niveau immer dieselben Werte (etwa 40 Prozent) erreichen. Was die durchschnittlich oder minderbegabten Probanden behindert, ist daher nicht ihr Gedächtnis für Wortfolgen, sondern ihre eingeschränkte Fähigkeit, Strategien oder Codes anzuwenden.

Ich entsinne mich noch an ein Experiment mit verschiedenen Personen zum Buchstaben-Zahlencode. Kurz darauf suchten mich die mit der Durchführung betrauten Studenten auf und berichteten mir fassungslos, die Probanden hätten nicht einmal verstanden, wozu der Buchstaben-Zahlencode diente. Nein, um von ausgefeilten Methoden zu profitieren, muss man von vornherein über ein gutes Gedächtnis und gute intellektuelle Fähigkeiten verfügen.

Nur unter diesen Voraussetzungen vermag man sich die Codes so weit anzueignen, dass man sie anwenden und „im Kopf" entschlüsseln kann. Das ist wahre Gehirngymnastik. Außerdem: Wie sollten Menschen in den Anfangsstadien einer Erkrankung des Gedächtnisses zu solchen Übungen imstande sein? Es wird viel gelogen, und die Werbung ist oft gewissenlos.

Künstliches und natürliches Gedächtnis

Seit dem unbekannten Autor des Rhetorikbuches *Ad Herennium* werden Gedächtnisstützen oder Mnemotechniken häufig als künstliches Gedächtnis bezeichnet, in Abgrenzung zu anderen Methoden wie der Wiederholung oder der kategorialen Organisation (Quintilians „Gliederung und Wortfügung"). Da jedoch die mnemotechnischen Verfahren selbst wiederum auf reale Mechanismen des Gedächtnisses zurückgreifen, muss man sich fragen, was genau diese intuitiv so einleuchtende Zweiteilung begründet.

Damit eine Methode nützt, ist im Allgemeinen Folgendes erforderlich:

* *Gute Codierung.* Ausreichende Codierungs- oder Organisationszeit von vier bis zehn Sekunden pro Element.
* *Symbolische (und nicht sensorische) Codierung:* Bildhaft und verbal und vorzugsweise semantisch.
* *Gute Abrufhilfen:* Semantische Hinweisreize, kategoriale und assoziative, eine Silbe für ein Wort.

* *Gutes Schema:* semantische Verknüpfung vor allem der Abrufhinweise bei geringstmöglicher Überlastung (Zusammenfassung für das lexikalische Gedächtnis, schematisches
Diagramm für das bildhafte Gedächtnis und Baumstruktur
für das semantische Gedächtnis).
* *Gute Speicherung der Gedächtnisinhalte:* Auch die besten Abrufmechanismen funktionieren nur, wenn es Informationen abzurufen gibt (beispielsweise nützt der Schlüsselsatz „Geh du
alter Esel Heu fressen" nur denjenigen, die den Quintenzirkel
kennen).

Auf der Ebene der Abrufschemata sind offenbar zwei Kriterien
wesentlich für die Abgrenzung der „künstlichen" von den „natürlichen" Methoden: die Überlastung und die semantischen Beziehungen zwischen den Elementen oder Abrufhinweisen. Nehmen
wir das Beispiel des Schlüsselsatzes und der Zusammenfassung,
die beide sprachbasierte Abrufschemata darstellen. Die Zusammenfassung enthält alle wichtigen Wörter des Ausgangstextes, jedoch insgesamt weniger Wörter, was das Memorieren erleichtert.
Im Gegensatz dazu enthält der Schlüsselsatz zusätzliche einzu-
prägende Wörter, und diese Wörter weisen keinerlei semantische
oder logische Beziehung zu den abzurufenden Elementen auf,
was den berechtigten Eindruck eines Kunstgriffs erweckt. Beispielsweise hat Cäsar nichts mit Chemie zu tun, genauso wenig
wie ein Esel mit Musik. Dieselbe Überlastung besteht bei der
Loci-Methode, weil dabei Wörter oder Bilder eingeführt werden,
die keinen Zusammenhang mit den einzuprägenden Elementen
aufweisen. Dagegen enthalten Diagramme im Prinzip nur das
Wesentliche der zu behaltenden Information. Schließlich kommen in der Gedächtnistafel Abrufhilfen ohne jede semantische
Beziehung hinzu, während in der Baumstruktur oder der Reihen-
Spalten-Tabelle nur die begriffliche Information bewahrt wird.
Insgesamt bauen die „natürlichen" Methoden offenbar auf die

Abstraktion der wesentlichen semantischen Beziehungen, während die „künstlichen" Methoden eher auf phonetischen Assoziationen beruhen, die unpassende semantische Beziehungen hinzufügen. Die künstlichen Methoden bewegten sich in den Grenzen überkommener Vorstellungen – insbesondere war das semantische Gedächtnis unbekannt – und dienten dem Zweck, lexikalische Gedächtnisinhalte (die Oberflächenaspekte des Wortes, insbesondere seine Phonologie) und Reihenfolgen auswendig zu lernen.

Indessen muss man das künstliche Gedächtnis wieder in seinen historischen Kontext stellen. Die bildbasierten Methoden waren in der Antike und der Renaissance populärer, weil die überwiegende Mehrheit der Menschen nicht lesen und schreiben konnte. Wie Jean Quéniart, ein mit mir befreundeter Historiker und Spezialist für das 18. Jahrhundert, mir erklärt hat, konnten zur Zeit der Französischen Revolution (1789) nach Schätzungen auf der Grundlage der Eheregister (Maggiolo-Erhebung von 1877) 37 Prozent der Menschen lesen und schreiben, unter Ludwig XIV. sogar nur 21 Prozent. In den 1870er Jahren (Alexandre Dumas, Napoleon III.) waren hingegen 72 Prozent der Bevölkerung lese- und schreibkundig.

Bevor die breite Masse das Analphabetentum überwunden hatte, war sie daher nicht zu dem imstande, was uns elementar erscheint, beispielsweise Einkaufszettel schreiben und Termine notieren. Die auf dem Buchstaben-Zahlencode beruhenden Methoden kamen übrigens im 17. Jahrhundert auf, in einer Zeit, in der durch Handel und Wissenschaft Zahlen allgemein an Bedeutung gewannen. In unserer modernen visuellen Kultur mit Web, Video und so weiter bewahren virtuelle Speicher, Camcorder, Computer und Smartphone Erinnerungen zuverlässiger als die Loci-Methode.

13

Anregung für die kleinen grauen Zellen

Inhaltsübersicht

Die neuen Technologien haben bestimmten Mnemotechniken den Garaus gemacht, nicht aber den Verheißungen eines besseren Gedächtnisses.

1   Aerobic fürs Gehirn?

In den 1990er Jahren wurde die Alterung des Gehirns, insbesondere die gedächtniszerstörende Alzheimer-Krankheit, zu einem so angstbesetzten Thema, dass allerorten Programme zur Gedächtnisförderung aus dem Boden schossen. Die dabei verwendeten Methoden fielen hauptsächlich in zwei Kategorien. Bei den einen handelte es sich um die historischen Mnemotechniken, die wir haben Revue passieren lassen. Die anderen stützten sich auf die Analogie Gehirn/Muskel und vertraten den Standpunkt, das Gehirn lasse sich durch eine Art „Denksport" ähnlich dem Aerobic von Jane Fonda oder dem in Frankreich populären Gym Tonic® von Véronique und Davina trainieren. Es sollte dadurch ganz allgemein leistungsfähiger werden, also auch fitter für andere Gedächtnisaufgaben. Wenn Studien (Lieury, 2010) einen positiven Trainingseffekt der dargestellten bildhaften oder semantischen Verfahren auch bei Älteren nachwiesen, dann verloren sich diese Effekte bei Aufgaben, die den Übungsaufgaben kaum oder gar nicht ähnelten. Exemplarisch sei hier ein Test der Methode „Alles in einem" des Gym-Cerveau® von Monique Le Poncin (1994) genannt. Nach einer Übungsphase verglich man die Leistungen sowohl von älteren Personen als auch von Schülern mit denen nach einem Training mit Spielen (*Mickey-Maus-Spiele*) sowie einer Kontrollgruppe. Das Gehirntraining erwies sich in verschiedenen Tests als ineffektiv, vor allem bei den Schülern und bei schulischem Lernstoff (Französisch, Biologie, Geografie; Lorant-Royer et al., 2008).

2 Sind Hightech-Spiele Doping für das Gehirn?

Die derzeitige explosionsartige Entwicklung der Video- und Computertechnik machte uns zu Zeugen einer Wiederverwertung der Papier-und-Bleistift-Methoden, insbesondere auf Spielkonsolen. Unter anderen erlangte das Gehirnjogging-Programm des Dr. Kawashima (2005) für die Nintendo-Spielekonsole DS (2006) infolge einer intensiven Medienkampagne mit Stars wie Nicole Kidman Berühmtheit. Im Gegensatz zu anderen Programmen dieser Art gibt ihm die Rückendeckung dieses Neurologen den Anstrich einer wissenschaftlichen Grundlage, was dem Programm zusätzliche Attraktivität verleiht. Dennoch ist das Rezept das gleiche: „Das Gehirn verhält sich in etwa wie ein Muskel ... je stärker man verschiedene Bereiche anregt, desto besser funktioniert es. Und das ist eine der Entdeckungen Dr. Kawashimas."[1] Doch eine unserer Studien mit Sonia Lorant von der Universität Straßburg (Lorant-Royer et al., 2008) an zehnjährigen Schülern ergab in sechs Tests (Schultests oder HAWIK-IV, ein viel verwendeter Intelligenztest für Kinder), dass das Gehirnjogging von Kawashima oder ein anderes spielerisches Gehirntrainingsprogramm (*Big Brain Academy*), wenn überhaupt, dann nur eine schwache Wirkung (+20 Prozent) zeigte. Diese war zudem der einer Kontrollgruppe

---

[1] *Femme actuelle*, beispielsweise Nr. 1190, Juli 2007, S. 4.

(ohne Training) oder einer Gruppe, die nur mit Papier-und-Bleistift-Spielen übte (*Micky-Maus*-Spiele), nicht überlegen.

Verbessern beispielsweise Video- oder Computerspiele die schulischen Leistungen? Nein! Mit *Dr. Kawashimas Gehirnjogging – Wie fit ist Ihr Gehirn?* ergab sich für die Fächer Biowissenschaften und Geologie zwischen Vortest (vor dem Training) und Nachtest (nach elf Trainingseinheiten) so gut wie kein Unterschied (–3 Prozent) oder sogar ein negativer (–17 Prozent), etwa für Geografie. Der einzige Nutzen zeigte sich beim Rechnen, doch der Fortschritt war gering (+19 Prozent). Zudem schnitten die Gruppe mit Papier und Bleistift und die Kontrollgruppe genauso ab (19 und 18 Prozent; Lieury, 2010).

Ähnlich dürftige Resultate erbrachte ein britisches Brain-Gym-Programm, das angeblich eine neurologische Umstrukturierung bewirkt. Dieses Programm prüften die schottischen Forscher Miller und Robertson (2009). Sie ließen ihre Probanden zehn Wochen lang an vier Wochentagen je 20 Minuten üben. Der Fortschritt von Vor- zu Nachtest betrug 2,49 Prozent, also praktisch null. Die Kontrollgruppe erzielte (durch Gewöhnung an die Tests) einen Fortschritt von 6,5 Prozent! Dieselben Autoren fanden einen statistisch bedeutsamen Nutzen eines Trainings mit dem Kawashima-Programm (beim Kopfrechnen), doch betrug er nur 13,4 Prozent. Zudem prüften die Autoren nicht, ob er gegenüber dem Fortschritt der Kontrollgruppe von 6,5 Prozent statistisch signifikant war. Da es sich um zehn- bis elfjährige Schüler handelte, ist es nicht unwahrscheinlich, dass die Kawashima-Übungen (bei denen Kopfrechnen und Überprüfung von Tabellen erlangt werden) nützlich sind, doch die Ergebnisse lassen eher an einen simplen Gewöhnungseffekt denken, wie es auch unser Experiment erhärtete.

Manche werfen die Frage auf, ob sich die Ergebnisse von Experimenten mit Kindern auf Erwachsene übertragen lassen.

Das ist durchaus der Fall, wie eine wichtige Studie vor Kurzem nachgewiesen hat. An einer großen Stichprobe von 11 430 erwachsenen Teilnehmern erbrachte sie ebenfalls negative Ergebnisse für Fernsehprogramme. Auf der Grundlage eines Fernsehfilms des britischen Fernsehens verglich das Forscherteam aus Cambridge (Owen et al., 2010) ein Training in zwei Experimentalgruppen mit einer Kontrollgruppe, die lediglich Fragen beantwortete. Insgesamt kamen so 11 430 Teilnehmer verschiedener Altersgruppen (Durchschnittsalter etwa 40 Jahre) zusammen. Die Teilnehmer übten sechs Wochen lang dreimal je zehn Minuten pro Woche. Experimentalgruppe 1 (4 678 Versuchspersonen) trainierte Denk- und Planungsaufgaben, Experimentalgruppe 2 (4 014 Teilnehmer) übte sich in unterschiedlicheren Tests von Aufmerksamkeit, Gedächtnis, visuell-räumlicher Verarbeitung und Mathematik. Die Kontrollgruppe (2 738) dagegen beantwortete Fragen. Der Vortest bestand wie der Nachtest (nach der Übungsphase) aus vier Einzeltests: Denkvermögen, verbales Kurzzeitgedächtnis, visuell-räumliches Gedächtnis und Lernen von Wortpaaren. Während die Teilnehmer ihre Leistung in den trainierten Aufgaben im Lauf des Übens steigerten (Lerneffekt), trat in keinem der Einzeltests eine Verbesserung zwischen Vor- und Nachtest ein (kein Transfereffekt). Nicht ohne Humor merken die Autoren an, der Unterschied zwischen Vor- und Nachtest beim Zahlen-Kurzzeitgedächtnis betrage drei Hunderstel einer Zahl und man müsse (vorausgesetzt, der Transfereffekt steige linear an) vier Jahre üben, um die Leistung um eine einzige Zahl zu steigern.

Da es auf der Hand liegt, dass das Gehirn in jedem Alter Anregung benötigt, ist jede geistige Tätigkeit gut, wie eine Studie des Inserm (Institut national de la santé et de la recherche médicale; französisches Institut für Gesundheit und medizinische Forschung) bestätigt.

Eine vierjährige, von Tasnime Akbalary und Claudine Berr (2009) mit 6 000 Personen über 65 Jahren durchgeführte Studie zeigte, dass sich das Risiko von Gehirnerkrankungen bei Älteren, die sich regelmäßig in geistig anregenden Tätigkeiten üben (Kreuzworträtsel, Kartenspiele, soziale Kontakte etc.), gegenüber anderen halbiert.

14

Fazit: Vielfältige Gedächtnisse, vielfältige Methoden!

Im Lauf der vergangenen Jahrtausende gelangten Denker und Magier zu bemerkenswerten Einsichten über das Gedächtnis, die sie in Methoden zu dessen Verbesserung übertrugen: von Simonides und den Bildern über Quintilian und das Üben sowie die Logik bis hin zur Entdeckung des Buchstaben-Zahlencodes und der Mnemotechniken. Auch wenn einige dieser Denker die Vorstellung einer Vielfalt von Gedächtnissen streiften – Augustinus oder Giordano Bruno mit seinem Siegelkatalog –, so gelang es doch erst der modernen Forschung, diese Vielfalt von Gedächtnismechanismen und Gedächtnissen selbst hieb- und stichfest nachzuweisen.

Da das Gedächtnis so komplex ist, kann es auch keine einzelne Wundermethode geben. Natürlich wechselwirken diese „Gedächtnisse" miteinander, doch sie unterscheiden sich voneinander durch verschiedene Funktionsmechanismen. Für vielfältige Gedächtnisse bedarf es vielfältiger Methoden.

Besser als eine lange Rede fasst Abb. 14.1 die Grundzüge des Gedächtnisses, die zugehörigen Hauptmechanismen und die angemessensten Methoden zusammen.

Das Langzeitgedächtnis verfügt über eine enorme Kapazität, und bestimmte Informationen (Namen, Bilder etc.) lassen sich in dieser riesigen Bibliothek nur mithilfe von Abrufhinweisen wiederfinden. Diese grundlegende Abruffunktion haben schon die „Alchimisten" des Gedächtnisses vorausgeahnt. Doch erst die experimentelle Forschung hat es möglich gemacht, die guten Methoden, die nicht zu Überlastung führen und der Semantik Vorrang einräumen – Zusammenfassung, Diagramm, Baumstruktur –, von den eher künstlichen Methoden zu scheiden. Indessen sind einige dieser Verfahren, etwa Schlüsselsätze, gelegentlich von Nutzen, insbesondere wenn es um eine Ordnung geht. Handelt es sich um Einzelinformationen, sind Abrufhinweise nützlich – Abkürzungen, Schlüsselwörter, Fotos in Alben. Gilt es vielfältige Informationen zu erinnern (etwa Listen,

Gedächtnistyp	Mechanismen	Methoden
biologisches Gedächtnis	• Ökologie des Gehirns • synaptische Verbindungen • Speichern und Vergessen	• Vermeiden von Ermüdung, Drogen, Stress • Lernen durch Wiederholen • verteiltes Lernen • Wiederholen und Überprüfen
Kurzzeitgedächtnis	• begrenzte Kapazität • Kurzzeitvergessen	• Ordnen und Einteilen • Verringern der Überlastung; Vereinfachen; • schrittweises Lernen • stilles Wiederholen • Schreiben auf einen Zettel
lexikalisches Gedächtnis	• Phonologie • lexikalische Integration	• Zerlegen und Wiederholen des Wortes • phonetische Assoziationen • Vervielfachen der Ein-/Ausgabearten: • Lesen und Hören, Sprechen und Schreiben
semantisches Gedächtnis	• semantische Codierung • kategoriale Hierarchie • semantische Abstraktion • Schlussfolgerung (Ableitung der • Bedeutung aus dem Zusammenhang)	• Verstehen, um zu lernen (Sätze, Fragen, Titel ...) • Organisieren (Kategorien, Schema, • Baumstruktur) • multiepisodisches Lernen (Variieren des • Lernkontexts; Lektüre, Fernsehdokumentation • etc.)
bildhaftes Gedächtnis	• Exploration mit den Augen • duale Codierung	• Bildanalyse • verbale Codierung (Legenden etc.)
Zahlengedächtnis	• spezielle lexikalische	• Bilden von Dreiergruppen und Auswendiglernen • Assoziationen • Buchstaben-Zahlencode
Abrufmechanismen	• Abrufhilfen • Abrufschema • Wiedererkennen	• Abkürzungen, Schlüsselwörter, Fotos etc. • Hierarchie, Schlüsselwörter, Schemata • Notizzettel, Prüfliste

Abb. 14.1:   Vielfältige Gedächtnisse, vielfältige Methoden (von oben
nach unten und von links nach rechts).

Schlüsselwörter eines Textes etc.), sind die besten Methoden die
Hierarchie, die Schlüsselsätze und das Schema (Abb. 14.2). Soll
die Erinnerungsleistung maximal sein, liefert das Wiedererkennen die besten Ergebnisse; Notizbuch oder Abhakliste (Checkliste) sind dafür praktische Methoden. Doch muss man sich stets
vor Augen halten, dass die Abrufmechanismen nur für bereits
gespeicherte Informationen wirksam sind.

Schließlich gibt es noch Abrufschemata, die auf ausgefallenen
Zeichensystemen wie dem Buchstaben-Zahlencode beruhen.

Codes	verbal
	bildhaft
	semantisch
	Buchstaben-Zahlencode
Abrufhinweise	Reime
	Bilder, Fotos
	Abkürzungen, Symbole
	Checkliste, Notizzettel
Abrufschemata	Bild: Loci-Methode, Schema
	Sprache: Schlüsselwort, Schlüsselsatz
	Semantik: Baumstruktur, Tabelle
	Buchstaben-Zahlencode: Formel, Gedächtnistafel

Abb. 14.2:   Klassifikation mnemotechnischer Verfahren.

Diese führten zwar zu genialen, aber nicht immer sehr nützlichen Tricks, da sie sich eher am sturen Auswendiglernen orientieren als am semantischen Gedächtnis, dem allen Anschein nach grundlegendsten Teil des Erinnerungsvermögens.

Von der Antike bis zur Renaissance suchten Alchimisten und Magier genauso nach dem Stein der Weisen wie nach der magischen Methode, mit der sie glaubten, das absolute Gedächtnis erlangen zu können. Die pragmatischeren Mnemoniker des 19. Jahrhunderts suchten die „Stenografie" des Gedächtnisses zu erfinden. Wir wissen heute, dass sie alle einem unrealisierbaren Mythos nachjagten. Das Gedächtnis ist so komplex, dass man einer Täuschung aufsitzt, wenn man glaubt, man könne sich mit einer einzigen Methode alles merken und nichts vergessen. Diesen Mythos findet man auch in den heutigen Gehirntrainingsprogrammen wieder. Zweifelsohne benötigt das Gehirn von Geburt an Anregung für die geistige Entwicklung, und das gilt für jedes Alter. Doch die computergestützten „Alles-in-einem"-Programme wie das *Gehirnjogging* von Kawashima oder die Spiele der *Big Brain Academy* erweisen sich als kaum oder überhaupt nicht

wirksam, jedenfalls nicht wirksamer als die einfachen Papier-
und-Bleistift-Spiele in Kinderzeitschriften. Die beste Anregung
gibt die Schule. Durch ihre Dauer (zwölf Jahre bis zum Abitur)
und Fächervielfalt bietet sie dem Gehirn echte Bereicherung. Im
Erwachsenenalter halten die zahlreichen beruflichen Herausfor-
derungen das Gehirn mehr als genug auf Trab. Im Ruhestand
sollte man geistig rege bleiben, und die richtige Methode dafür
ist vielfältige Betätigung, beispielsweise Dokumentarsendungen
ansehen, auf Reisen gehen, Gesellschaftsspiele spielen. Das hilft,
sich ein Formel-1-Gehirn zu bewahren!

Anhang: Das Elefantengedächtnis in Frage und Antwort

Schließen wir daher auch dieses Buch mit einem Spiel. Einige Wiederholungen und Ergänzungen führen Ihnen das Gedächtnis noch einmal zusammengefasst vor Augen – in Quizform.

Woher kommt das Wort „memorieren"?

Es war einmal eine griechische Göttin namens Mnemosyne. Diese schöne Titanin wurde von Göttervater Zeus, einem notorischen Schürzenjäger, verführt. Wie wir aus der Schule wissen, schreckte er nicht einmal davor zurück, sich in einen Stier zu verwandeln, wenn er eine griechische Schönheit herumkriegen wollte. Der aus dem 5. vorchristlichen Jahrhundert stammenden Legende zufolge bezauberte Mnemosyne Zeus und die Götter mit den gerade angesagten Liedern und dem neuesten Klatsch des Olymp. Deshalb machten die Griechen sie zur Göttin des Gedächtnisses. Von ihrem Namen leiten sich in den romanischen Sprachen und im Englischen beispielsweise die Wörter für „Gedächtnis" ab: *memoria*, *mémoire*, *memory*. In das Deutsche ist er als Fremdwort eingegangen: „memorieren" oder „Mnemotechnik", aber auch in „Amnesie", was wörtlich „ohne Gedächtnis" bedeutet.

Kennen Sie die Namen der Musen?

Schwierig, schwierig, sich die Namen aller neun Musen zu merken … Am besten lernen Sie sie nach Themen. Literatur und Theater: Erato für die Liebesdichtung und Kalliope für die epische Dichtung, mit anderen Worten, den Abenteuerroman (*Ilias* und *Odyssee*), Melpomene für die Tragödie und Thalia für die Komödie. Dann folgen die musikalischen Künste: Euterpe für die lyrische Dichtung, Polyhymnia für den Gesang und die bekanntere Terpsichore für den Tanz. Die Griechen müssen mehr Sinn für Unterhaltung gehabt haben, denn die Wissenschaften sind weniger umfassend betreut mit Klio für die Geschichtsschreibung und Urania für die Astronomie.

Wann wurde die erste Mnemotechnik erfunden?

Die erste Methode stammt von dem griechischen Dichter Simonides von Keos, und zwar anlässlich eines Ereignisses, das eines Katastrophenfilms würdig gewesen wäre. Berichtet haben uns das etwas legendenhaft römische Redner wie Cicero, der zur Zeit Julius Cäsars lebte, und Quintilian (1. Jhdt.). 500 Jahre vor unserer Zeit beauftragte ein siegreicher Athlet, möglicherweise Skopas von Thessalien, den Simonides, seine Kraft in einem Gedicht zu verherrlichen. Dieser erfüllte den Auftrag, verlor sich aber in Abschweifungen über die Halbgötter Kastor und Pollux. Daraufhin zahlte Skopas dem Dichter nur die Hälfte des vereinbarten Preises. Der Legende zufolge beglichen die Zwillingsgötter ihre Schuld, denn an diesem Abend versammelten sich alle zu einem Festmahl in einer Villa, die manche, auch Simonides, in Pharsalos ansiedeln. Während des Banketts tritt ein Diener zu Simonides und meldet ihm, zwei junge Männer auf zwei schönen Schimmeln wollten ihn sprechen (jeder wusste, dass es Kastor und Pollux waren). Doch er war kaum gegangen, als das Dach des Festsaals einstürzte (zweifellos ein Erdbeben) und alle Gäste unter sich begrub; sie waren bis zur Unkenntlichkeit entstellt. Die Angehörigen wandten sich an den einzigen Überlebenden, und dieser konnte aus dem Gedächtnis die Sitzordnung der Tischgesellschaft angeben. Diese Beobachtung gab ihm den Anstoß zur „Methode der Gedächtnisorte", zur Loci-Methode. Sie besteht darin, sich eine Liste von Gegenständen (oder Personen) als geistige Bilder einzuprägen und jedes Bild an den Stationen eines bekannten Weges abzulegen, beispielsweise in den Räumlichkeiten einer Villa oder den Läden in einer Straße.

Welche Vorstellung hatte man früher vom Gedächtnis?

Die Griechen schätzten das Gedächtnis sehr hoch. Für sie war es gleichbedeutend mit Wissen und nicht beschränkt auf Gedächtnis im Sinn von „auswendig wissen", wie es nachfolgend der Fall war. Aristoteles, der größte Denker der Antike, widmete dem Gedächtnis eine Abhandlung und hatte bereits interessante Mechanismen beobachtet, etwa die Ideenassoziation. Große römische Redner wie Cicero und Quintilian widmeten dem Gedächtnis ein Kapitel ihrer Werke über die Kunst, Reden aus dem Stegreif zu halten. Doch der antike Autor, der am meisten darüber schrieb, etwa zehn Kapitel seiner *Bekenntnisse*, ist Augustinus (5. Jhdt. unserer Zeitrechnung), Bischof von Hippo (heute Bône in Algerien). Dieses Interesse setzte sich das gesamte Mittelalter hindurch fort. So wollte Karl der Große[1] von seinem Berater Alkuin wissen: „Was hast du nun zum Gedächtnis zu sagen, das ich für den edelsten Teil der Rhetorik erachte?" Und dieser antwortete unter Bezug auf Cicero: „Was denn, außer daß ich die Worte

---

[1] Yates, a. a. O., S. 56.

des Markus Tullius wiederhole, daß das ‚Gedächtnis die Schatzkammer aller Dinge ist und daß, wenn es nicht zum Hüter über
alle ausgedachten Dinge und Wörter gesetzt ist, unseres Wissens
nach alle anderen Fähigkeiten des Redners, wie ausgezeichnet sie
auch sein mögen, verfallen werden'.“ Noch in der Renaissance
galt das Gedächtnis häufig als die wertvollste geistige Fähigkeit.

Wann wurde das Gedächtnis erstmals wissenschaftlich erforscht?

Die erste wissenschaftliche Untersuchung des Gedächtnisses
führte 1885 der deutsche Psychologe Hermann Ebbinghaus
durch. Er lernte selbst Gedichte und Silbenlisten auswendig und
bestimmte die Zeit, die er dafür benötigte, ebenso wie für das er-
neute Lernen nach unterschiedlich langen Aufschüben von einer
Stunde bis zu einem Monat. Ihm schuldet die Wissenschaft auch
die erste Messung des Vergessens; es greift sehr rasch um sich,
denn die Erinnerungsleistung fällt von 60 Prozent nach 20 Minuten auf 20 Prozent nach einem Monat.

Entsprechen Erinnerungen immer der Wahrheit?

Ja und nein – Man neigt häufig dazu, den eigenen Erinnerungen
zu trauen, doch schwelgt man als Paar oder im Freundeskreis in
gemeinsamen Erinnerungen, fangen die Probleme an; oft gehen
die Meinungen weit auseinander. Sind Kinder die Akteure, ist es
nicht besser, ganz im Gegensatz zu der Redensart: „Kindermund
tut Wahrheit kund.“

Auf die Initiative der amerikanischen Forscherin Elizabeth Loftus
gehen zahlreiche Experimente zurück, mit denen man falschen Erinnerungen auf die Spur kommen wollte. Bei mehreren Aufsehen

erregenden Prozessen hatten sie Anlass zu Besorgnis gegeben. So ereignete sich 1992 im Staat Missouri der Fall der Beth Rutherford, die sich in einer Therapie erinnerte, von ihrem Vater, einem Pfarrer, vergewaltigt und zweimal geschwängert worden zu sein. Während der Vater unter dem Druck der Anschuldigungen von seinem Amt zurücktreten musste, ergaben die medizinischen Untersuchungen, dass die junge Frau niemals schwanger gewesen und noch Jungfrau war. Elizabeth Loftus beschrieb mehrere Fälle von Patienten, deren falsche Erinnerungen zu Anklageerhebungen gegen Unschuldige geführt hatten. So auch den einer jungen Pflegehelferin, die unter von ihrer Therapeutin induzierter Hypnose die Überzeugung äußerte, von einer Satanssekte vereinnahmt und zum Kannibalismus an Babys gezwungen worden zu sein. Die Forscherin hatte bereits nachgewiesen, dass Erinnerungen durch spätere Ereignisse und vor allem durch Fragen im Nachhinein stark verzerrt werden können. So zeigte sie Versuchspersonen Dias von einem Verkehrsunfall; darauf war ein grünes Auto zu sehen, das einen Fahrradfahrer umfährt, um einem Lastwagen auszuweichen. Stellte sie Fragen der Art: „Warum fuhr das blaue Auto den Fahrradfahrer um?" und fragte sie später nach der Wagenfarbe, gaben mehrere „Zeugen" an, es sei blau gewesen, obwohl es grün war. Einer der Gründe für diese falschen Erinnerungen liegt darin, dass wir kein fotografisches Gedächtnis besitzen und dass Erinnerungen aus bildlichen und vor allem verbalen Elementen konstruiert werden, die sich selbst in Bilder verwandeln können; solche Konstruktionen entwickeln sich im Lauf der Zeit und können sich verändern. Fehlende Elemente werden um einer besseren Logik der Geschichte willen ergänzt oder anderen Ereignissen zugehörige Elemente eingebaut, etwa Inhalte der von einem Versuchsleiter oder Therapeuten gestellten Fragen. Andere Forscher konfrontierten ihre Probanden mit Geschichten aus deren Kindheit, die ihre Eltern erzählt hatten; sie fügten diesen realen Ereignissen jedoch falsche hinzu, beispielsweise den Auftritt eines Clowns bei einem Kindergeburtstag. Beim ersten Gespräch erinnerte keine der Versuchspersonen die hinzugefügten Ereignisse, doch bei einem späteren zweiten Gespräch erinnerten sich 20 Prozent von ihnen daran und ergänzten überdies noch Einzelheiten, obwohl es sich doch um eine falsche Erinnerung handelte. Indessen bewahrten sich 80 Prozent der Probanden eine korrekte Erinnerung: Das Gedächtnis ist im

Großen und Ganzen offenbar doch eher eine ehrliche Haut als ein Lügenbeutel.

Wie weit reichen die ersten Erinnerungen zurück?

Die frühesten Erinnerungen von Erwachsenen (jungen einge-schlossen), sofern sie sich bestätigen lassen, stammen in der Regel aus dem Alter von drei bis vier Jahren. Freud glaubte, dieser Gedächtnisverlust sei auf die Unterdrückung der kindlichen Sexualität zurückzuführen, doch diese Theorie besitzt nach Ansicht der meisten Forscher keine Gültigkeit mehr. Sie führen dieses Phänomen auf den Aufbau des Gedächtnisses und der Sprache zurück. Letztendlich muss man, um eine Erinnerung aus dem Gedächtnis holen zu können, bereits imstande sein, sie zu erzählen.

Sind die frühesten Erinnerungen mit Emotionen verknüpft?

Ja – Die ersten Studien zum Gedächtnis (Catherine und Victor Henri im Jahre 1896) ergaben sehr oft, dass die Erinnerungen aus unserer Kindheit im Allgemeinen an starke Gefühle wie Freude, noch öfter aber an negative Emotionen wie massive Angst und Scham gebunden sind. Einerseits hebt sich die von einem starken Gefühl begleitete Episode besser von anderen Episoden ab; aus diesem Grund erinnert man sich besser an die „ersten Male", an die erste Liebe, das erste Theaterstück, die erste Reise ins Ausland, als Sportler an den ersten Pokal oder die erste Medaille. Doch ein anderer, diesmal biologischer Mechanismus erklärt den Emotionseffekt ebenfalls. Im Gehirn befindet sich neben dem Hippokampus, der mit der Speicherung neuer Gedächtnis-elemente zu tun hat, eine andere Struktur, die Amygdala. Dieses auch als Mandelkern bezeichnete Gebilde ist dafür zuständig, den Ereigniskontext (den Ort beispielsweise) mit der Emotion zu verknüpfen. Löst das Ereignis eine starke Gemütsbewegung (wie Wut oder Angst) aus, schickt die Amygdala spezielle Botenstoffe an den Hippokampus und verbessert dessen Speicherfunktion.

Sind Erinnerungen mit Gerüchen verknüpft?

Nein – Dieser Mythos entspringt der berühmten Madeleine-Episode des Schriftstellers Marcel Proust, in welcher der Genuss einer in Lindenblütentee getauchten Madeleine Kindheitserinnerungen in ihm aufsteigen lässt. Aufgrund solcher anekdotischen Beobachtungen könnte man annehmen, das Geschmacks- und das damit verbundene Geruchsgedächtnis seien sehr leistungsfähig, doch das ist nicht der Fall. Ein amerikanischer Forscher ließ seine Versuchspersonen Zahlen mit sechs Gerüchen (Kampher, Vanillin) assoziieren. Schon eine Woche später erkannten die Probanden nur 50 Prozent der Gerüche (drei von sechs) überhaupt wieder. Die Verknüpfung mit der richtigen Zahl jedoch fiel ihnen noch schwerer; nur einem Drittel der Gerüche ordneten sie die richtige Zahl zu.

Nun könnte man einwenden, dass die Assoziationskraft von Gerüchen sich kaum mit Zahlen nachweisen lasse. Deshalb haben wir in unserem Labor ein Experiment durchgeführt, bei dem acht Gerüche (Sandelholz, Zitrone, Mandarine, Moschus etc.) in jeweils zwei Minuten mit einer Handlung verknüpft wurden, etwa „eine Tür öffnen, sie schließen und drei Stühle aufeinanderstapeln", „etwas zeichnen" oder „in der *Illias* von Homer lesen". In einem zweiten Experiment mussten sich andere Versuchspersonen jeweils ein mit jedem Geruch gekoppeltes Foto einprägen, beispielsweise „eine Frau, die ein Foto ihres Sohnes herzeigt", „ein Karatekämpfer", „ein Fallschirmspringer". Die Ergebnisse waren noch enttäuschender, denn nach einer Woche vermochte nur eine einzige Versuchsperson von 13 auf einen Geruch eine Handlung zu erinnern, die anderen Koppelungen waren falsch. In der Bedingung „Fotos" wurden die Fotos nur zu elf Prozent dem jeweiligen Geruch korrekt zugeordnet. Offensichtlich sind wir also weit von dem entfernt, was die Madeleine-Episode nahelegt. Der Anblick des Gebäcks hat vielleicht viel mehr bewirkt als Geschmack und Geruch!

Erinnert man Angenehmes besser?

Ja – Was einem gefällt, behält man besser in Erinnerung, weil damit grundlegende Mechanismen der Motivation berührt sind. Die Motivation steigt mit dem Gefühl von Kompetenz, und Studien belegen, dass man sich stärker für etwas interessiert, das man schon kennt. Eines meiner Experimente beispielsweise ergab, dass Mädchen aus einer Liste von Spielsachen eher Mädchenspielzeug erinnern und dementsprechend Jungen eher Jungenspielzeug. Ebenso speichern Studenten mehr Informationen aus Dokumentarfilmen, die mit ihrem Studienfach zu tun haben. Doch die Motivation hängt noch von einer anderen „Instanz" ab, dem Gefühl von Selbstbestimmung (von Freiheit): Eine frei gewählte Tätigkeit mag man mehr. Schüler lernen die Namen der aktuellen Stars leichter als ihren Geschichtsstoff …

Gibt es ein Gedächtniszentrum im Gehirn?

Ja und nein – Das Gedächtnis für Faktenwissen, Wörter, Bilder, Gesichter ist verteilt über den gesamten Kortex, eine „Rinde" von nur fünf Millimeter Dicke, die jedoch 20 Milliarden Nervenzellen enthält. So werden Formen von Objekten sowie Bilder im Okzipitallappen (am Hinterkopf) gespeichert, Wörter im linken Teil des Kortex, Gesichter dagegen im rechten. Alle diese Systeme stellen in gewisser Weise spezialisierte Bibliotheken dar. Jedoch gibt es eine Struktur, ohne die nichts funktioniert: den Hippokampus (den Anatomen zufolge sieht diese Struktur von vorn aus wie ein Seepferdchen). Der Hippokampus ist der Archivar dieser Bibliotheken, er speichert neue Erinnerungen, wie der Bibliothekar neue Bücher ins Verzeichnis einträgt. Daher leiden Patienten mit zerstörtem Hippokampus an Amnesie und erinnern sich nicht mehr an den Inhalt der eine Stunde zuvor gelesenen Zeitung oder an vor Kurzem empfangene Besucher. Die Erinnerungen vor Eintritt ihrer Erkrankung jedoch bleiben ihnen erhalten.

Verlernt man Radfahren?

Nein – Alles in allem vergisst man sensomotorisch Gelerntes wie Fahrrad- und Autofahren oder Schwimmen niemals, denn es beruht auf einem anderen Gedächtnissystem als dem, das sich mit Wissen, Wörtern oder Bildern befasst. Forscher haben herausgefunden, dass Personen (keine älteren) mit Hippokampusläsionen (Kriegsverletzungen etc.) sich dennoch gelernte Bewegungen merken konnten, ohne sich dessen bewusst zu sein. Ein Neuropsychologe führte daher eine Unterscheidung zwischen zwei großen Gedächtnissystemen ein, dem deklarativen und dem prozeduralen Gedächtnis. Ersteres betrifft das bewusste Erinnern von Wörtern, Bildern und Gesichtern, letzteres umfasst eingeschliffene motorische Gewohnheiten. Radfahren, Autolenken, Schwimmen und so weiter gehören also zum prozeduralen Gedächtnis. Anatomisch gesehen sind dafür andere Gehirnareale (Streifenkörper) und vor allem das Kleinhirn zuständig, der Sitz der Automatismen wie etwa Gehen und Essen. Diese durch Tausende Wiederholungen gefestigten Automatismen sitzen sehr fest und werden praktisch nicht vergessen (auch wenn die Leistung als solche nachlässt).

Haben Kinder das beste Gedächtnis?

Nein – Die meisten Menschen halten das Gedächtnis von Kindern für besser als das von Erwachsenen und führen dafür mannigfaltige Beobachtungen an. Manche Mutter erzählt beispielsweise, dass ihre zehnjährige Tochter sie beim *Memory* immer um Längen schlage. Diese Alltagsbeobachtungen treffen zu, doch ein entscheidender Faktor wird dabei übersehen: die Übung. Das Kind verbringt viele Stunden mit seinen Lieblingsspielen, manchmal mehrere Stunden pro Tag, und dieses supertrainierte Kind hat bei früheren Partien gelernt, dass die Karte mit der oben links angestoßenen Ecke die Giraffe ist und die mit dem schönen Daumenabdruck aus Erdbeermarmelade der Elefant. Doch Experimente im Labor oder in der Schule zeigen seit 100 Jahren allesamt, dass sich das Gedächtnis des Kindes mit zunehmendem Alter verbessert und dass die besten Leistungen von Jugendlichen und jungen Erwachsenen von 15 bis 25 Jahren erzielt werden. Im hohen Alter dagegen kann das Gedächtnis nachlassen.

Es ist jedoch möglich, dass das Kind Gelerntes schneller in das prozedurale Gedächtnis aufnimmt (ich formuliere das so vorsichtig, weil dies ein ganz neuer, noch keineswegs ausgeloteter Forschungsgegenstand ist). Man beobachtet beispielsweise häufig, dass Kinder im Ausland den speziellen Tonfall einer Fremdsprache besser lernen als Erwachsene; die Artikulation fällt zweifelsohne in die Zuständigkeit des prozeduralen Gedächtnisses, während der Wortschatz vom deklarativen Gedächtnis abhängt.

Lernt man im Schlaf besser?

Nein – Das Lernen im Schlaf hat dennoch Wellen geschlagen und wurde als, wenn auch verfehlte, pädagogische Methode unter der Bezeichnung Hypnopädie (vom griechischen *hypnos* für „Schlaf") propagiert. Experimente haben ergeben, dass sich Schläfer, denen man im Schlaf eine Zahlenliste vorspielte, nach dem Erwachen nicht daran erinnern. Ganz im Gegenteil: Man lernt umso besser, je ausgeschlafener man ist. Die Forschungen der sogenannten Chronopsychologie belegen tageszeitabhängige Schwankungen der Leistungsfähigkeit; die Zeit der Siesta ist, wie jeder weiß, der ungeeignetste Zeitraum zum Lernen.[2]

Schlaf hingegen fördert die Konsolidierung des untertags Gelernten. Experimente mit verschiedenen Tieren haben gezeigt, dass in bestimmten Schlafphasen, in denen das Gehirn für Informationen von außen völlig verschlossen ist, rege Aktivität in ihm herrscht; biochemische und biologische Mechanismen festigen die Erinnerungen. Wahrscheinlich geschieht dies durch den Aufbau neuer Kontakte zwischen Nervenzellen. Diese Phase, aufgrund der starken Hirnaktivität „paradoxer Schlaf" genannt, ist übrigens bei Säuglingen und in der Kindheit sehr lang; beim alten Menschen verkürzt sie sich entsprechend. Der paradoxe Schlaf ist umso notwendiger, je mehr neue Lernerfahrungen gemacht werden. Man muss also bei Jugendlichen ausreichend Schlaf sicherstellen, obwohl sich manche beim „Büffeln" genau gegenteilig verhalten. Lernen im Schlaf ist keine gute Methode, aber nach einem ausgefüllten Tag gut zu schlafen, das ist eine!

Gibt es gedächtnisschädigende Substanzen?

Ja – Ohne gründlicher auf dieses dem Mediziner oder Neuropharmakologen vorbehaltene Thema einzugehen, sind doch ein paar Hinweise nützlich. Zunächst einmal muss man Jugendliche vor dem Feind Nr. 1 des Gedächtnisses warnen, dem Alkohol. Diese Geißel ist seit mehr als 100 Jahren bekannt, nachdem der russische Neurologe Sergei Korsakow beobachtet hatte, dass

---

[2] Siehe François Testu (1991) Chronopsychologie et rythmes. Masson, Paris.

chronische Alkoholiker keine neuen Dinge mehr zu speichern vermochten und daher unter einer gravierenden Amnesie litten. Heute weiß man, dass Alkohol mit seiner zelltötenden Wirkung als Erstes die Struktur schädigt, von der ich schon mehrmals gesprochen habe: den Hippokampus, den „Archivar" des Gedächtnisses, der neue Informationen ins Gedächtnis eingliedert. Diese Amnesie ist nicht total, da die Erinnerungen aus der Zeit vor der Hippokampusschädigung intakt bleiben, aber dennoch: Was für ein Drama! Ein junger Mann, der an einer schweren Epilepsie litt und sich deshalb einer Hippokampusoperation (eigentlich gibt es zwei davon, da das Gehirn in zwei Hemisphären unterteilt ist) unterziehen musste, liest nun unaufhörlich dieselbe Zeitung, ohne dass ihm die Informationen bekannt vorkämen; seine Eltern sind umgezogen, doch er begibt sich zur alten Adresse, wenn er sich in der Stadt verläuft. In einer Studie, die ich mit meinen Kollegen aus der Medizin durchführte, zeigten 40-jährige Alkoholiker (die zu einem Entzug ins Krankenhaus eingewiesen worden waren) in Tests eine Gedächtnisleistung wie 70-Jährige. In unserer Zeit, in der viele Jugendliche ein Alter von 100 Jahren erreichen werden, muss man lernen, Vorsicht walten zu lassen, und vielleicht anfangen, von einer „Ökologie" des Gehirns zu sprechen.

Von den gängigen Genussmitteln ist Tabak aus verschiedenen Gründen ähnlich schädlich. Dessen Gewöhnungseffekt hängt mit dem Nikotin zusammen, denn diese Substanz ähnelt einem natürlichen Botenstoff des Gehirns, der die Kommunikation zwischen Nervenzellen vermittelt (Neurotransmitter). Daher wirkt Nikotin anregend auf das Gehirn; regelmäßiger Konsum jedoch führt zu Abhängigkeit. Das Nachteiligste für das Gedächtnis ist jedoch, dass Nikotin die Durchblutung des Gehirns verringert (weil es die Blutgefäße verengt). Alkohol plus Tabak – das ist der Cocktail des Vergessens!

Welche Nahrungsmittel sind gut für das Gedächtnis?

Wieder gilt: Bitten Sie Ihren Arzt um nähere Aufklärung, aber einige Basisinformationen sollen Sie schon einmal bekommen. Das Gehirn ist ein Präzisionsmechanismus mit einer enormen Anzahl Substanzen, von denen noch nicht alle bekannt sind. Ein gutes Gedächtnis setzt ein Gehirn in gutem Zustand voraus, und in den geistigen Defiziten von Kindern in armen Ländern spiegeln sich deutlich die von Unterernährung verursachten Störungen. An erster Stelle sind hier die Proteine oder Eiweiße zu nennen; sie sind enthalten in Fleisch, Fisch und bestimmten Pflanzen und stellen die Bausteine des Gehirns und des Körpers dar. Untersuchungen in unterversorgten guatemaltekischen Dörfern ergaben, dass sich die Lernleistung von Kindern verbesserte, wenn sie mit Proteinen angereicherte Nahrung erhielten. Aus diesem Grund verlangsamen auch hochdosierte Antibiotika das Lernen, weil sie die Einweißproduktion beeinträchtigen. Lipide (Fette) sind ebenfalls notwendig; sie schützen die Zellmembranen und stellen die elektrische Isolation der Neuronen sicher. In unseren reichen Ländern ist sicherlich eher das Übermaß als der Mangel ein schädlicher Faktor, aber wehe den jungen Mädchen, die den spindeldürren Models nacheifern wollen und sich drakonischen Diäten unterwerfen. Dasselbe gilt im Hinblick auf die Kohlehydrate (Zucker). Hierzulande ist eher das Übermaß die Norm, doch da das Gehirn (wie auch die Muskeln) Glukose als Kraftstoff brauchen, ist vor zu strengen Diäten zu warnen. Die Phase der Abiturprüfungen oder sonstiger Examina mit manchmal stundenlangen Klausuren ist eine körperliche Leistung; man muss sich also darauf vorbereiten wie auf einen sportlichen Wettkampf (reichliches Frühstück, Kohlehydrate mit niedrigem glykämischen Index etc.), und während der Prüfung können ein paar Kekse und eine Flasche Wasser nützlich sein. Auf die Vitamine, die für alle Organfunktionen unerlässlich sind, achtet man weniger, doch statt sich nun wahllos damit vollzustopfen wie in gewissen Ländern, sollte man für eine ausgewogene Ernährung sorgen, vielleicht sogar unter ärztlicher Aufsicht ein Nahrungsergänzungsmittel einnehmen. So beruht eine der wichtigsten alkoholbedingten Gedächtnisstörungen auf einer Störung der Vitamin-B1-abhängigen Stoffwechselmechanismen der Zelle. Dieses Vitamin ist deshalb für den Hippokampus unverzichtbar. In Australien treibt diese Erkenntnis seltsame Blüten: Da junge Australier viel Bier konsumieren, fordern manche Mediziner, den Gerstensaft mit Vitamin B1 anzureichern.

Gibt es Medikamente für das Gedächtnis?

Ja und nein – Höherer IQ, besseres Gedächtnis … in den höchsten Tönen preist die Werbung Mittelchen, die man im Supermarkt oder sogar in Apotheken kaufen kann. Doch Achtung: Die Hersteller sind gesetzlich nur zu einem Wirksamkeitsnachweis für Substanzen verpflichtet, die als Arzneimittel gelten, nicht aber für andere. So enthalten beispielsweise manche Produkte in den Nahrungsergänzungsmittelregalen der Drogerieabteilungen Lezithine, die das Gedächtnis verbessern sollen, aber von Natur aus in Eiern und Schokolade vorkommen. Andere Mittel wirken anregend und können dem Organismus gefährlich werden, etwa ein stark koffeinhaltiges Produkt, das derzeit viele Studenten schlucken. Das Mittel verringert das Schlafbedürfnis, obwohl doch guter Schlaf für das Gedächtnis unerlässlich ist. Insgesamt sollte man ohne ärztlichen Rat überhaupt nichts einnehmen, das nicht in der üblichen Nahrung enthalten ist. Dagegen gibt es zahlreiche echte Medikamente, welche die Auswirkungen pathologischer Alternsprozesse verzögern oder ausgleichen, doch sie gehören in die Hand des Arztes. Diese Arzneimittel sind bei bestimmten Krankheiten von Nutzen, das Gedächtnis Jugendlicher verbessern sie jedoch in keiner Weise. Wenn alles gut läuft, braucht man nichts zu ergänzen (wie die Werbung suggeriert).

Ist Phosphor gut für das Gedächtnis?

Nein – Die Meinung, Phosphor nütze dem Gedächtnis, geht auf alte Theorien im Zusammenhang mit der Entdeckung der DNS zurück. Sie ist der Träger des Erbguts und demnach das Gedächtnis der Spezies. Im Analogieschluss vermuteten manche Forscher in den 1970er Jahren, dass ein verwandtes Molekül, die RNS, das Gedächtnis der Erinnerungen sein könnte. Nun enthält aber die DNS wie die RNS viel Phosphor, weshalb man glaubte, reichlich Phosphor (mit phosphorhaltigen Nahrungsmitteln wie Fisch) aufnehmen zu müssen, um seinem Gedächtnis etwas Gutes zu tun. Daher kommt übrigens der französische Ausdruck *phosphorer* für „arbeiten, bis einem der Kopf raucht". Diese Theorie erwies sich als falsch, denn die eigentliche Basis des Gedächtnisses sind die Verbindungen zwischen den Neuronen, und diese benötigen vielfältige Substanzen, vor allem aber Proteine. Manche haben ihren Kopf vergebens rauchen lassen!

Ist Stress gut für das Gedächtnis?

Nein – Das Wort „Stress" geht auf den Kanadier Hans Selye zurück. Dieser Mediziner wies nach, dass unangenehme Ereignisse starke neuronale und hormonelle Veränderungen bewirken, insbesondere die Ausschüttung von Kortikosteroiden (Kortisol) durch die den Nieren aufsitzenden Nebennieren. Diese Hormone setzen Energie in Form von Glukose frei, aber aus den Muskeln, den Knochen und dem Lymphgewebe (zuständig für die Immunabwehr). Das Stress-System ist demnach ein Energieproduktionssystem, aber gewissermaßen die letzte Chance für Notfälle, denn es schadet dem Organismus. So hat man gezeigt, dass Stress bei Ratten zu einer Schrumpfung des Hippokampus führt, da bestimmte für die Langzeitspeicherung zuständige Neuronen geschädigt werden. Andere Forscher wiesen dieselben Effekte bei Soldaten nach, und zwar umso ausgeprägter, je länger ihr Kampfeinsatz dauerte. Demnach ist voraussehbar, dass auch Stress in der Schule gefährlich sein kann. Mehrere Reportagen entlarvten ein übertriebenes Elitedenken an bestimmten Anstalten, das den Lehrkörper, manche Eltern und selbst manche Schüler anspornt, die Lernerei bis zum Äußersten zu treiben. Dieses Elitestreben ist sehr gefährlich und fordert von den Schülern und ihren Familien einen gesundheitlichen Tribut: Depressionen, Drogen, Aggression, Anorexie, Suizid. Dies haben bereits mehrere Mediziner und Psychologen beklagt. Es ist kein sozialer Fortschritt, wenn man die Kinder aus den Bergwerken holt, um sie dann bis zur Krankenhausreife büffeln zu lassen!

Ist Gedächtnisleistung die Fähigkeit der Dummköpfe?

Nein – Ich glaube, es war Chateaubriand, der dies geäußert hat, und viele assoziieren ein Elefantengedächtnis mit Intelligenzmangel. Diese Meinung beruht auf einer voreiligen Verallgemeinerung aufgrund einiger weniger Fälle. So zitierte Théodule Ribot, der Vater der wissenschaftlichen Psychologie in Frankreich, in seinem Buch *Les maladies de la mémoire* (1881) einen Oligophrenen (geistig Behinderten), der sich seit 35 Jahren sämtliche Beerdigungen in seiner Pfarrgemeinde mit Datum, Name und Alter der verschiedenen Person sowie den Namen aller Teilnehmer an der Zeremonie merkte. Derartige Beobachtungen treffen zu, betreffen jedoch nur eine sehr kleine Anzahl der geistig Behinderten insgesamt, die man als „autistische *savants*" bezeichnet. Bei diesen Personen geschieht alles, als ob sich ein Großteil ihres Gehirns einer einzigen Aktivität widmete. Manche geistig behinderten Kinder sind beispielsweise fasziniert von Zahlen und dem ewigen Kalender und wissen alle möglichen Daten auswendig. Andere verfügen über ein fantastisches visuelles Gedächtnis und können aus dem Gedächtnis die Fassaden ganzer Gebäudekomplexe zeichnen. Doch von diesen Kunststücken abgesehen besitzen diese Kinder oder Erwachsenen kaum sprachliche Fähigkeiten und lernen niemals lesen. Mit Ausnahme dieser sehr seltenen Erscheinungen ist bei der großen Mehrzahl der geistig zurückgebliebenen Kinder leider auch ihr Gedächtnis zurückgeblieben. Übrigens enthalten Tests der geistigen Fähigkeiten, sogenannte Intelligenztests, welche die intellektuelle Begabung messen, verschiedene Gedächtnistests. So besteht der weltweit meistbenutzte und -übersetzte Intelligenztest aus elf Untertests, von denen einige das Kurzzeitgedächtnis (die längstmögliche Ziffernfolge wiederholen), den Wortschatz und das allgemeine Wissen (gedächtnisabhängig) messen. Der Test enthält darüber hinaus einen Untertest zum rechnerischen Denken, der ein Gedächtnis für Tabellen und auch ein gutes Kurzzeitgedächtnis voraussetzt. Alles in allem konstatiert man einen Intelligenzmangel nach ungenügenden Leistungen in mehreren Untertests, von denen etliche verschiedene Gedächtnisfunktionen messen.

Umgekehrt zeichnen sich hochintelligente Personen durch sehr gute Gedächtnisleistungen aus. Meinen Forschungen zufolge schneiden die besten Schüler der Sekundarstufe I auch bei lehrbuchbezogenen Wortschatztests am besten ab. Manche Leistungen faszinieren durch ihren außergewöhnlichen Charakter; Orchesterdirigenten wie Toscanini oder Karajan dirigierten komplexe Opern- oder Symphoniepartituren aus dem Gedächtnis. Leider neigt man dazu, genauso außerordentliche Leistungen zu banalisieren, wenn man häufiger mit ihnen zu tun hat, etwa die des Historikers, der Tausende Daten im Kopf behält, des Pharmakologen mit seinen Tausenden chemischer Verbindungen, des Sportjournalisten, des Schriftstellers mit seinem Wortschatz von

Hunderttausenden Wörtern oder bestimmter Schauspieler, die sich Tausende von Zeilen Text zu merken vermögen.

Ist unser Gedächtnis ist fotografisch?

Nein – Verlässt man sich auf die verbreitete Vorstellung, dann haben wir ein „fotografisches Gedächtnis". So erzählt ein Schauspieler einem Journalisten, er würde auf der Bühne „seinen Text im Kopf ablesen und im Geiste die Seiten umblättern", und ein Schüler glaubt die Seite seines Lehrbuchs vor seinem geistigen Auge zu „sehen".

Diese Meinung, die in Pädagogenkreisen hie und da noch kaum von wissenschaftlich erhärteten Fakten abgelöst worden ist, stellt einen fossilen Überrest der Theorie der Teilgedächtnisse vom Ende des 19. Jahrhunderts dar. Dieser Theorie zufolge war jeder unserer Sinne mit einem speziellen Gedächtnis verknüpft, sodass es ein visuelles, auditives, olfaktorisches Gedächtnis und so weiter geben musste. Die wissenschaftliche Forschung seit den 1960er Jahren hat durchaus sensorische Gedächtnisse, allerdings sehr kurzlebige, nachgewiesen. Das visuelle sensorische Gedächtnis (das „ikonische") hält nur eine Viertelsekunde an, das auditive 2,5 Sekunden. Überdies sehen wir aufgrund des Baus der Netzhaut nur in einem kleinen Bereich scharf, und dieser erfasst nur ein Gesicht in fünf Meter Entfernung oder ein Wort auf einer Buchseite. Es ist daher unmöglich, sich eine ganze Seite eines Lehrbuchs oder auch nur einige Textzeilen bildlich vorzustellen, wie es Scharlatane behaupten.

Der Eindruck, eine Buchseite zu „sehen", entspringt einem anderen, nämlich dem bildhaften Gedächtnis. Dieses Gedächtnis erzeugt dauerhafte mentale Bilder. Doch sie sind rekonstruiert und daher wenig zuverlässig. Machen Sie einmal die folgende kleine Übung und überzeugen Sie sich, dass wir nicht über ein fotografisches Gedächtnis verfügen. Fixieren Sie fünf Sekunden lang die folgende Seite dieses Buches. Schließen Sie es dann und gehen Sie im Geist zur zehnten Zeile von oben. Haben Sie sie? Gehen Sie jetzt zum siebten Wort von links. Sie werden selbst merken, dass Sie nicht imstande sind, ein sogenanntes „fotografisches" Bild zu „lesen" und dass es nur ... ein schönes virtuelles Bild ist.

Besitzen nicht doch manche Menschen ein visuelles oder auditives Gedächtnis?

Nein – Derselben populären Theorie zufolge dominiert bei manchen Menschen eines der sensorischen Gedächtnisse; sie sollen visuelle, andere auditive, olfaktorische, motorische „Typen" sein. Angeblich war Balzac ein Geruchsmensch, Maler sollen visuell veranlagt sein und Musiker selbstredend auditiv. Diese Theorie ist in dieser simplifizierenden Form natürlich falsch; man braucht sich nur in Erinnerung zu rufen, dass Beethoven taub war, als er seine letzten Symphonien komponierte, und man versteht, dass das Gedächtnis etwas viel Abstrakteres ist. Ebenso hielt man Schachspieler gemeinhin für visuell begabt, doch zahlreiche Experimente zeigten, dass die guten oder großen Spieler nur ein gutes Gedächtnis für reale Schachpartien besitzen, nicht aber für zufällig auf dem Brett verteilte Spielfiguren. Unsere Erinnerungen sind abstrakter. Gesehene oder gelesene Wörter werden in einem lexikalischen Gedächtnis (von *lexis* für „Wort") gespeichert, sozusagen der Bibliothek der Karosserien der Wörter. Für das Visuelle gibt es andere Gedächtnisse, das visuelle, räumlich-visuelle und bildhafte. Es gibt sogar ein eigenes Gedächtnis für Gesichter.

Wie erklärt sich das Phänomen des „Wortes auf der Zunge"?

Verflixt, wie heißt er doch gleich wieder? Sicher ist es Ihnen schon passiert, vor allem nach dem Urlaub, dass Sie auf einen Kollegen

oder Bekannten treffen und sich nicht mehr an seinen Vornamen
erinnern. Dasselbe gilt für Gattungsnamen und vor allem für
Namen von Kino- und Gesangsstars. Dennoch kennt man das
Wort; übrigens fällt es einem ein paar Minuten oder eine Stunde
später unvermittelt wieder ein. Man spürt, dass man es kennt,
es will heraus, es liegt einem „auf der Zunge", wie man so sagt.
Das Rätsel löst sich, wenn man sich den modernen Begriff von
Gedächtnis vor Augen führt. Demnach ist dieses in mehrere Systeme, sogenannte „Module", unterteilt. Insbesondere die Wörter
werden hauptsächlich in zwei Gedächtnissen gespeichert, dem
lexikalischen für die „Karosserie" (Schriftbild und Phonologie),
die Bedeutung hingegen in einem besonderen Gedächtnis, dem
semantischen (vom griechischen *semantikos* für „bezeichnend").
Da es zudem bekanntlich ein Gedächtnis für Bilder und eines
für Gesichter gibt, erklärt sich „das Wort auf der Zunge" daraus,
dass beispielsweise das Gesichtergedächtnis aktiviert wird, aber
der Zugriff auf die Wörterbibliothek (das lexikalische Gedächtnis) nicht möglich ist. Häufig liegt das daran, dass ein ähnliches
Wort anstelle des gesuchten auftaucht. Als ich beispielsweise einmal nach einem der französischen Synchronsprecher von Starsky
und Hutch suchte, kam mir ständig das Wort „**bala**d**in**" („Pos-
senreißer", „Gaukler") in den Sinn. Allerdings lautete der Name
des Schauspielers „**Ballu**t**in**". Ähnlich ging es mir mit der Dar-
stellerin der letzten *Star-Wars*-Filme (**N**athalie Port**man**); immer
drängte sich mir der Name **N**icole Kid**man** auf.

Ist das Gedächtnis für Wörter oder das Gedächtnis für Begriffe besser?

Der Umstand, dass Wörter in mehreren Gedächtnissen gespeichert werden, erklärt auch, dass man über die Zeit nicht immer
genau dasselbe erinnert. Soll in einem Experiment ein Text gelernt werden, dann prüft man das Gedächtnis, indem man Sät-

ze aus dem Text in exaktem Wortlaut mit abgewandelten Sätzen vergleichen lässt. Kann nun die Person den Originalsatz nicht von einem Satz unterscheiden, in dem bestimmte Wörter durch Synonyme (etwa „Boot" durch „Segelyacht") ersetzt wurden, dann erinnert sie sich an den Sinn, die Bedeutung (semantisches Gedächtnis), nicht aber an den Wortlaut (lexikalisches Gedächtnis) des Satzes. Die vorliegenden Befunde sprechen dafür, dass das lexikalische Gedächtnis über einen Zeitraum von einer Woche hinaus nicht zuverlässig ist, dass aber die im Text zur Sprache gebrachten Inhalte über mehrere Monate bewahrt werden. Das semantische Gedächtnis, das Gedächtnis für Bedeutungen, ist daher das leistungsfähigere; es kann Informationen am längsten speichern. Dies geschieht, wenn man nach mehreren Tagen den Inhalt eines Films oder eines Romans erzählt; man erinnert sich nur in groben Zügen an die Handlung und die allgemeinen Umstände, aber nicht an die Namen der Figuren, die man dann durch die Namen der Schauspieler ersetzt.

Lernt man besser durch Lesen als durch Hören?

Ja – Manche Leute behaupten: „Ich bin ein visueller Typ", weil sie besser durch Lesen als durch Zuhören lernen. Wir haben gesehen, dass sich die Sache komplizierter verhält, denn in Wirklichkeit überdauert unser visuelles sensorisches (ikonisches) Gedächtnis nicht länger als eine Viertelsekunde. Trotzdem trifft die Beobachtung, dass man beim Lesen besser – fast doppelt so gut – lernt, voll und ganz zu, wie verschiedene Experimente beweisen. Der Hauptgrund liegt in den Augenbewegungen beim Lesen. Die Blickregistrierung per Kamera beim normalen Lesen zeigt, dass die Augen häufig stillstehen und zurückspringen (regressive Sakkaden). Die Zahl dieser regressiven Sakkaden verdoppelt sich bei seltenen oder schwierigen Wörtern. Für Me-

chanismen wie längeres Fixieren oder Zurückspringen des Blicks
gibt es beim Hören einer Vorlesung oder einer Radiosendung offensichtlich kein Pendant. Wird also ein Text nicht in Buchform,
sondern Wort für Wort (auf einem Monitor) gelesen, ist auch die
Lektüre wenig einprägsam; in diesem Fall können die Augen weder zurückspringen noch schwierige Wörter länger fixieren. Aus
diesem Grund ist die Lektüre einem mündlichen Vortrag (oder
Radio und Fernsehen) überlegen. Unter der vertrauten Hülle bietet das Lesen ein hervorragendes Mittel, um nach Informationen
zu „angeln", denn es erlaubt eine selbstbestimmte Steuerung je
nach Textschwierigkeit. *Bild der Wissenschaft* liest man nicht im
selben Tempo wie *Micky Maus*.

Muss man verstehen oder auswendig lernen?

Beides! Ja, man muss verstehen, um zu lernen, und das Auswendiglernen ist nur deshalb besser, weil das semantische Gedächtnis (der Bedeutung, der Begriffe) das widerstandsfähigste
unserer Gedächtnisse ist. Wenn man also einen Text lesen und
Synonyme für unterstrichene Wörter finden soll, muss man diese
auf der semantischen Ebene analysieren, das heißt sie verstehen;
diese Methode ist sehr effizient, wenn man danach die Worte des
Textes wiedergeben soll. Soll man dagegen Rechtschreibfehler
finden (lexikalisches Gedächtnis), ist die Erinnerungsleistung weniger gut. Das Gedächtnis mit semantischer Analyse ist demnach
leistungsstärker als die einfache lexikalische Analyse. Dennoch
beruht das Verstehen auf einem abstrakten Gedächtnis, das nicht
zwangsläufig exakt die Wörter der Vorlage bewahrt, sondern Synonyme oder allgemeinere Wörter. Stößt demnach ein Schüler
beim Lesen auf ein wenig vertrautes Wort, wird er später in einer
Arbeit sehr wahrscheinlich ein vertrautes allgemeineres Wort verwenden, beispielsweise statt „Tyrannosaurus" nur „Dinosaurier"
oder „Pharao" anstelle von „Ramses II.". Fazit: Bei der Freizeit-

lektüre kann man sich mit dem Verstehen zufriedengeben, während man im Rahmen des Lesens und Lernens für die Schule sowohl verstehen muss, um das semantische Gedächtnis zu erweitern und zu bereichern, als auch auswendig lernen muss, um das lexikalische Gedächtnis zu erweitern und zu bereichern.

Ist Wiederholen nützlich?

Ja – Während die pädagogischen Praktiken der Antike der Wiederholung huldigten, ist sie heute wirklich nicht mehr in Mode und wird gerne als stumpfes Büffeln betrachtet. Und dennoch ist die Wiederholung der Basismechanismus der Nervenzellen. Wie das Gedächtnis letzten Endes auf Kontakten zwischen Neuronen beruht, so ist das Wiederholen der Mechanismus, der für die Stabilität dieser Verbindungen sorgt. Bei der berühmten Konditionierung nach Pawlow beispielsweise muss man den Glockenton mindestens 50-mal zusammen mit der Belohnung darbieten, bis beim Hund der Speichel allein auf den Glockenton hin fließt. Auch wenn das menschliche Gedächtnis viel höher entwickelt ist als das von Tieren, ist und bleibt die Wiederholung ein Grundgesetz. So benötigen Autofahren oder Videospiele lange Lernphasen. Deshalb ist es unter Kampfpiloten üblich, jede tausendste Flugstunde mit einem Glas Champagner zu feiern. Und bekanntlich trainieren die heutigen Schachgroßmeister über Jahre viele Stunden täglich. Wann gibt's das Glas Kindersekt für die Wiederholungsstunden in der Schule?

Ist Wiederholen nutzlos für das Lernen von Bedeutung?

Nein – Wiederholen tritt in sehr unterschiedlichen Gestalten auf. „Auswendiglernen" ist das Wiederholen des lexikalischen Gedächtnisses. Semantisches Wiederholen dagegen ist subtiler und geschieht durch die Vermehrung von Episoden – eine Methode, die ich „multiepisodisches Lernen" genannt habe. Nehmen wir das Beispiel *Sherlock Holmes*. Auf einer Seite lesen Sie (und speichern Sie deshalb), dass er einen Freund hat, Dr. Watson, in einem anderen Abschnitt, dass er Privatdetektiv ist. Weiter unten erfahren Sie dann, dass er gerne Pfeife rauchend in seinem Sessel sitzt, um nachzudenken, und so weiter. Seite um Seite erweitern verschiedene Episoden das Bild der Figur mit einem Bröckchen Information nach dem anderen, und wenn Sie eine oder mehrere Geschichten gelesen haben, erweitert ein Netz aus Informationen im semantischen Gedächtnis nach und nach die „Bedeutung" der Figur. Dennoch haben Sie dabei nicht den Eindruck von „Wiederkäuen", denn diesmal handelt es sich um eine Wiederholung von Episoden, die sich nicht ähneln und jeweils ein Informationselement hinzufügen. Lektürephasen, Fernsehdokumentationen stellen allesamt Episoden dar, die das semantische Gedächtnis bereichern.

Ist es von Nachteil, beim Lernen leise mitzusprechen?

Nein – Was hat man nicht alles über Wiederkäuen, papageienhaftes „Auswendiglernen" gesagt? Tatsächlich scheint eine Alltagsbeobachtung diese Praxis zu diskreditieren. Ein Schüler liest laut einen Text, er liest ihn fehlerfrei, doch stellt man ihm nach dem Lesen Fragen dazu, merkt man, dass er nichts verstanden hat: Er hat ihn nachgeplappert wie ein Papagei. Ebenso sieht man häufig Kinder beim Lesen die Lippen bewegen; dieses stumme Mitsprechen bezeichnen Wissenschaftler als „Subvokalisation". In Wirklichkeit geschieht diese Subvokalisation unaufhörlich, ob beim Lesen oder beim Lernen, auch bei Erwachsenen. Wozu dient sie? Zahlreiche Studien belegen, dass die Unterdrückung dieses Mitsprechens beim Einprägen von (gelesenen oder gehörten) Textinhalten, etwa indem man ständig laut die Silbe *lalalalala* wiederholt, die Erinnerungsleistung um ungefähr 40 Prozent senkt. Das gilt sowohl für die freie Wiedergabe von Wörtern aus dem Text als auch für Antworten auf Fragen nach Textinhalten. Die Subvokalisation ist deshalb so hilfreich, weil die Wiederholung als regelrechtes Hilfsgedächtnis fungiert. Ohne sich dessen bewusst zu werden, bedient man sich dieser „Gedächtnisstütze", wenn man eine Telefonnummer oder den Tag eines Treffens genannt bekommt; man subvokalisiert diese Angaben, während man nach etwas zu schreiben sucht.

Fördert es die Konzentration, beim Lernen Musik zu hören oder den Fernseher laufen zu lassen?

Nein – Jugendliche behaupten häufig, sie könnten sich beim Hausaufgabenmachen oder Lernen besser konzentrieren, wenn sie dabei ihren Lieblingssender hören. Das trifft nicht zu, ganz im Gegenteil.

Man untersucht derzeit experimentell den Einfluss von Lärm auf das Gedächtnis. Einfache Geräusche wie Verkehrsrauschen oder Staubsaugerlärm behindern das Lernen nicht. Dasselbe gilt für Instrumentalmusik, ob Klassik oder Jazz. Sobald jedoch Text dabei ist, wie bei Songs oder Schlagern, kann die Gedächtnisleistung auf bis zu 40 Prozent sinken. Diese Einbußen gehen auf Konkurrenz im lexikalischen (und im semantischen) Gedächtnis zurück. Die im Lehrbuch gelesenen Worte werden im lexikalischen Gedächtnis analysiert, die im Lied gehörten aber ebenfalls. Das lexikalische Gedächtnis leistet also doppelte Arbeit und büßt daher an Effizienz ein, genau wie wenn man zwei Dinge auf einmal tut: Man kann eben nicht auf zwei Hochzeiten gleichzeitig tanzen.

Stützen Bilder das Gedächtnis?

Ja – Welche Rolle Bilder für das Gedächtnis spielen, ist eine sehr alte Frage, denn in der Antike lernte man sehr viel mithilfe von geistigen Bildern. Descartes für seinen Teil war der Meinung, sie nützten nur Scharlatanen. Nun gab aber die Entwicklung der Bildmedien – Kino, Fernsehen, Comics und jetzt Multimedia – den Forschern Anlass, sich ernsthaft mit dieser Frage zu befassen. Wenn es um vertraute Bilder wie eine Katze, eine Tulpe, eine Uhr geht, so ist das Lernen in Form von Vorstellungsbildern effizienter als in Form von Wörtern. Doch Vorsicht, unser bildhaftes Gedächtnis enthält „gemachte" Bilder und keine echten Fotografien. So ist die Darbietung komplexer Bilder, von Comics bis hin zu den schematischen Diagrammen der Schulbücher, nicht problemlos; sie benötigen, wieder einmal, Wiederholungen.

Warum ist das Bild hilfreich?

Die Erklärung dafür ist nicht so einfach. Forschungen zu dieser Frage führten zu einer unerwarteten Entdeckung, aus der sich wichtige pädagogische Empfehlungen ergeben. Selbst wenn das Bild ein bekanntes Objekt (oder Tier) darstellt wie einen Tisch, eine Biene und so weiter, ist die Darbietungsgeschwindigkeit entscheidend. So werden vertraute, im üblichen Tempo von einer oder zwei Sekunden pro Bild dargebotene Bilder besser erinnert als die zugehörigen Wörter. Verkürzt sich jedoch die Darbietungszeit auf eine halbe Sekunde pro Bild oder darunter, ist das nicht mehr der Fall. Dann werden Bilder gleich gut (oder schlecht) erinnert wie die entsprechenden Wörter. Warum? Einige Forscher erkannten, dass vertraute Bilder geistig in Worte gefasst werden. Tatsächlich wandeln wir Bilder automatisch in Worte um, ohne es zu merken. Diesen Mechanismus, der zur Verbalisierung von

Bildern führt, haben Forscher „duale Codierung" genannt. Es finden also eine bildliche und eine verbale Codierung statt.

Unterstützen Abbildungen in einem Lehrbuch das Lernen?

Ja – Das ist richtig unter einer Bedingung, die mit dem Mechanismus der dualen Codierung zusammenhängt. Denn wenn das Bild hilfreich ist, dann letztendlich dank des Wortes. Das Bild wird nämlich verbalisiert; beispielsweise sagt man sich beim Bild eines Bären: „Das ist ein Bär." Die praktische Schlussfolgerung lautet, dass das Bild in Worte gefasst werden muss, um wirksam zu sein. So erklärt sich, dass nur vertraute Bilder effektiv sind, komplexe oder uneindeutige aber nicht mehr; denken Sie einmal daran, was Verkehrsschilder ohne ihre Bedeutung wären. Nun ist aber in der Schule oder im Gymnasium, wo der Schüler ja gerade lernen soll, die Mehrzahl der Bilder eben nicht vertraut, sondern sogar ziemlich komplex. Da erblickt er Abbildungen von Zellen in Biologie, von Formations- oder Gesteinsschnitten in Geologie, Fotos oder Zeitstrahlen in Geschichte. Diese Bilder benötigen also Worte, die Legenden, genau wie Comics ihre eigene Codierung besitzen, die Sprechblasen.

Ist Lesen besser als Fernsehen?

Ja – Heutzutage neigt man angesichts der explosionsartigen Entwicklung der technischen Medien, insbesondere des Fernsehens, zu der Vorstellung, das modernste Medium sei auch das effektivste. Deshalb vermochte das Fernsehen das Lesen als hilfreichstes Medium zu entthronen. Dennoch stellt letzteres das bei Weitem wirksamste Medium dar. Hauptsächlich zwei Gründe erklären, warum das Fernsehen unterlegen ist. Der erste hat damit zu tun, dass das Lesen ein selbstgesteuertes Speicherverfahren darstellt; die Augen verharren auf komplizierten oder unbekannten Wörtern (bis zu viermal) länger. Dieses längere Innehalten erlaubt die Analyse komplizierter Wörter. Dagegen läuft die Tonspur des Fernsehens unbeirrbar mit derselben Geschwindigkeit weiter, und wenn es an einer Stelle eines Dokumentarfilms zu rasch geht, hat man das Nachsehen. Zum Zweiten ist das Lesen dem gesprochenen Text bei unbekannten Wörtern ein wenig überlegen, weil es leichter ist, ein gelesenes Wort auszusprechen (nehmen wir als Beispiel Tutanchamun), als sich die Orthografie eines gehörten Wortes vorzustellen. Nun werden aber im Fernsehen wie im Radio die Worte gehört, und komplexe Wörter sind schwieriger zu lernen. Ein Hoch auf die Untertitel!

Erleichtert Humor das Lernen?

Nein – Allerorten sieht man Bücher und vor allem Fernsehdokumentationen, in denen kleine Männchen in Zellen oder Molekülen herumspazieren, damit die Kinder Spaß daran haben und vielleicht besser lernen. Zu diesem Thema liegen nur wenige Studien vor, doch die ersten Ergebnisse sind ziemlich enttäuschend. Humorige Bilder scheinen nicht nur das Lernen nicht zu fördern, sondern es offenbar sogar zu beeinträchtigen! Das könnte daran liegen, dass das Gedächtnis nicht elastisch ist. Lustige Details fügen also entweder unpassende Bilder, kleine Männchen beispielsweise, oder ergänzenden Text hinzu, die das Gedächtnis überlasten. Schließlich könnte in bestimmten Fällen die Zugabe bestimmter Einzelheiten in Widerspruch zum Thema des Films treten; so bestehen etwa Menschen aus Zellen und nicht umgekehrt. Es könnte das Kind also eher verwirren, wenn es Männchen zwischen den Zellen oder in ihrem Inneren herumhüpfen sieht. Deshalb sind Schulbücher im Großen und Ganzen ziemlich nüchtern: Ob mit Humor oder nicht, beim Lernen darf man die Sache nicht unnötig verkomplizieren!

Ich vergesse manchmal, was ich in einem Zimmer gerade gemacht habe. Ist das normal?

Ja – Ich gehe in den Nebenraum, um ein Buch zu holen. Klingeling! Das Telefon, ich gehe ran, und danach klafft ein schwarzes Loch. Was habe ich in diesem Zimmer gemacht? Keine Panik, das ist alles normal, dahinter steckt das Kurzzeitgedächtnis. Eigentlich ist der Nachweis einer besonderen Art von Gedächtnis, das nur einige, fünf bis 20, Sekunden lang anhält, eine recht neue Entdeckung (wenn man bedenkt, dass das Gedächtnis seit der Antike bekannt ist). Die Kapazität des Kurzzeitgedächtnisses ist begrenzt: Soll beispielsweise eine Liste von 15 bekannten Wörtern (Schiff, Uhr, Zitrone etc.) auswendig gelernt werden, dann können junge Erwachsene von 20 Jahren nur etwa sieben davon reproduzieren. Hindert man sie jedoch an der sofortigen Wiedergabe, indem man sie 30 Sekunden lang etwas anderes tun lässt (sprechen, rechnen etc.), dann erreicht die Erinnerungsleistung nur noch 50 Prozent, das heißt nur drei oder vier Wörter. Das ist das Kurzzeitvergessen. Bei einer einzigen Information (was ich in diesem Zimmer gemacht habe), kann daher vollständiges Vergessen eintreten ... Wie lautete doch gleich die Frage?

Ist das Gedächtnis elastisch?

Nein – Sehr oft gewinnt man den Eindruck, dass viele Lehrer oder Lehrbuchentwickler das Gedächtnis für elastisch halten. Damit zollen sie dem Gedächtnis Respekt, denn es ist so leistungsfähig, dass es durchaus den Eindruck von Elastizität erwecken kann. Dennoch ist es nicht so. Neuere Forschungen haben bewiesen, dass es ein kurzfristiges, nur einige Augenblicke (etwa 20 Sekunden) bestehendes Gedächtnis gibt, das aus diesem Grund als „Kurzzeitgedächtnis" bezeichnet wurde. Außerdem besitzt dieses Kurzzeitgedächtnis nur eine sehr begrenzte Kapazität von sieben Elementen. Ein großer Gedächtnisforscher hat diese Zahl 7 im Spaß als magisch bezeichnet, in Anspielung auf diese in unserer Kultur so allgegenwärtige Zahl: sieben Wochentage, sieben Weltwunder, Siebenmeilenstiefel und so weiter. Man muss also beim Lernen Grenzen beachten, wenn man effizient lernen will.

Wie stellt man es an, mit einem begrenzten Kurzzeitgedächtnis zu lernen?

Wenn das Kurzzeitgedächtnis nicht elastisch ist, so sind es doch offenbar die darin enthaltenen Elemente. Das Kurzzeitgedächtnis vermag in der Tat sieben vertraute Wörter wie „Kaninchen", „Uhr", „Kirsche" etc. zu behalten, doch genauso gut kann es sieben Sätze behalten, sofern es sich um vertraute Sätze handelt wie „Der Gärtner gießt die schönen Blumen". Forscher haben sogar eine Kapazität von sieben Sprichwörtern nachgewiesen, vorausgesetzt, sie sind allgemein bekannt. Dieses Paradox wird verständlich, wenn man das Kurzzeitgedächtnis als Bibliothekskatalog betrachtet. Der Katalog enthält Karteikarten, doch jede Karteikarte verzeichnet nur den Titel des Buches und seine Signatur; jede Karte hat dieselbe Dicke, ob das Buch nur eine Broschüre von 100 Seiten oder ein dickes, 6 000 Seiten starkes Wörterbuch ist. Stellen Sie sich dagegen, wiederum mithilfe der Bibliotheksanalogie, eine andere Situation vor: Das Buch ist schlecht gebunden, seine Blätter fliegen überall herum, und die Angaben auf der Karteikarte führen Sie nur zu einem Teil der Informationen. Eben dies geschieht im Gedächtnis. Schauen Sie sich die Buchstabenreihe „ M F G X W L T" an; diese sieben Lettern nehmen das Fassungsvermögen Ihres Kurzzeitgedächtnisses voll und ganz in Anspruch, denn sie sind wie einzelne Blätter. Lege ich Ihnen dagegen die Abfolge „D A U N E N S C H L A F S A C K" vor, so besteht sie zwar aus 16 Buchstaben, die das

Kurzzeitgedächtnis aber nicht „überlaufen" lassen; sie sind zu einem Wort zusammengewachsen, das bereits gut im Langzeitgedächtnis verstaut ist wie ein gut gebundenes Buch. Das gesamte Wort besetzt nur ein einziges der sieben Fächer des Gedächtnisses. Die Kapazität des Kurzzeitgedächtnisses hängt also stark von den bereits gespeicherten Gedächtniselementen ab. Wenn beispielsweise Sekundarschüler ein normales Fassungsvermögen für vertraute Wörter aufweisen, so ist ihre Kapazität für eher unbekannte Wörter wie Justinian, Xenophon oder Myzel dreimal geringer.

Welche Aufgabe erfüllt das Kurzzeitgedächtnis?

Wozu mag ein derart begrenztes Gedächtnis wie das sieben Elemente fassende Kurzzeitgedächtnis, das wir im vorigen Abschnitt kennengelernt haben, wohl dienen? Tatsächlich spielt es eine zentrale Rolle, denn es stellt eine Art Wandtafel dar, auf der neue Dinge zusammengestellt werden können. Das Kurzzeitgedächtnis macht das Kopfrechnen möglich, sodass manche Forscher, um seine Bedeutung zu unterstreichen, es als „Arbeitsgedächtnis" bezeichnen. Das Kurzzeit- oder Arbeitsgedächtnis ist auch für das Leseverständnis unerlässlich. Liest ein Schüler den Satz „Die Bank war nachlässig gebaut, sodass sie unter dem Gewicht des Spaziergängers zusammenbrach", kann er erst gegen Ende des Satzes aufgrund der Wörter „Gewicht" und „Spaziergänger" verstehen, dass es darin um eine Bank zum Sitzen und nicht um ein Geldinstitut geht. Doch dazu muss sich das Wort „Gewicht" noch im Kurzzeitgedächtnis befinden, wenn er das Satzende liest. Deshalb ist ein langer Satz im Allgemeinen schwer zu verstehen; kleine Kinder brauchen dafür gewöhnlich mehrere Anläufe. Die Kapazitätsbegrenzung des Kurzzeitgedächtnisses erfordert kurze Sätze, wenn diese verständlich sein sollen. Zweifelsohne liegt deshalb in der Kürze die Würze.

Ist es gut, ein Schul- oder Lehrbuch zu strukturieren?

Ja – Da das (Kurzzeit-)Gedächtnis nun einmal ein begrenztes Fassungsvermögen hat, wie zum Teufel kann man dann lernen? Diese Frage können Sie sich beantworten, wenn Sie sich vorstellen, Sie müssten sich eine lange Buchstabenliste einprägen: „M A N V E R T E I L E D A S F E L L D E S B Ä R E N E R S T D A N N W E N N E R E R L E G T I S T." Diese Buchstabenreihe überschreitet ganz klar die Kapazität des Kurzzeitgedächtnisses – aber nur, wenn die Elemente als einzelne, voneinander getrennte Buchstaben erscheinen. Wenn Sie aufmerksam hinschauen, werden Sie merken, dass sich die Lettern zu bedeutungshaltigen Gruppen, nämlich Wörtern, zusammenfügen lassen (wie die Seiten eines Buches). Bitteschön, ich helfe Ihnen, indem ich jedes zweite Wort fett schreibe: „**M A N** V E R T E I L E **D A S** F E L L **D E S** B Ä R E N **E R S T** D A N N **W E N N** E R **E R** L E G T I S T." Wo Sie zuerst nur eine Letternfolge gesehen haben, entdecken Sie nach und nach Wörter, und daraufhin springt Ihnen das Sprichwort „Man verteile das Fell des Bären erst dann, wenn er erlegt ist" in die Augen. Wenn Sie dieses einfache Sprichwort aus dem Gedächtnis zitieren, vollbringen Sie eine Gedächtnisleistung, die Ihnen unmöglich schien, nämlich die Wiedergabe von 49 Buchstaben: Und siehe da, das sind sieben mal sieben; diese Zahl ist wirklich magisch! Zahlreiche Studien haben nachgewiesen, dass jedes Lernen, selbst das Auswendiglernen, in der Bildung fester Informationsverbünde besteht (dem Binden der Bücher), damit diese im Kurzzeitgedächtnis weniger Raum einnehmen. Diesen Prozess des Zusammenfassens nennt man Organisation. Das klassische pädagogische Verfahren, Lehrbücher in Kapitel, Abschnitte und Absätze zu untergliedern, ist also sehr gut.

Wie lernt man Eigennamen oder fremdsprachige Wörter?

Treibende Kraft des Lernens ist die Organisation, das Zusammenfassen zu Gruppen, um das Kurzzeitgedächtnis zu entlasten. Dabei ist eine Technik die Organisation durch die Sprache (auch „verbale Mediation" genannt) oder das Bild. Nehmen wir als Beispiel das englische Wort „girl" („Mädchen"). Mit dem fremdsprachigen Wort ist eine doppelte Schwierigkeit verbunden, weil man sich sowohl seine Aussprache als auch seine Bedeutung merken muss. Damit empfiehlt sich die Schlüsselwortmethode, da sie genau diese beiden Aspekte erschließt. Es gilt, ein deutsches Wort zu finden, das zunächst einmal an die Aussprache des englischen Wortes erinnert, etwa „Kerl". Dann muss man die deutsche Übersetzung des englischen Wortes, also „Mädchen", mit „Kerl" in einem Vorstellungsbild verknüpfen, was bei diesem Beispiel nicht allzu schwierig sein dürfte. Dieses Verfahren wurde experimentell mit verschiedenen Sprachen wie Spanisch, Russisch und Serbisch erforscht und hat seine Wirksamkeit bewiesen. Natürlich gibt man es, da es zur Bildung absonderlicher Assoziationen und Bilder führen kann, auf fortgeschritteneren Stufen auf, wo man aufgrund von Praxis, Etymologie und dergleichen lernt; doch zum raschen Erwerb einiger Brocken (für eine Reise beispielsweise) ist es recht nützlich, wenn man diese Methode kennt.

Ist das Gedächtnis geordnet wie eine Bibliothek?

Ja – Soweit es das semantische Gedächtnis (Bedeutung) angeht, ist das Gedächtnis offenbar eingeteilt wie eine Bibliothek. Es ist allerdings eine komplizierte Bibliothek, denn es gibt zwei Klassifikationen: eine kategoriale und eine assoziative. Die erste Einteilung erfolgt nach Klassen – nach Sachgruppen – wie Tiere, Pflanzen, Kleidung und so weiter. Man kann diese Klassifikation übrigens leicht aufdecken, wenn man eine Menschengruppe (beispielsweise 100 Personen) auffordert, alle Wörter zu nennen, die ihr zu einer Kategorie einfallen. Dann notiert man diese Wörter nach absteigender Häufigkeit der Nennung. So stellt man etwa fest, dass die meisten Befragten an „Hund“, „Katze“, „Pferd“ und „Kuh“ denken, wenn man ihnen die Kategorie „Vierbeiner“ darbietet. Zur Kategorie „Blume“ fällt ihnen in erster Linie „Rose“ und „Tulpe“ ein, während die meistzitierten Klassiker „Goethe“ und „Schiller“ sind. Was Comics betrifft, so werden am häufigsten „Tim und Struppi“, „Asterix“ und „Micky Maus“ genannt. Die Hitparade der Kinderlieder dürften „Alle meine Entchen“ und „Hänschen klein“ anführen.

Arbeitet das Gedächtnis mit Assoziationen?

Ja – Es gibt noch eine zweite, offenbar weniger geordnete, weniger logische, aber dennoch sehr raffinierte Klassifikation. Sie orientiert sich an Wörtern, die in der Sprache sehr häufig gemeinsam vorkommen wie „Tisch“ und „essen“ oder die Gegensätze verkörpern wie „heiß“ oder „kalt“. Wenn ich beispielsweise „Biene“ sage, denken die meisten Menschen an „Honig“. „Hund“ und „Maus“ werden bei „Katze“ ins Gedächtnis gerufen, und selbstverständlich denkt man seit La Fontaine an „Lamm“, wenn von „Wolf“ die Rede ist. Dieses Phänomen ist seit Langem bekannt, und schon der große antike Denker Aristoteles weist darauf hin. Im 19. Jahrhundert bezeichnete man es als „Ideenassoziation“. Daher rühren auch Ausdrücke, die sich in der Sprache erhalten haben, wie „den Faden verlieren“. Tatsächlich kann man sich das Gedächtnis als großes Fischernetz vorstellen, in dem die Knoten

die Wörter bilden und die Fäden bestimmte Wörter untereinander verknüpfen. Man vermutet sogar, dass sich die neuronale
Erregung von einem Wort aus ausbreitet und das weitere Gespräch vorbereitet, indem es die nächstgelegenen Wörter aktiviert. Wenn ich mich beispielsweise mit Freunden über Bienen
unterhalte, werden Wörter wie „Honig", „Nektar", „Blume",
„Schwarm" etc. im Gedächtnis bereitgestellt. Umgekehrt kann
diese Voraktivierung dazu führen, dass wir etwas Dummes sagen, wozu sich Kinder bei manchen Spielen gerne gegenseitig
verleiten. Das Spiel ist bekannt; man muss ganz schnell dauernd
„weiß, weiß, weiß, weiß" sagen, und dann wird die Frage gestellt:
„Was trinkt die Kuh?" Meistens tappt der Kamerad dann in die
Falle und sagt „Milch", obwohl die Kuh Wasser trinkt. Der Irr-
tum rührt daher, dass das Aussprechen der Wörter „weiß" und
„Kuh" „Milch" aktiviert hat, und dieses Wort ist wie ein Sprinter,
der bereit ist loszulaufen – fast hätte ich gesagt ... loszusaufen!

Woher kommen Versprecher?

Wenn das semantische Gedächtnis wie eine Bibliothek, das heißt
nach Themenbereichen eingeteilt ist, dann sind die Wörter im
lexikalischen Gedächtnis nach ihrer Karosserie geordnet. Dieses
Gedächtnis ist in etwa so angelegt wie der alphabetische Katalog
der Bibliothek, aber im Großen und Ganzen in flexiblerer Weise,
nach der ersten Silbe und dem Reim.

In den Studien zum Phänomen des „Wortes auf der Zunge" gibt man
den Probanden Definitionen seltener Wörter vor, die es zu finden gilt.
Wie heißt beispielsweise das Instrument, das Seeleute zur Kursbestim-
mung nach den Sternen benutzten (Sextant)? Wenn die Versuchsperson nicht auf das richtige Wort kommt, fragt man sie, ob sie die erste
Silbe des Wortes nennen kann oder etwas, das sich darauf reimt. Dabei
stellt man fest, dass ein großer Teil der Probanden die richtige Silbe
und den richtigen Reim im Sinn hatte.

Übrigens entsteht das auf der Zunge liegende Wort recht häufig durch Konkurrenz mit einem anderen, ihm ähnlichen Wort. Versprecher oder Wortirrtümer stellen genau diese phonetischen Wortverwechslungen dar, und auch wenn durch Freud die Vorstellung, in solchen Versprechern offenbaren sich zensierte sexuelle Inhalte, zum Allgemeingut wurde, so kommt das doch eher selten vor. Üblicherweise liegt eine Verwechslung mit einem phonetisch ähnlichen und gebräuchlicheren Wort vor, das aus diesem Grund im Gedächtnis der Person oder auch des Schülers stärker im Vordergrund steht. Schülern bereiten diese verwechslungsträchtigen phonetischen Ähnlichkeiten manchmal herbe Enttäuschungen, wenn sie etwa glauben, der Akkusativ hätte etwas mit dem Handyaufladen zu tun oder „Suizid" sei ein Insektengift.

Bleiben Kraftausdrücke bei Kindern schneller haften?

Ja – Bei Erwachsenen übrigens auch, wie wir experimentell nachgewiesen haben. Studenten sollten sich eine Liste gewöhnlicher Wörter und eine mit unflätigen oder vulgären Wörtern wie „Arschloch" und „Schwanz" merken. Letztere wurden besser erinnert, im Gegensatz übrigens zu der Hypothese Freuds, wonach Wörter mit sexueller Bedeutung zensiert würden (allerdings mag sie zu seiner Zeit bei seinen Patienten zugetroffen haben). Der Grund dafür liegt zweifelsohne darin, dass diese in einem schicklichen Wortschatz verbotenen Wörter eine Emotion hervorrufen. Nun lösen aber Emotionen (die ersten Erinnerungen sind mit Gefühlsregungen verknüpft) auf neurobiologischer Ebene durch Vermittlung der Amygdala eine Überaktivierung des Hippokampus aus, und diese Struktur hat mit der Speicherung von Informationen zu tun. Bei Kindern treten diese Emotionen zutage, wenn sie lustvoll kichernd mit „Pipi", „Kaka", „Pups" herausplatzen, sobald Mama den Rücken kehrt. Die Scherze von Erwachsenen bewegen sich nicht immer auf höherem Niveau, und viele sogenannte Comedians setzen heute immer noch auf denselben Mechanismus, um Lacher zu erzielen.

Welche Kapazität hat das Langzeitgedächtnis?

Das Fassungsvermögen des Langzeitgedächtnisses ist erstaunlich groß, aber nicht grenzenlos. Die Anzahl der im Gedächtnis gespeicherten Wörter ist so hoch, dass sie sich nur schwer schätzen lässt. Studien gehen diese Aufgabe auf unterschiedlichen Wegen an; meist stellt man eine Stichprobe von Wörtern zusammen (etwa aus einem Wörterbuch) und schließt aus dem prozentualen Anteil richtig definierter Wörter auf die Grundgesamtheit aller Wörter. Mit einer solchen Methode gelangten Forscher in Poitiers zu der Schätzung, dass französische Schüler am Ende der Grundschule ungefähr 9 000 Wörter kennen. Ich habe eine andere Methode mit einer Wortstichprobe aus Schulbüchern der Sekundarstufe I verwendet. Am Ende der ersten Klasse nach dem Übergang aus der Grundschule kennen und verstehen die Schüler 2 500 Wörter, am Ende der letzten vor der Sekundarstufe II etwa 14 000.

Trifft es zu, dass das Gedächtnis nie überlastet wird?

Nein – Trotz der großen Leistungen des Gedächtnisses darf man es nicht misshandeln, denn sein Fassungsvermögen ist nicht unendlich, weil es einem materiellen Gehirn mit Nervenzellen entspringt und nicht einem immateriellen Geist. Auch wenn manche Lehrer meinen, dass man „umso mehr behält, je mehr man reinstopft", so belegen doch Experimente, dass das Lernen sich bei Überlastung verlangsamt.

Beispielsweise sollten in einem unserer Experimente mit geografischen Karten Schüler in fünf Durchgängen eine Karte von Amerika mit 24 Städten lernen. In einer Klasse war diese Karte nicht überladen, während in den anderen zwei bis 24 weitere Namen (von Ländern oder Staaten) hinzugefügt wurden. Auch wenn diese nicht gelernt werden mussten, erwies sich das Lernen mit den überladenen Karten als schwieriger. Überdies beobachteten wir, dass bestimmte Schüler bei den überfrachteten Karten „abschalteten" und immer schlechtere Lernleistungen zeigten. Sie wurden also entmutigt. Überlastung beeinträchtigt demnach nicht nur das Lernen, sondern gefährdet obendrein die schwachen Schüler.

Worin besteht das Geheimnis eines Elefantengedächtnisses?

Jeder beneidet Menschen mit einem überragenden Gedächtnis, den Klaviervirtuosen, den Musterschüler, den Schachspieler, und würde gerne hinter ihr Geheimnis kommen. Einesteils liegt die Erklärung für ein ausgezeichnetes Gedächtnis auf biologischer Ebene. Wir bestehen nicht aus reinem Geist, und das Gedächtnis fußt auf dem Gehirn. Jean François Champollion, der Entzifferer der Hieroglyphen, beherrschte zahlreiche Sprachen; manche Schachspieler sind imstande, mehrere Partien gleichzeitig blind zu spielen, das heißt ohne auf das Schachbrett zu schauen (man diktiert ihnen die Position der Figuren).

Bleiben wir einen Moment bei einem außergewöhnlichen, wissenschaftlich erforschten Fall. Der junge amerikanische Student Rajan Mahadevan, heute Professor an einer amerikanischen Universität, kommt in den 1980er Jahren in das Buch der Rekorde. Er kann die Zahl Pi auswendig auf 31 811 Nachkommastellen angeben. Sein Zahlengedächtnis stellt alles in den Schatten. An einer Universität, wo er an einer Studie teilnahm, betrachtete er fünf Minuten lang eine Tabelle mit fünf Zeilen zu je zehn Zahlen, also insgesamt 50 Zahlen, und konnte sie dann Zeile für Zeile, Spalte für Spalte oder nach Teilbereichen hersagen. Mehrere Monate später wusste er sie immer noch auswendig. Dagegen war er bei anderen Informationen als Zahlen, etwa Wörtern oder räumlichen Formen, anderen Versuchspersonen nicht überlegen. Da den Forschern bei einem Besuch Rajans auffiel, dass dieser sich nicht an die Lage ihrer Büros im Labor zu erinnern vermochte, führten sie ein Experiment zum Gedächtnis für die Position und Orientierung von Objekten im Raum durch, an dem neben anderen Rajan teilnahm. Im Vergleich zu den anderen Probanden zeigte er eine um etwa zehn Prozent schlechtere Wiedererkennensleistung. Die Forscher vermuten, dass die normalerweise für das räumliche Gedächtnis (Position und Orientierung von Objekten) zuständigen Hirnareale bei ihm teilweise für die räumliche Speicherung von Zahlen genutzt werden. Herausragende Leistungen gehen demnach auf neurobiologische Unterschiede zurück.

Kann man sein Gedächtnis auch teilweise verlieren?

Ja – Das Gedächtnis ist kein rein geistiges Vermögen, sondern beruht auf bestimmten Gehirnfunktionen. Insgesamt betrachtet (schlagen Sie in einem Neurologiebuch nach) ist das Gedächtnis verteilt über den Kortex, eine nur fünf Millimeter dicke Rinde an der Außenseite des Gehirns, die jedoch aus 20 Milliarden Neuronen besteht. Der Kortex ist in bestimmte spezialisierte Bereiche unterteilt. So kann eine Läsion (durch einen Verkehrsunfall, Hirnschlag, Tumor) in einer Region eine selektive Amnesie (umschriebenen Gedächtnisverlust) hervorrufen. Eine Schädigung im Schläfenlappen beispielsweise verursacht eine Aphasie, einen Gedächtnisverlust für gesprochene Sprache. Eine Schädigung im Okzipitallapen (am Hinterkopf) ruft visuelle Amnesien hervor, das heißt, der Zusammenhang von Details wird nicht mehr erkannt. Eine Läsion in der linken Hemisphäre kann eine Prosopagnosie (vom griechischen *prosopon* für „Gesicht" und „Agnosia" für Unkenntnis) zur Folge haben, das heißt eine visuelle Amnesie, bei der Menschen nicht mehr an ihrem Gesicht erkannt werden. Bestimmte Amnesien sind ganz eng umschrieben, beispielsweise der Verlust des Gedächtnisses für Eigennamen (Namen- und Hauptwörteraphasie) oder die Unfähigkeit, Buchstaben oder Wörter zu erkennen (Alexie). Schließlich beeinträchtigt eine Läsion im frontalen Kortex (Stirnhirn) das Kurzzeitgedächtnis.

Warum wirkt sich die Alzheimer-Krankheit auf das Gedächtnis aus?

Eine der für das Erinnerungsvermögen wichtigen Hirnstrukturen heißt wegen ihrer äußeren Ähnlichkeit mit einem Seepferdchen (vom griechischen *hippos* für „Pferd") Hippokampus und sitzt auf Höhe der Schläfe im Inneren des Gehirns. Nun zeichnet sich aber die Alzheimer-Krankheit, entdeckt 1906 von dem deutschen Arzt Alois Alzheimer bei einer Patientin, (unter anderem) durch eine Zerstörung des Hippokampus aus. Da dieser für die Speicherung neuer Erfahrungen zuständig ist, legt der Betroffene immer weniger Erinnerungsspuren an, bis er sich schließlich nur noch an die unmittelbare Vergangenheit und die Gegenwart erinnert. Die durch molekulare Prozesse verursachte Krankheit erfasst jedoch immer mehr Bereiche des Gehirns und führt zu weiteren Defiziten in Sprache, Verhalten und so fort.

Baut das Gedächtnis mit zunehmendem Alter ab?

Nein – Ende des 19. Jahrhunderts befasste sich der französische Psychologe Théodule Ribot mit den Erkrankungen des Gedächtnisses. Bei Amnestikern fiel ihm auf, dass sie sich nur noch an weit zurückliegende Ereignisse erinnerten. Diese Beobachtung veranlasste ihn zur Formulierung des später sogenannten Ribot'schen Gesetzes, dem zufolge mit dem Alter ein regelhafter Gedächtnisabbau stattfindet und zuletzt erworbene Gedächtnisinhalte als erste verloren gehen. Dieses berühmte Gesetz ist keineswegs exakt. Es schlägt sich aber in übertriebener Form vor allem in der Vorstellung nieder, die man sich verbreitet, aber zu Unrecht vom normalen Altern macht. In Wirklichkeit bezieht sich dieses Gesetz nur auf das pathologische Altern, beispielsweise bei Alzheimer-Demenz oder Alkoholismus. Je weiter die Zerstörung des Hippokampus (vorhergehende Frage) voranschreitet, desto weniger neue Erinnerungen speichert der Betroffene. Er erinnert sich zunehmend nur noch an Dinge vor Beginn seiner Erkrankung. Somit steckt hinter dem vermeintlichen Abbau lediglich eine fortschreitend verminderte Speicherung. Die Person bewahrt also zunehmend nur noch Erinnerungen aus der Zeit vor ihrer Erkrankung. Doch das müssen nicht zwangsläufig Erinnerungen aus der Kindheit sein, wie der verbreitete Irrglaube meint; die entsprechenden Ereignisse – eine Geburt, ein Umzug, eine Reise – können auch kurz vor Krankheitsbeginn stattgefunden haben. Menschen hingegen, die bei guter Gesundheit altern, sind neuere Erinnerungen genauso präsent wie sehr alte.

Warum vergessen wir?

Neben biologischen Mechanismen des Vergessens (vorhergehende Fragen) gibt es zahlreiche psychologische Vergessensmechanismen. Einer davon ist das Vergessen aufgrund von Interferenzen.

Die erste Messung des Vergessens geht zurück auf die Experimente von Ebbinghaus 1885. Ebbinghaus bediente sich einer recht originellen Methode. Er lernte Silbenlisten auswendig, steckte dann jede Liste in einen Umschlag und lernte sie nach Ablauf einer gegebenen Zeitspanne erneut, nach einer Stunde, einem Tag, einer Woche und so weiter bis zu einem Monat später. So stellte er fest, dass das Vergessen sich sehr bald bemerkbar machte; nach einer Stunde betrug der Anteil vergessener Silben 50 Prozent, nach einem Monat 80 Prozent.

Schrecklich! Und dennoch schlägt sich darin deutlich nieder, was im Alltag geschieht, insbesondere in der Schule, wo die Schüler in atemberaubendem Tempo vergessen. Um dies zu erklären, prägten die Gedächtnisforscher angelehnt an ein physikalisches Phänomen den Begriff der Interferenzen. Wie Sie wissen, breiten sich, wenn man zwei Kiesel ins Wasser wirft, konzentrische Wellen aus. Treffen diese aufeinander, überlagern sie sich und wechselwirken miteinander. Diese Wechselwirkung, die Interferenz, ruft die komplexen Wellenmuster hervor. Werden im Gedächtnis ähnliche Inhalte gespeichert, überlagern auch sie einander; es treten Interferenzen zwischen den entsprechenden Erinnerungen auf. Ein Beispiel: Ich lerne eine Telefonnummer auswendig, in der die Zahl 34 vorkommt, während meine Autonummer mit 43 beginnt. Das Risiko ist groß, dass ich telefonieren will und die 43 wähle. Dasselbe gilt für Gesichter, Daten aus dem Geschichtsunterricht, Zahlen in Franc und in Euro.

Warum vermischen sich manche Erinnerungen?

Dieses Phänomen geht auf das sogenannte „episodische Gedächtnis" zurück. Jedes Mal, wenn man etwas lernt – man sieht beispielsweise einen Hai in einer Fernsehdokumentation, dieses Wort fällt im Gespräch, man liest es in einer Zeitschrift –, wird jedes Ereignis einzeln als Episode im Gedächtnis gespeichert. Die Bezeichnung „Episode" geht auf einen kanadischen Forscher zurück, der damit zweifelsohne auf Fernsehserien anspielte. Jede Episode setzt dieselben (oder fast dieselben) Protagonisten in Szene, aber jede Episode unterscheidet sich von den anderen durch eine besondere Kombination. Nach einer gewissen Anzahl von Episoden jedoch verschmelzen sie in unserem Gedächtnis miteinander, und man erinnert sich nur noch an den allgemeinen Charakter der Figuren und der Orte – etwa an John Steed und Emma Peel in der Serie *Mit Schirm, Charme und Melone* –, ohne dass man sich noch diese oder jene Episode genau ins Gedächtnis rufen könnte. Das Leben ist eine große Fernsehserie, und unser Gedächtnis verschmilzt die Episoden und generiert daraus allgemeine Abstraktionen wie Wörter, Gesichter uns nahestehender Menschen und vertraute Orte. Dieser Mechanismus des episodischen Gedächtnisses erklärt sehr gut, warum wir sich ständig wiederholende Ereignisse des alltäglichen Lebens vergessen, etwa die Tür abzuschließen oder das Licht auszuschalten. Sie kommen so häufig vor, dass sie sich im Gedächtnis sehr leicht vermischen.

Warum werden kindliche Erinnerungen vergessen?

Wenn man sich regelmäßig mit dem Gedächtnis befasst, zeigt sich, dass Kinder, selbst sehr kleine, sehr wohl in der Lage sind, sich an einem Zoobesuch, das Einkaufen im Supermarkt oder den Trickfilm zu erinnern, den sie tags zuvor gesehen haben. Neugeborene erkennen ihre Eltern sehr bald wieder, ihre Mutter bereits 24 Stunden nach der Geburt.[3] Nach und nach erkennen sie dann die Familienmitglieder, die sie umgebenden Orte, ihre Spielsachen und ihre Kuscheltiere, ihre Bilderbücher und Kassetten oder DVDs. Sie kennen auch die Zimmer der Wohnstätte, die Behausungen von Familie oder Freunden, Geschäfte, Lieder und Fernsehsendungen ebenso wie ihre Schmusetiere. Schließlich haben die Kinder, selbst wenn einem das nicht bewusst wird, auch Tausende Wörter der Sprache gespeichert; sie müssen sie sich gut einprägen, um sie wiederzuerkennen und zu gebrauchen. Warum kann sich dann ein kleines Kind seine Erinnerungen von

---

[3] Roger Lécuyer (1998). Babys können mehr. 40 Fragen und Antworten zur Intelligenz im ersten Lebensjahr. Rowohlt, Reinbek.

Tag zu Tag ins Gedächtnis rufen, aber nicht mehr als Erwachsener? Wiederum liegt das am episodischen Gedächtnis. Beim Kind vermischen sich die einzelnen Episoden des Lebens, etwa die Gesichter seiner Eltern, das Einkaufen in den Geschäften und die Spielsachen in seinem Zimmer, so sehr miteinander, dass es nur noch eine allgemeine Erinnerung wie die Gesichter der Eltern und Bilder vertrauter Gegenstände wie Tisch, Stuhl und so weiter bewahrt, die man gewöhnlich nicht als Kindheitserinnerungen bezeichnet und die dennoch die ersten Fundamente unseres Gedächtnisses legen.

Werden manche Erinnerungen nicht gelöscht, da sie immer wieder kommen?

Ja – Auch wenn sich das Vergessen nicht leugnen lässt, so gibt uns doch eine moderne, an der Funktionsweise von Computern orientierte Theorie Anlass zu Optimismus. Übrigens funktioniert eine Bibliothek genauso. Denken wir uns einen etwas verschrobenen Bibliothekar, der nur dann Karteikarten anlegt, wenn er Lust dazu hat, und an diesem Tag hat er für ein Buch über Bienen eben keine Karteikarte angelegt. Sucht nun ein Leser ausgerechnet ein Werk über Bienen, wird er zu dem Schluss kommen, dass keines vorhanden ist. Zu Unrecht, denn dieses Buch ist sehr wohl da. Aber wo? Nun, unser Gedächtnis funktioniert wie eine Bibliothek mit einem sehr guten Archivar. Die Wörter, Bilder, Gesichter und Erinnerungen sind wohlgeordnet, doch unser Gedächtnis ist so riesig, dass Erinnerungen ohne Adresse verloren sind. In Bezug auf das Gedächtnis heißen diese Adressen „Abrufhilfen" oder „-hinweise", und ein kanadischer Forscher hat deren Wirksamkeit nachgewiesen. Abrufhilfen gibt es in großer Zahl. Kategorienbezeichnungen, Roman- oder Lehrbuchtitel bilden semantische Hinweise. Die Anfangsbuchstaben oder -silben oder auch Reime sind Hinweise für das lexikalische Gedächtnis.

Auch Bilder sind ausgezeichnete Abrufhilfen, und das Familienalbum oder Urlaubsbilder erlauben uns normalerweise, uns die Gäste bei dieser oder jener Feier ins Gedächtnis zurückzurufen oder uns an Reiseerlebnisse zu erinnern.

Die Schulzeit ist lange her – sind die Erinnerungen daran gelöscht?

Nein

Zum Erinnerungsvermögen für Namen und Gesichter von Schulkameraden liegt ein schönes amerikanisches Experiment vor. Nach Klassenfotos und Archivbildern eines Colleges ermittelten die Forscher ehemalige Schüler, deren Schulabgang zwischen drei Monaten und 50 Jahren zurücklag. Natürlich waren die Leute dementsprechend älter geworden. Die bemerkenswerten Ergebnisse unterstrichen, dass Laborexperimente nicht künstlich sind und dass in ihnen dieselben Mechanismen ablaufen wie im Alltagsleben. Die „frischgebackenen" Schulabgänger (vor drei Monaten) konnten ohne weitere Hilfestellung nur noch 15 Prozent der Namen ihrer Klassenkameraden nennen; zeigte man ihnen jedoch Fotos, fielen ihnen drei Viertel aller Namen wieder ein. 50 Jahre nach dem Abschluss lag die Erinnerungsleistung ohne Hilfen unter zehn Prozent, betrug jedoch 40 Prozent beim Anblick der Fotos früherer Kameraden. Die fehlenden Namen waren trotzdem nicht samt und sonders vergessen, denn legte man den Versuchspersonen die Namen von Jahrgangskameraden eingestreut zwischen fremde Namen vor, erkannten sie die Mehrzahl Jahre später noch wieder. Der Anteil betrug bei den jungen Schulabgängern 90 Prozent und fiel nach 50 Jahren auf 70 Prozent (die Betreffenden waren mittlerweile fast 70 Jahre alt). Die Gesichter waren ebenfalls gut gespeichert, denn die Fotos der Gesichter der Kameraden wurden unter Fotos von Fremden zu 90 Prozent, nach 50 Jahren zu 70 Prozent wiedererkannt.

So viel vergisst unser Gedächtnis eigentlich nicht, aber wie eine riesige Bibliothek kommt es nicht ohne die richtigen Adressen der Vergangenheit aus.

Kann es sein, dass ein Schüler die Klassenarbeit verhaut, aber alles wieder weiß, wenn er wieder ins Buch schaut?

Ja – Schüler und Studenten packt oft die Wut, wenn sie bei einer Arbeit oder Klausur ein Brett vor dem Kopf hatten und ihnen später, wenn sie sich den Stoff nochmals anschauen, alles oder fast alles wieder einfällt. Dieses Phänomen deckt sich exakt mit der Rolle von Abrufhinweisen im Gedächtnis. Tatsächlich zeigten Experimente, dass beim Lernen von Wörtern oder Bildern die besten Abrufhilfen diese Wörter und Bilder selbst sind. Das zeigt sich, wenn man die Erinnerungsleistung mit dem als „Wiedererkennen" bezeichneten Verfahren prüft. Bei der freien Wiedergabe oder Reproduktion muss die Person das, woran sie sich erinnern soll, auf ein leeres Blatt schreiben, während man ihr beim Wiedererkennen die zuvor gelernten Wörter, vermischt mit genauso vielen anderen Wörtern, gedruckt vorlegt. Die Person muss dann die Wörter, die sie wiedererkennt, markieren, und jeder Fehler (fälschlich wiedererkanntes Wort) zählt einen Minuspunkt. Jugendliche begehen ziemlich wenige Fehler; ihre Wiedererkennensleistung ist mit etwa 70 Prozent bei Wörtern und 90 Prozent bei Bildern sehr gut (vorausgesetzt, diese zeigen vertraute Dinge). Hat der Schüler seine Lektion gut gelernt, dann zeigt sich eben diese Leistungsfähigkeit des Wiedererkennens, wenn er sein Lehrbuch nochmals durchliest. Beherrschte er jedoch zum Zeitpunkt der Arbeit den Stoff nicht gut genug, dann war dieser nicht gut genug organisiert, als dass der Schüler ihn frei auf einem weißen Blatt hätte wiedergeben können.

Gibt es die „Blackouts" vor einer Prüfung wirklich?

Ja – Viele Schüler und Studenten könnten in das bekannte Lied *Black is black* von Los Bravos einstimmen, so gut kennen sie den tragischen Moment des Blackouts an der Tafel oder unmittelbar vor der Prüfung. Dieses Phänomen erklärt sich ebenfalls durch die Abrufhinweise, aber auch aus dem Begriff des Kurzzeitgedächtnisses heraus. Die Wörter des Stoffes sind verstaut im Langzeitgedächtnis, das als Bibliothek dient. Doch das Kurzzeitgedächtnis ist kein dauerhafter Katalog wie in der Bibliothek, es ist vielmehr eine schwarze Tafel, die sich nach Bedarf füllt und löscht. Bei der Wiederholung des Stoffes enthält das Kurzzeitgedächtnis viele Abrufhinweise und Informationen, etwa die Namen ägyptischer Götter und Pharaonen oder einige Jahreszahlen. Vor der Arbeit jedoch reden die Schüler miteinander oder, schlimmer noch, hatten andere Fächer, Französisch oder Mathe, und die Wörter dieser Lektionen haben die Tafel des Kurzzeitgedächtnisses abgewischt und jenes berüchtigte „schwarze Loch" geschaffen. Haben die Schüler ihren Stoff jedoch gut gelernt, werden die Fragen des Lehrers zu nützlichen Abrufhilfen, welche das Wissen genauso zuverlässig aus dem Langzeitgedächtnis herbeiholen, wie „Black is black" als Hinweis gedient hat, „Los Bravos" zu erinnern. Bei dem Schüler, der nicht ausreichend gelernt hat, „sitzt" dagegen der Stoff nicht oder nur bruchstückhaft im Langzeitgedächtnis. So bleibt die schwarze Tafel schwarz, und der Schüler fragt sich verzweifelt: „What can I do, 'cause I'm feeling blue?"

Kann es sein, dass man etwas vergessen hat, es aber einem trotzdem irgendwie bekannt vorkommt?

Ja – Manchmal tritt nur ein teilweises Vergessen ein; der Name eines Journalisten oder Schauspielers ist einem entfallen, der Schüler kommt nicht mehr auf den Namen einer Person der Geschichte, aber man erinnert sich an Bruchstücke, etwa dass es ein Fernseh- und kein Zeitungsjournalist war und dass er sympa-

thisch war. Dieses Phänomen der Erinnerung von Teilinforma-
tionen, das „Gefühl von Vertrautheit", beruht darauf, dass das
Gedächtnis etwas Zusammengesetztes ist. Es besteht aus zahlreichen spezialisierten Modulen; es gibt ein Gedächtnis für Wörter,
für Bedeutungen, Bilder, Gesichter, sodass in einem bestimmten
Augenblick bestimmte Informationen in einem Gedächtnis ver-
fügbar sein können und in einem anderen nicht.

Welche Methoden eignen sich am besten zum Lernen?

Ah! Die richtigen Methoden. In Wirklichkeit gibt es viele, und da
wir gesehen haben, dass das Gedächtnis aus mehreren spezialisierten Gedächtnissen (oder Modulen) besteht, gehört zu jedem
in gewisser Weise seine spezielle richtige Methode. In diesem
Buch wurden verschiedene Methoden vorgestellt, beispielsweise
stilles Wiederholen, bildhafte Vorstellungen und vor allem Organisation von Information sowie Abrufhilfen.

Sind Mnemotechniken effektiv?

Von der Antike an wurden Verfahren oder Kunstgriffe zur Verbesserung des Gedächtnisses entdeckt, erst durch Zufall, dann
durch Herumprobieren. Man bezeichnet sie als mnemotechnische Verfahren oder Kniffe. Meistens wirken sie deshalb, weil
sie als Abrufhilfen fungieren. Das hierarchische Abrufschema
ist das wirkungsvollste bekannte Verfahren, da es der Einteilung
des semantischen Gedächtnisses, des leistungsfähigsten unserer
Gedächtnisse, entspricht. Aus diesem Grund empfiehlt es sich,
Schul- und Lehrbücher durch Überschriften und Unterüber-
schriften zu gliedern. Eine sehr bekannte Mnemotechnik ist der
„Schlüsselsatz", der in diesem Zusammenhang aus strukturierten
lexikalischen Abrufhilfen besteht. Beispielsweise kann man sich

mithilfe des Satzes „Mein Vater erklärt mir jeden Sonntag unsere neun Planeten" die Reihenfolge der Planeten unseres Sonnensystems merken. Mein = Merkur, Vater = Venus, erklärt = Erde, mir = Mars, jeden = Jupiter, Sonntag = Saturn, unsere = Uranus, neun = Neptun, Planeten = Pluto. Doch solche phonetischen Verfahren sind nur punktuelle Hilfen, beispielsweise um Elemente in der richtigen Reihenfolge nennen zu können.

Sagt ein Schema mehr als tausend Worte?

Ja – Das ist vollkommen richtig, und man muss sich dabei vor Augen halten, dass ein Schema nicht einfach ein Bild ist. Verschiedene Studien ergaben, dass ein Schema eine bildhafte, strukturierte Organisation von Abrufhilfen für Informationen darstellt. Das beste Beispiel bietet die geografische Karte.

In einem Experiment in unserem Labor zeigten wir zwei Studentengruppen eine Fernsehdokumentation über die Nilquellen. Der Ursprung des Nils war lange Zeit rätselhaft, da er nicht einer Quelle, sondern einem komplexen Labyrinth aus mehreren, durch verschiedene Flüsse untereinander verbundenen Seen entspringt. Für eine der Gruppen endete der Film in einer Karte, welche die Seen und Flussläufe zusammenfasste, während die andere Gruppe den Film in einer vor dem Auftauchen der Karte geschnittenen Fassung sah. Die Lernphase bestand aus drei Durchgängen, gefolgt von freier Wiedergabe. Den Ergebnissen zufolge gelang es nur der Gruppe, die mit Schema gelernt hatte, sich ein strukturiertes Bild von der Dokumentation zu machen; die anderen Probanden brachten die Seen und Flüsse durcheinander und fanden sich in dem Gewirr nicht zurecht. Das Schema diente demnach als Abrufhilfe und brachte Ordnung in eine informationsüberfrachtete Dokumentation. Doch Achtung: Da wir kein fotografisches Gedächtnis besitzen, müssen wir ein solches Schema mehrmals aufbauen, beispielsweise zeichnen, bis wir die verschiedenen Elemente beherrschen.

Muss man seinem Gehirn Anregung bieten, wenn man ein gutes Gedächtnis haben möchte?

Ja – Im Gefolge der Ärztin und Pädagogin Maria Montessori (1870–1952), die auf das anregungsarme Milieu von Kleinkindern aus benachteiligten Vierteln aufmerksam machte, unterstrichen zahlreiche amerikanische Untersuchungen die überragende Bedeutung einer frühzeitigen Anregung für die Intelligenzentwicklung. Einen Schwerpunkt bildeten dabei Arbeiten über anregungsreiche und anregungsarme Umgebungen. Mark Rosenzweig und Mitarbeiter (1976) zogen zwei Gruppen von Ratten von Geburt an entweder in einer „deprivierten" Umwelt auf – einem kleinen Käfig mit Tränke für drei Ratten – oder einer anregungsreichen – einem großen Käfig mit zwölf Ratten und verschiedenen Gegenständen (Leiter, Rad etc.). Die Tiere, die zehn Wochen im anregungsreichen Umfeld verbracht hatten, besaßen ein besser entwickeltes Gehirn (dickerer Kortex, größere Neuronen etc.). All diese Studien bestätigten, wie wichtig frühe Anregungen sind. Seit diesen Forschungen werden Einrichtungen für Kinder räumlich und farblich entsprechend gestaltet; auffällige, abwechslungsreiche Anstriche, Plakate, Spielsachen verschönern heute Krippen, Kindergärten und Kinderstationen. Später bieten das familiäre Umfeld und vor allem die Schule Kindern die besten Anregungsquellen für das Gehirn. Doch Achtung, eine Lebenswoche einer Ratte oder Maus entspricht ungefähr einem Lebensjahr eines Menschen. Zehn Wochen entsprechen also bei uns der höheren Schule. Nicht ein paar Minuten Gehirnjogging mit irgendwelchen Zeitschriftenspielen oder Videokonsolen geben also unserem Gehirn Entwicklungsanstöße, sondern die langen Jahre der Bildung und Ausbildung. Schule und Beruf bieten demnach unseren grauen Zellen die beste Anregung!

Gibt es Tricks, um sich Zahlen zu merken?

Seit den 1980er Jahren wird in der Presse und heute im Internet mal diese, mal jene Methode angepriesen, mit der man sich angeblich mühelos und ohne besondere Begabung Zahlen, die Zahl Pi, die Regierungszeiten von Königen und anderes merken kann. Verlockt wie Sie, liebe Leser, von solcher Reklame, habe ich meine kleine Untersuchung (Teil I) in Angriff genommen, die in dieses Buch mündete. Nach und nach hat mich diese Untersuchung von der französischen Nationalbibliothek in Paris ins Britische Museum nach London und von der Bibliothek von Cambridge in die der Sorbonne geführt, wo schon der große Descartes sich die Hacken abgelaufen hat, nachdem er vielleicht im Quartier Latin auf Musketiere gestoßen war. Auf meiner Reise zurück durch die Jahrhunderte stieß ich schließlich auf die Spuren eines Mathematikers und Zeitgenossen Descartes', eines gewissen Pierre Hérigone, der in seinem 1644 erschienenen *Cours de mathématique* bemerkt, dass Zahlen schwieriger zu lernen seien als Wörter, und eine raffinierte Methode vorlegt, um jede Ziffer in einem Buchstaben umzuwandeln und somit Zahlen in Wörter. Dieser Buchstaben-Zahlencode wurde mehrmals überarbeitet, wie in Teil I dieses Buches nachzulesen ist. Dieses Verfahren ist recht wirksam, doch es ist nicht unfehlbar, und vor allem erfordert es aufwendiges, regelmäßiges Üben, was in unserer Zeit der Terminkalender und Taschenrechner nicht mehr nötig ist.

Im 19. Jahrhundert war das anders, und so manche machten aus diesem Spiel einen Beruf. Sie traten als Gedächtniskünstler in Varietés auf und lernten in kürzester Zeit jede Menge Zahlen auswendig, die ihnen das Publikum zurief.

Literatur

Quellen von der Antike bis zum Beginn der Neuzeit

ANONYMUS (1800) Traité complet de mnémotechnie. Thomas Naudin, Paris, Bibliothèque nationale

ARISTOTELES (2004) De memoria et la reminiscentia. In: Werke in deutscher Übersetzung, Band 14: Parva Naturalia, Teil 2. Wissenschaftliche Buchgesellschaft, Darmstadt

AUDIBERT (1839) Traité de mnémotechnie générale. Bibliothèque nationale, Paris

BRUNO G (1962) Sigillus Sigillarum (1583) Band II, Teil II Ars memoriae. In: De Umbris Idearum (1582) Band II, Teil I Jordani Bruni Nolani Opera Latine Conscripta. Faksimilie-Neudruck der Ausgabe 1879–1891, Neapel, Florenz, Stuttgart, Frommann

BUFFIER C (1705–1706) Pratique de la mémoire. 2 Bände, Bibliothèque nationale, Paris

CASTILHO JF, CASTILHO AM (1835) Traité de mnémotechnie. Bibliothèque nationale, Bordeaux, Paris

CHAVAUTY Abbé (1894) L'Art d'apprendre et de se souvenir. Bibliothèque nationale, Paris

COPPE E (1555) Des préceptes et moyens de recouvrer, augmenter et contregarder la mémoire. Lyon, The British Library, British Museum, London

COURDAVAULT Abbé (1905) La Mnémotechnie ou l'art d'acquérir facilement une mémoire extraordinaire. Lille, Bibliothèque nationale, Paris

DEMANGEON JB (1841) Nouvelle mnémonique, Bibliothèque nationale, Paris

DEZOBRY C, BACHELET T (1857) Dictionnaire général de biographie et d'histoire. Dezobry et Magdeleine éditeurs, Paris

FEINAIGLE G DE (1806) Notice sur la mnémonique. Bibliothèque nationale, Paris

FULWOOD W (1563) The Castle of Memorie. The British Library, British Museum, London

GERMERY RP (1911) La Mémoire. Aubanel éditeur, Bibliothèque Henri Piéron, Avignon, Paris

GRATAROLUS G (1554/1603) De Memoria Reparanda, Beckerius, Francofurtus

GREY R (1812) Memoria Technica: On a New Method of Artificial Memory. London (1. Aufl. 1730), Cambridge University Library, Cambridge

GUYOT-DAUBÈS (1889). L'Art d'aider la mémoire. Bibliothèque nationale, Paris

HÉRIGONE P (1644) Cours mathématique. Band II, bibliothèque de la Sorbonne, Paris

LE CUIROT A (1623) Le Magasin des sciences, ou vray art de la mémoire descouvert par Schenkelius, Bibliothèque nationale, Paris

LOISETTE A (1896) Assimilative Memory or How to Attend and Never Forget. New York, Bibliothèque nationale, Paris

MARAFIOTI G (1603) Ars memoriae, Beckerius, Francofurtus

MIDDLETON AE (1888) Memory Systems, New and Old. Bibliographie G. S. Fellows, New York, The British Library, British Museum, London

MILLARD J (zugeschrieben) (1812) The New Art of Memory, Founded upon the Principles Taught by Gregor von Feinaigle, London, Cambridge University Library, Cambridge

MOIGNO Abbé (1879) Manuel de mnémotechnie, Bibliothèque nationale, Paris

PARENT-VOISIN (1847) Cours méthodique et élémentaire de mnémotechnie. Bibliothèque nationale, Paris

PARIS A (1825) Exposition et pratique des procédés de la mnémotechnie. Bibliothèque nationale, Paris

PLATON (1979) Phaidros. Reclam, Stuttgart

PORTA IB (1602) Ars Reminiscendi. Neapel

QUINTILIAN MF Ausbildung des Redners. Zweisprachige Ausgabe, Band II, Buch XI, 2, Wissenschaftliche Buchgesellschaft, Darmstadt

ROMBERCH DE KYRSPE J (1520) Congestorium Artificiose Memorie. Gregorius de Rusconibus, Venedig

SCHENCKEL L, SOMMER M(1804) Compendium der Mnemotechnik. Hrsg. Klüber, Palm, Erlangen

Zeitgenössische Quellen

AKBARALY T, BERR C et al. (2009) Leisure activities and the risk of dementia in the elderly. *Neurology* 73(11):854–861

ATKINSON RC (1975) Mnemonics in second-language learning. *American Psychologist* 30:821–828

ATKINSON RC, RAUGH MR (1975) An application of the mnemonic keyword method acquisition of a russian vocabulary. *Journal of Experimental Psychology*: Human Learning and Memory 104:126–133

BAHRICK HP, BAHRICK PO, WITTLINGER RP (1973) Fifty years of memory for names and faces: A cross-sectional approach. *Journal of Experimental Psychology*: General 104:54–75

BELLEZA FS, REDDY BG (1978) Mnemonic devices and natural memory. *Bulletin of the Psychonomic Society* 11:277–280

BINET A, HENRI V (1894) La mémoire des phrases (mémoire des idées). *L'Année Psychologique* 1:24−59

BOBROW SA, BOWER GH (1969) Comprehension and recall of sentences. *Journal of Experimental Psychology* 80:455−461.

BOLZONI L (1990) Le jeu des images − l'art de la mémoire des origines au XVIIe siècle, La fabrique de la pensée, La Découverte du cerveau, de l'art de la mémoire aux neurosciences, Electra, Mailand

BOWER GH, CLARK MC (1969) Narrative stories as mediators for serial learning. *Psychonomic Science* 14:181−182

BOWER GH, CLARK MC, LESGOLD AM, WINZENZ D (1969) Hierarchical retrieval schemes in recall of categorized word lists. Journal of *Verbal Learning and Verbal Behavior* 8:323−343

BROADBENT DE, COOPER PJ, BROADBENT MHP (1978) A comparison of hierarchical and matrix schemes in recall. *Journal of Experimental Psychology*: Human Learning and Memory 4:486−497

BROUILLET D, SYSSAU C (1997) La Maladie d'Alzheimer: Mémoire et vieillissement, PUF, Paris

BRUTSCHE J, CISSE A, DELEGLISE D, FINET A, SONNET P, TIBER-GHIEN G (1981) Effets de contexte dans la reconnaissance de visages non familiers. *Cahiers de psychologie cognitive* 1:85−90

BUGELSKI BR (1962) Presentation time, total time and mediation in paired-associate learning. *Journal of Experimental Psychology* 63:409−412

BUGELSKI BR (1968) Images as mediators in one-trial paired associated learning. II:Self-timing in successive lists. *Journal of Experimental Psychology* 77:328−334.

BUGELSKI BR, KIDD E, SEGMEN J(1968) Images as mediators in one-trial paired-associate learning. *Journal of Experimental Psychology* 76:69−73

CHAUCHARD P (1968) La mémoire. Retz, Paris

COLLINS AM, QUILLIAN MR (1969) Retrieval time from semantic memory. *Journal of Verbal Learning and Verbal Behavior* 8:240–248

CRAIK FIM, TULVING E (1975) Depth of processing and the retention of words in episodic memory. *Journal of Experimental Psychology*, General 104:268–294

CROVITZ HF (1969) Memory loci in artificial memory. *Psychonomic Science* 16:82–83

CROVITZ HF (1971) The capacity of memory loci in artificial memory. *Psychonomic Science* 24:187–188

DELOURMEL V (2005) Les 10 secrets de votre mémoire. Erhältlich auf: les-secrets.com

DENIS M (1975) Représentation imagée et activité de mémorisation, CNRS, «Monographies françaises de psychologie», Paris

DENIS M (1979) Les images mentales, PUF, Paris

DENIS M (1989) Image et cognition, PUF, Paris

DEWEER B (1970) La période de consolidation mnésique. *L'Année psychologique* 70:195–221

EHRLICH S (1972) La Capacité d'appréhension verbale, PUF, Paris

EUSTACHE F, DESGRANGES B (2009) Les chemins de la mémoire. Editions Le Pommier, Paris

FLORÈS C (1964) La mémoire. In: FRAISSE P, PIAGET J: Traité de psychologie expérimentale. Band IV. PUF, Paris.

FOTH DL (1973) Mnemonic technique effectiveness as a function of word abstractness and mediation instructions. *Journal of Verbal Learning and Verbal Behavior* 12:239–245

GARTEN JA, BLICK KA (1974) Retention of word-pairs for experimenter-supplied and subject-originated mnemonic. *Psychological Reports* 35:1099–1104

GRIFFITH D, ACTKINSON TR (1978) Mental aptitude and mnemonic enhancement. *Bulletin of the Psychonomic Society* 12:347–348

GRONINGER LD (1971) Mnemonic imagery and forgetting. *Psychonomic Science* 23:161−163

HÉCAEN H, ANGELERGUES R (1962). Agnosia for faces (prosopagnosia). *Archives of Neurology* 7:92−100

JENKINS JR, DIXON R(1983) Vocabulary learning. *Contemporary Educational Psychology* 8:237−260

JUNG J (1963) Mediation for telephone numbers. *Perceptual and Motor Skills* 17:86

KAWASHIMA R (2006) Gehirn-Jogging − Wie fit ist Ihr Gehirn? Spielanleitung für Nintendo DS

LACOSTE-BADIE S (2009) La présentation du packaging dans les annonces télévisées. Dissertation des Instituts für BWL der Universität Rennes-1

LECONTE P, LAMBERT C (1990) Chronopsychologie. «Que sais-je?» PUF, Paris

LE PONCIN M (1994) Gym Cerveau. Stock, Paris

LEVIE WH, LENTZ R (1982) Effects of text illustrations: A review of research. *Educational Communications and Technology Journal* 30(4):195−232

LIEURY A (1971) Réactivation des schèmes phonétiques et sémantiques dans la mémorisation. *L'Année psychologique* 71:99−108

LIEURY A (1972) Compensation de l'interférence intraliste par la présentation d'indices, phonétiques à court terme. *L'Année psychologique* 72:101−110

LIEURY A (1979) La mémoire épisodique est-elle emboîtée dans la mémoire sémantique? *L'année psychologique* 79:123−142

LIEURY A (1980) Les procédés mnémotechniques sont-ils efficaces? *Bulletin de psychologie* 348:153−165

LIEURY A (1996) Méthodes pour la mémoire. 2. Aufl. Dunod, Paris

LIEURY A(1997) Mémoire et réussite scolaire. 3. Aufl. Dunod, Paris

LIEURY A (2005) Psychologie de la mémoire. Dunod, Paris

LIEURY A (2010) Doper son cerveau: Réalité ou intox. Dunod, Paris

LIEURY A (2011) Psychologie cognitive. 6. Aufl. «Manuels visuels». Dunod, Paris

LIEURY A,BADOUL D, BELZIC AL (1996) Les sept portes de la mémoire: Traitement verbal et imagé de connaissances nouvelles (cours oral, lecture, télévision). *Revue de psychologie de l'éducation* 1:9−24

LIEURY A,CLINETC, GIMONET M, LEFEBVRE M (1982) Représentations imagées et apprentissage d'un vocabulaire étranger. *Bulletin de psychologie* 41(386):701−709

LIEURY A,DURAND P,CLEVEDE M, VAN ACKER P (1992) La réussite scolaire, raisonnement ou mémoire? Psychologie et psychométrie 13:33−46

LIEURY A, PUIROUX C, JAMET E (1998) Le rôle d'un schéma dans la mémorisation d'un documentaire télévisé. *Revue de psychologie de l'éducation* 3:9−35

LORANT-ROYER S, SPIESS V,GONCALVES J, LIEURY A (2008) Programmes d'entraînement cérébral et performances cognitives: Efficacité ou marketing? De la Gym-Cerveau au programme du Dr Kawashima. *Bulletin de psychologie* 61:531−549

LORAYNE H (1957) Wie man ein Super-Gedächtnis entwickelt. ERI-Verlag, Düsseldorf

LURIJA AR (1991) Der Mann, dessen Welt in Scherben ging. Rowohlt, Reinbek

LUTZ KA, LUTZ RL (1977) Effects of interactive imagery on learning: Application to advertising. *Journal of Applied Psychology* 62(4):493−498

MAYER RE, ANDERSON RB(1991) Animations need narrations: An experimental test of a dual-coding hypothesis. *Journal of Educational Psychology* 83:484−490

MCCARTHY RA, WARRINGTON EK (1994) Neuropsychologie cognitive, PUF, Paris

MICHEL BF, DELACOURTE A, ALLAIN N (2011) Traitement de la maladie d'Alzheimer et des syndromes apparentés, Hommage à Hervé Allain. Solal, Marseille

MILLER GA (1956) The magical number seven, plus or minus two, some limits of our capacity for processing information. *Psychological Review* 63:81–97

MILLER DJ; ROBERTSON DP (2009) Using a games console in the primary classroom: Effects of ‚Brain Training' programme on computation and self-estem. *British Journal of Educational Technology*

MORRIS PE, JONES S, HAMPSON P (1978) An imagery mnemonic for the learning of people's names. *British Journal of Psychology* 69:335–336

MUELLER MR, EDMONDS EM, EVANS SH (1967) Amount of uncertainty associated with decoding in free-recall. *Journal of Experimental Psychology* 75:437–433

MUNN ML (1956) Traité de psychologie. Payot, Paris

NAGY WE, ANDERSON RC (1984) How many words are there in printed school English. *Reading Research Quarterly* 19:304–330

OLTON RM (1969) The effect of a mnemonic upon the retention of paired-associate verbal material. *Journal of Verbal Learning and Verbal Behavior* 8:43–48

OWEN AM, HAMPSHIRE A,GRAHN JA, STENTON R, DAJANI S, BURNS AS, HOWARD RJ, BALLARD CG (2010) Putting brain training to the test. *Nature* 465:775–778

PAIVIO A (1971) Imagery and Verbal Processes. Holt, Rinehart & Winston, New York

PERSENSKY JJ, SENTER RJ (1969) An experimental investigation of a mnemonic system in recall. *The Psychological Record* 19:491–499

PETERSON LR, PETERSON MJ (1959) Short-term retention of individual verbal items. *Journal of Experimental Psychology* 58(3):193–198

PINES MB, BLICK KA (1974) Experimenter-supplied and subject-originated mnemonics in retention of word-pairs. *Psychological Reports* 34:99−106.

PIOLINO P (2003) La mémoire autobiographique: Modèles et évaluation. In: MEULEMANS T, DESGRANGES B, ADAM S, EUSTACHE F (Hrsg.) Évaluation et prise en charge des troubles mnésiques. Solal éditeur, Marseille

PRESSLEY M (1977) Children's use of the keyword method to learn simple Spanish vocabulary words. *Journal of Educational Psychology* 69:465−472

QUÉNIART J (1977) Les apprentissages scolaires élémentaires au XVIIIe siècle: Faut-il reformer Maggiolo? *Revue d'histoire moderne et contemporaine* XXIV:3−27

QUINETTE P, NOËL A, DAYAN J, DESGRANGES B, PIOLINO P, DE LA SAYETTE V, EUSTACHE F, VIADER F (2010) L'ictus amnésique idiopathique. *Neurologie pratique* 54:1−14

RIBOT T (1901) Les Maladies de la mémoire. Félix Alcan, Paris

RUST SM, BLICK KA (1972) The application of two mnemonic techniques following rote memorization of free-recall tasks. *The Journal of Psychology* 80:247−253

SAINT-LAURENT R DE (1968) La Mémoire. Aubanel éditeur

SCOVILLE WB, MILNER B (1957) Loss of recent memory after bilateral hippocampal lesions. *Journal of Neurol. Neurosurg. Psychiat.* 20:11−21

SENTER RJ, HOFFMAN RR(1976) Bizarreness as a nonessential variable in mnemonic imagery: A confirmation. *Bulletin of the Psychonomic Society* 7:163−164

SIMONDON M (1982) La Mémoire et l'oubli dans la pensée grecque jusqu'à la fin du Ve siècle avant J.-C. Les Belles Lettres, Collection d'études mythologiques, Paris

SMITH RK, NOBLE CE (1965) Effects of a mnemonic technique applied to verbal learning and memory. *Perceptual and Motor Skills* 21:123−134

SQUIRE LR, ZOLA-MORGAN S (1991) The medial temporal lobe memory system. *Science* 253:1380−1386

STANDING L, CONEZIO J, HABER RN (1970) Perception and memory for pictures: Single learning of 2500 visual stimuli. *Psychonomic Science* 19(2):73−74

THOMAS V, REYMANN .M, LIEURY A, ALLAIN H (1996) Assessment of procedural memory in Parkinson's disease. *Progress in Neuro-Psychopharmacology & Biologic Psychiatry* 20:641−650

TIBERGHIEN G, LECOCQ P (1983) Rappel et reconnaissance, Presses universitaires, Lille

TULVING E (1972) Episodic and semantic memory. In: TULVING E, DONALDSON W: Organization and Memory. Academic Press, New York

TULVING E, PEARLSTONE Z (1966) Availability versus accessibility of information in memory for words. *Journal of Verbal Learning and Verbal Behavior* 5:381−391

TULVING E, WATKINS MJ (1973) Continuity between recognition and recall. *American Journal of Psychology* 86:739−748

UNDERWOOD BJ, ERLEBACHER A (1965) Studies of coding in verbal learning. *Psychological Monographs* 79(13):1−25

VEZIN JF, BERGER O, MAVRELLIS P (1973) Rôle du résumé et de la répétition en fonction de leur place par rapport au texte. *Bulletin de psychologie* 309:163−167

WOOD G (1967) Category of names as cues for the recall of category instances. Psychonomic Science 9:323−324

WOOD G (1967) Mnemonic systems in recall. *Journal of Educational Psychology Monographs* 58(6)1−27

YATES F (1966/2001) Gedächtnis und Erinnern. Akademie Verlag, Berlin

YESAVAGE J (1989) Techniques d'entraînement cognitif de la mémoire lors des déficits mnésiques du sujet âgé. In: GUEZ D (Koordinator) Mémoire et vieillissement. Doin éditeurs, Paris

YESAVAGE J, LAPP D (1987) Possibilités d'amélioration des performances du cerveau normal. Le Vieillissement normal et pathologique. Fondation nationale de gérontologie, Maloine S.A. éditeur, Paris

YOUNG MN (1961) Bibliography of Memory. Chilton Co., Philadelphia

Index

Printed in the United States
By Bookmasters